图 5—1　渐变调节图像

图 5—2　头部渐变制作效果

图 5—3　填加白色线条后的效果

图 5—4　白色渐变效果

图 5—5　最终效果

图 5—6　打开图片

图 5—7　填加绿色背景

图 5—8 最终效果

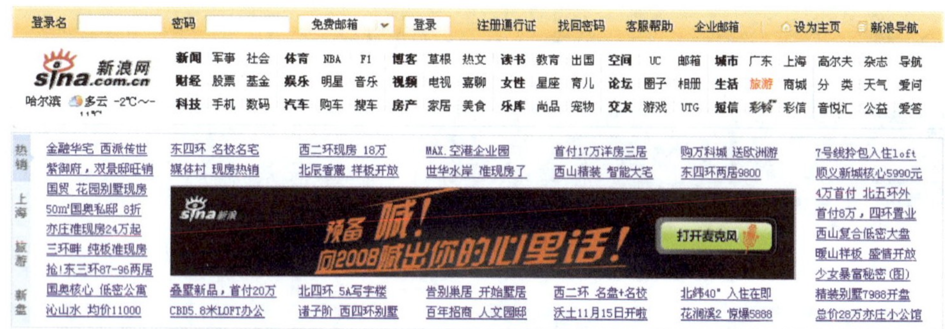

图 5—9 新浪网

图 5—10 MSN 中国、天天基金网

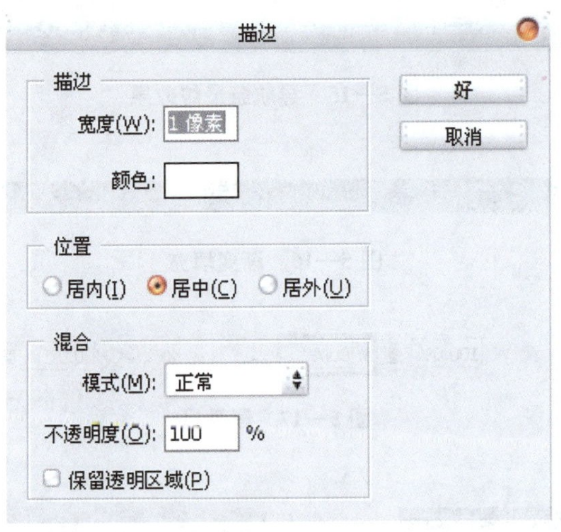

图 5—11 描边

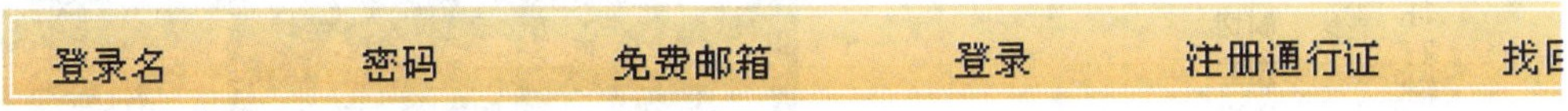

登录名 密码 免费邮箱 登录 注册通行证 找回

图 5—12 新浪导航

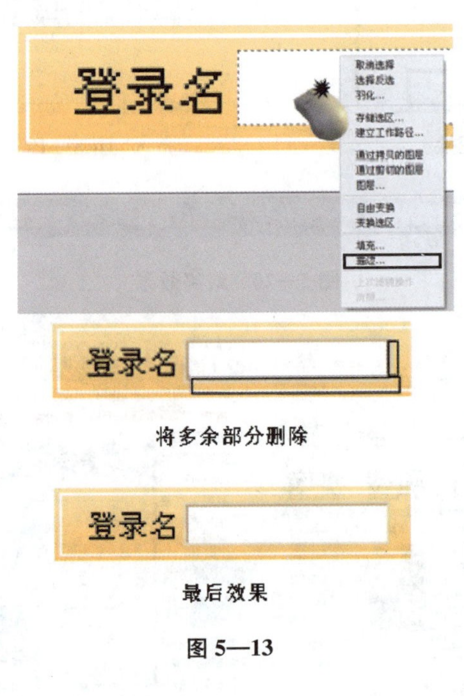

将多余部分删除

登录名

最后效果

图 5—13

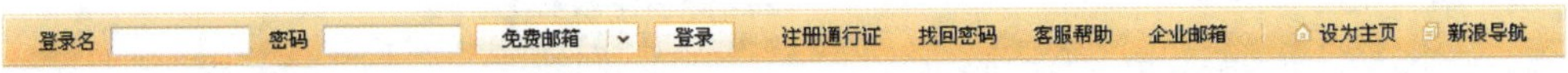

登录名 密码 免费邮箱 登录 注册通行证 找回密码 客服帮助 企业邮箱 设为主页 新浪导航

图 5—14 最终效果

图 5—15　导航条最终效果

图 5—16　渐变填充

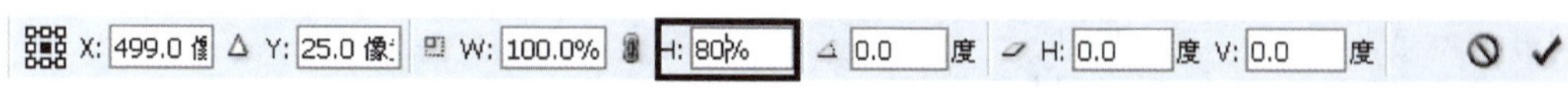

图 5—17　属性栏

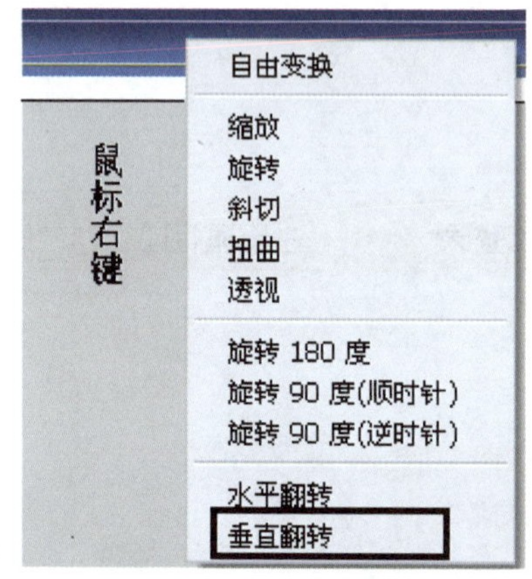

图 5—18　自由变换

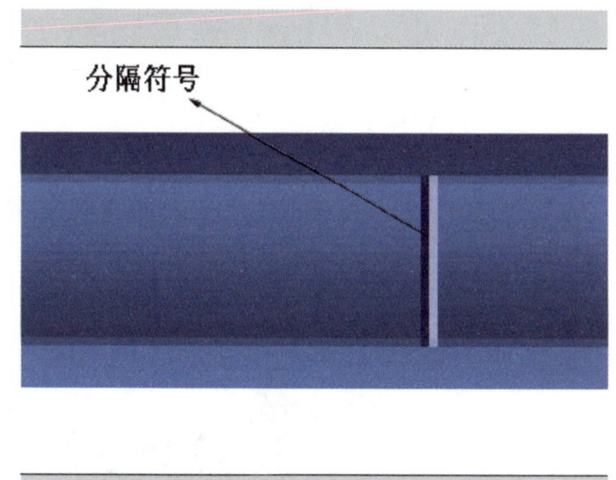

图 5—19　分隔符号

首页 | 产业资讯 | 行情中心 | 产品论坛 | 今日报价 | 沟通渠道 | 下载中心 | 联系我们

图 5—20　最终效果

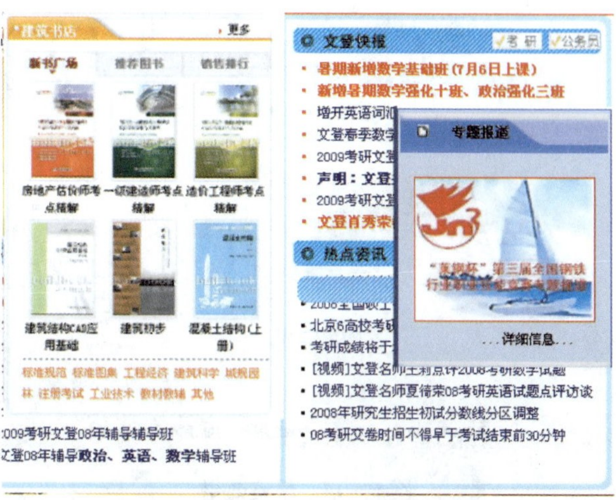

图 5—21　常用栏目

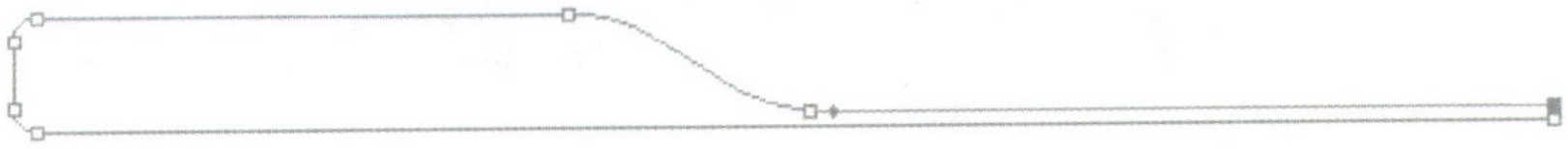

图 5—22　绘制路径

图 5—23　渐变填充

图 5—24　制作完成的效果

图 5—25　应用效果

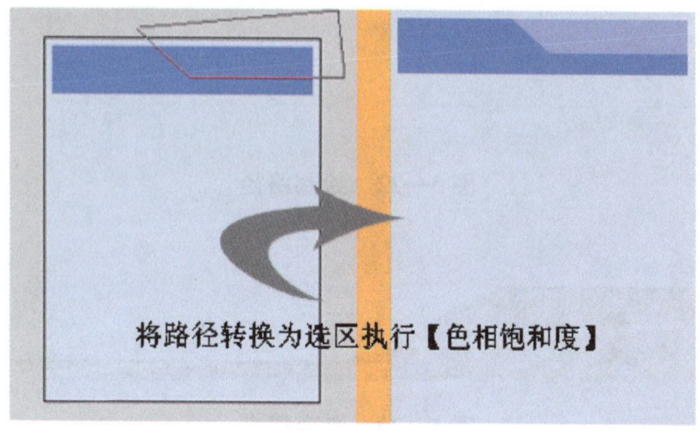

图 5—26　效果

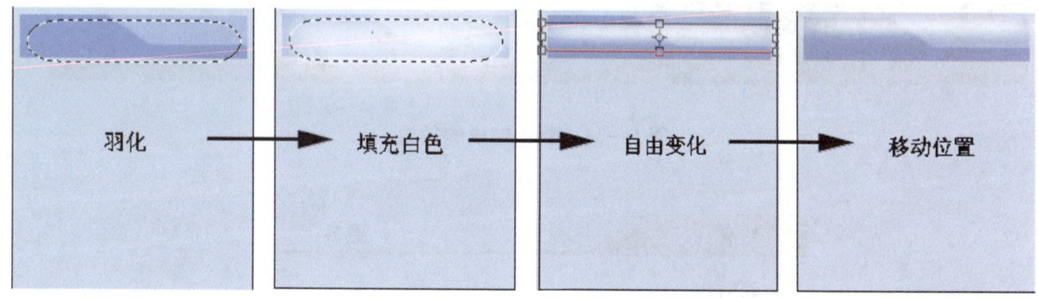

图 5—27　制作高光

图 5—28　最终效果

图 5—29　底纹在网站中的应用

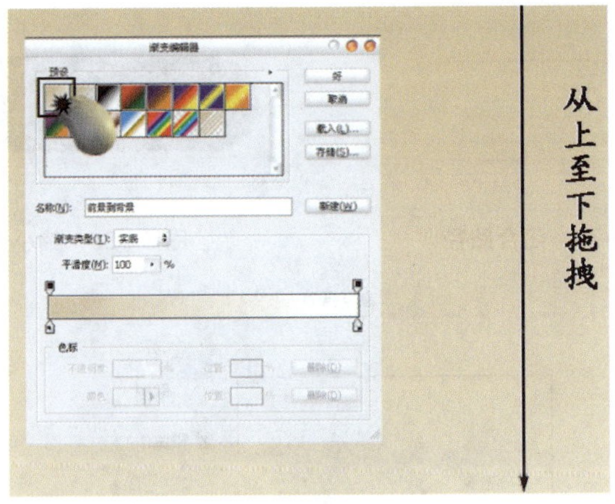

图 5—30　渐变填充

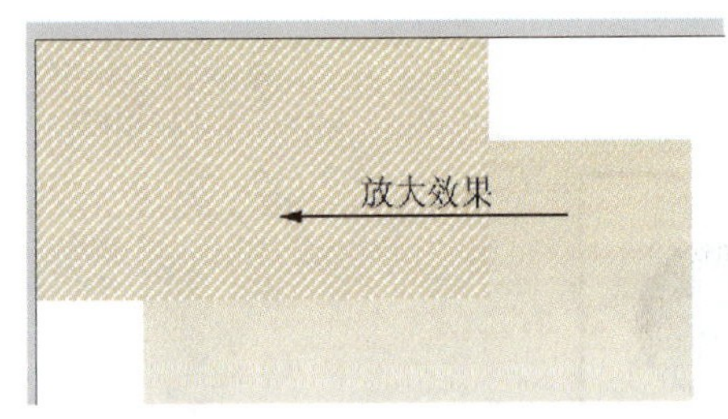

图 5—31　图片放大效果

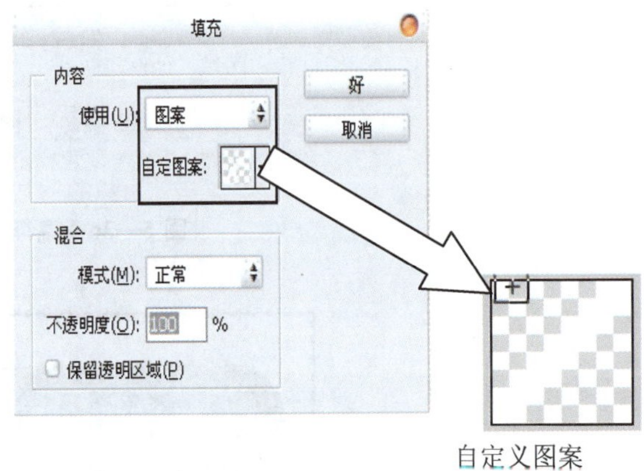

图 5—32　填充自定义图案

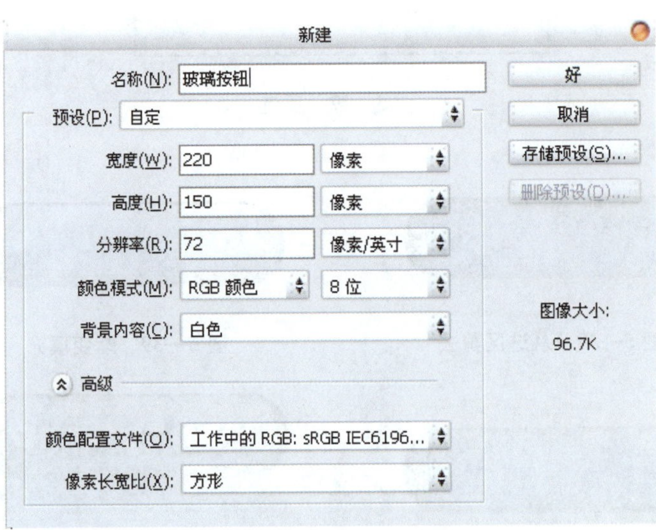

图 5—33　“新建”对话框

图 5—34　闭合路径

图 5—35　缩小选区

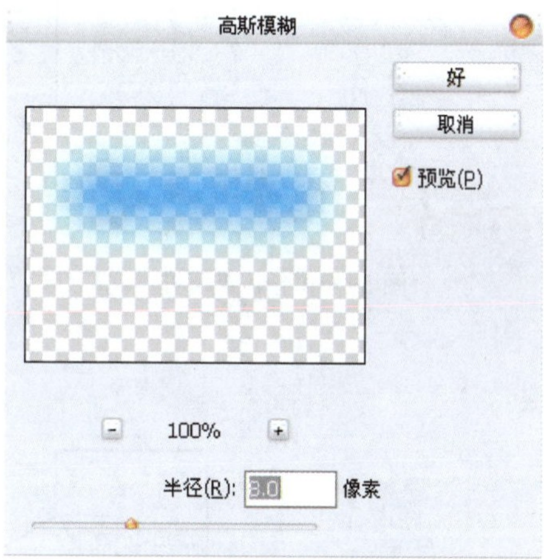

图 5—36　高斯模糊

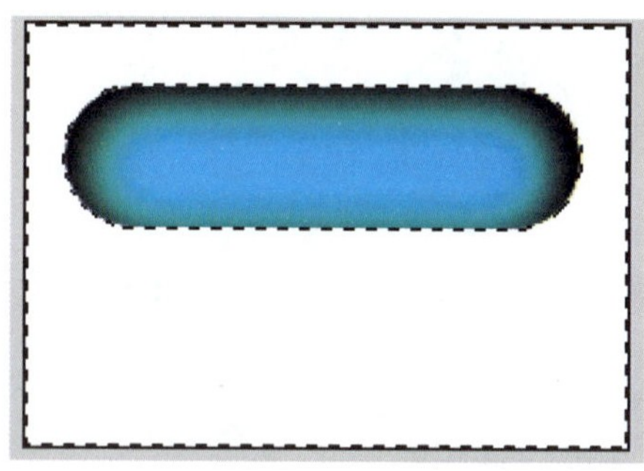

图 5—37　反选

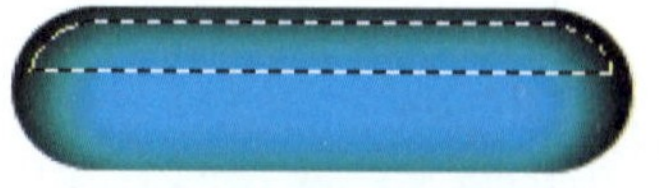

图 5—38　从选区剪去

图 5—39　渐变填充

图 5—40　高斯模糊

图 5—41　最终效果

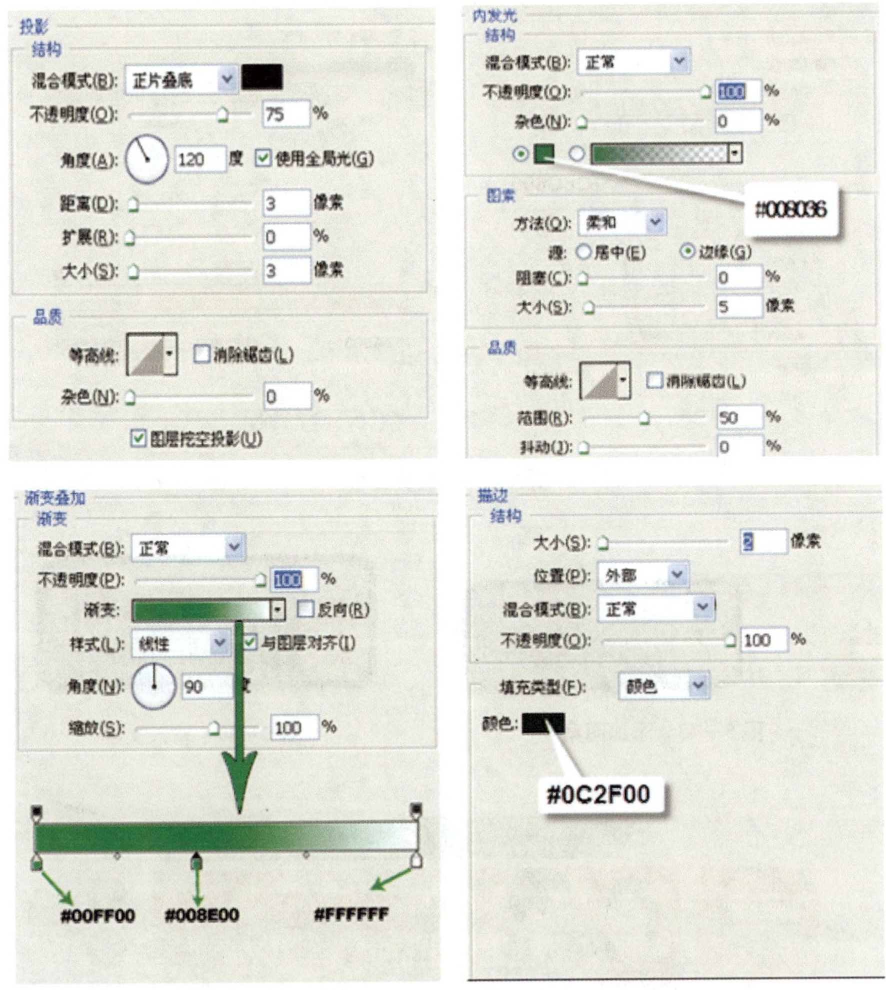

图 5—42　添加效果

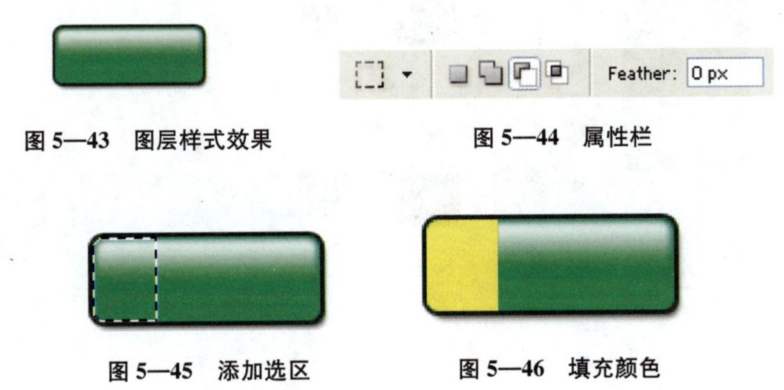

图 5—43　图层样式效果

图 5—44　属性栏

图 5—45　添加选区

图 5—46　填充颜色

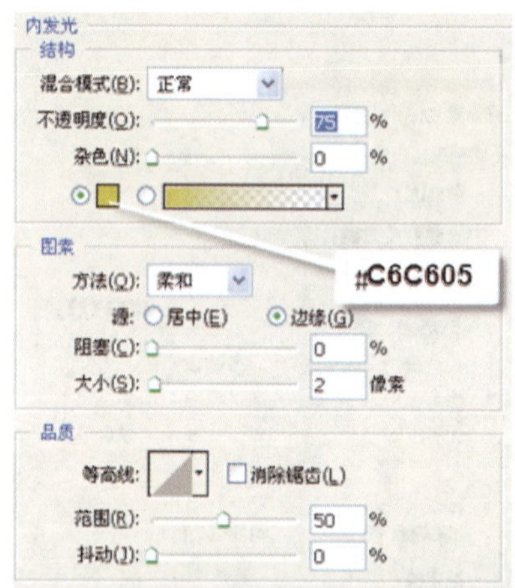

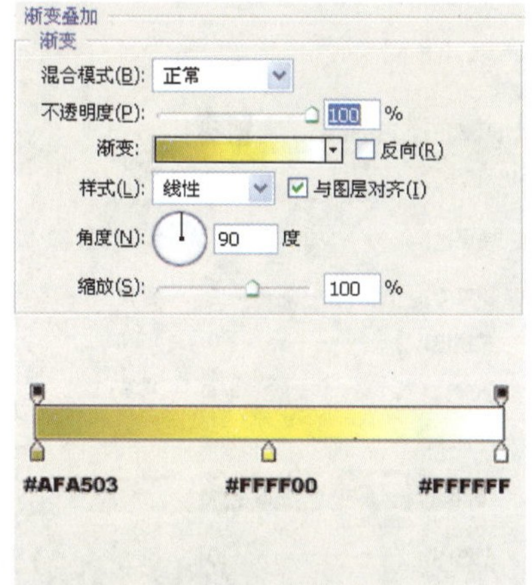

图 5—47　参数设置

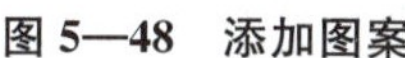

图 5—48　添加图案

图 5—49　输入文字

图 5—50　购物网

图 5—51　描边

图 5—52　渐变填充

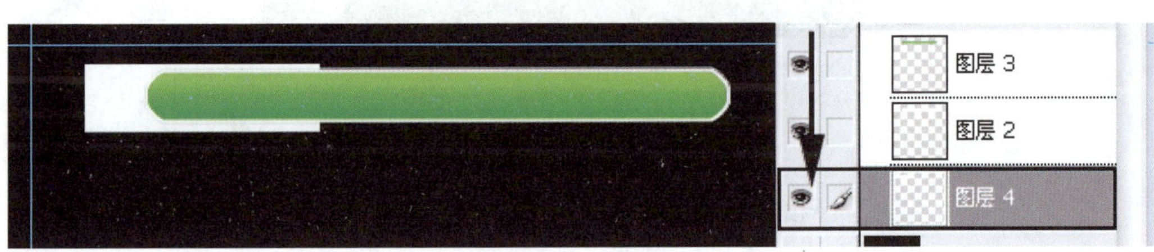

图 5—53　填充白色

图 5—54　橡皮擦

图 5—55　调节图层

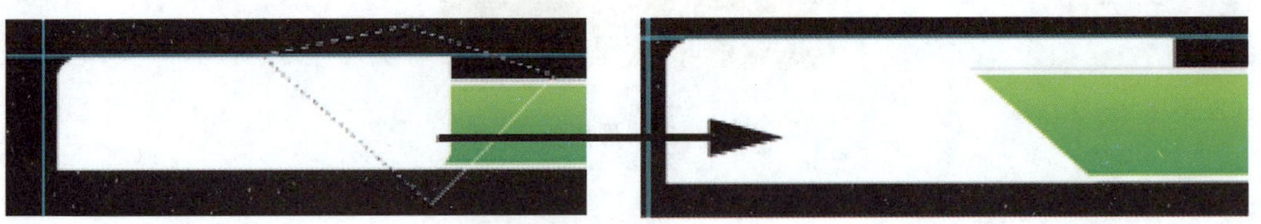

图 5—56　删除选区内容

图 5—57　添加投影

图 5—58　添加分隔符

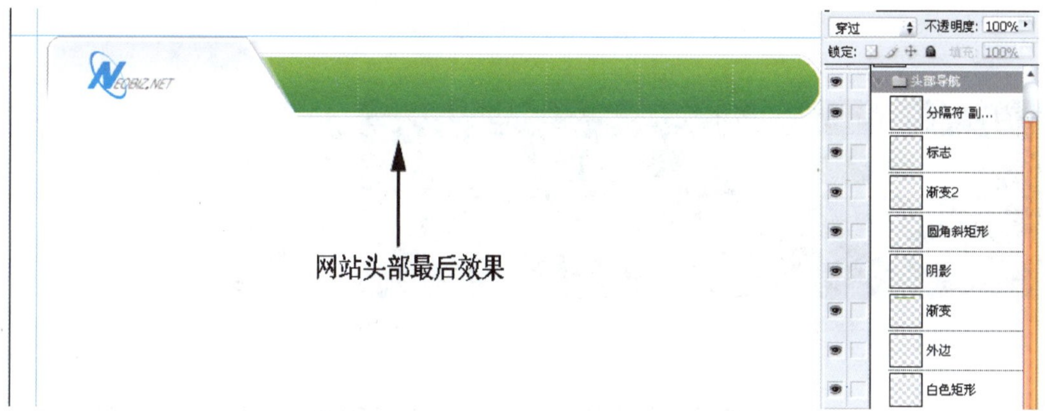

图 5—59　网站应用效果

图 5—60　最后效果

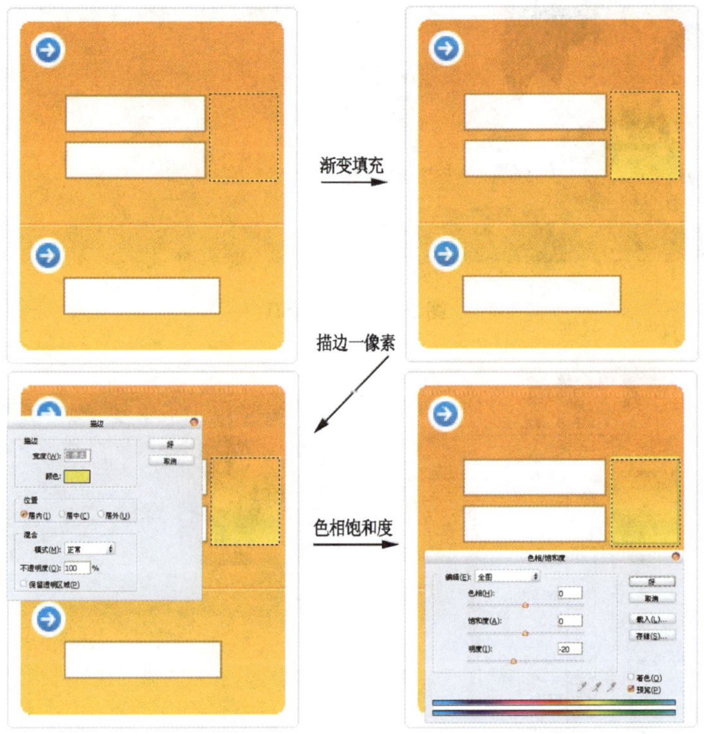

图 5—61　提交按钮

图 5—62　最终效果

图 5—63　FLASH

图 5—64　FLASH

图 5—65　FLASH

图 5—66　栏目

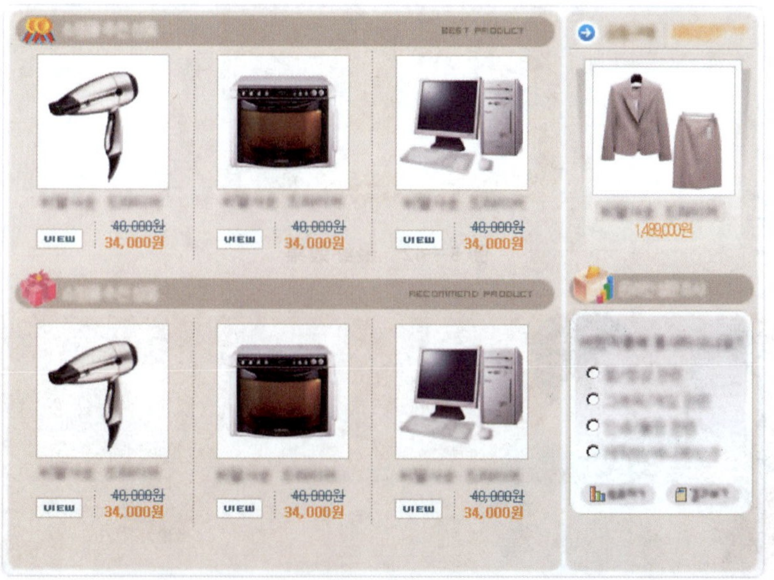

图 5—67　填充图片

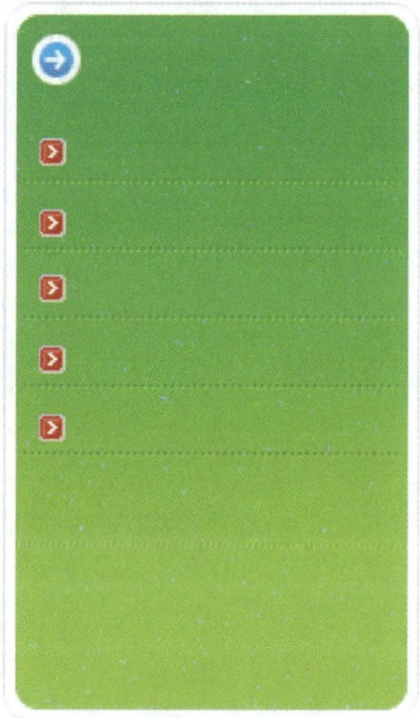

图 5—68　填充图片

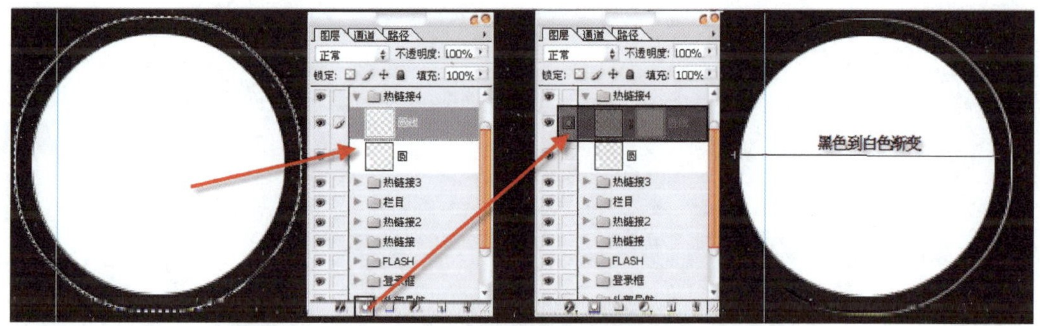

图 5—69　渐变步骤

图 5—70　填充图片

全国高等院校计算机职业技能应用规划教材

网站建设与运营

主　编　崔连和
副主编　李　红　曹起武

中国人民大学出版社
·北京·

前　言

成为网站制作高手，是每一个计算机专业学生最纯朴的愿望；通过大学系统的专业教育，踏上辉煌的人生路途，是每一个天之骄子的梦想。从实际应用出发，以够用的理论、实用的知识、超强的技能打造网站制作人才，正是本书的初衷。

如何学好这门课程呢？我们从以下几点讲起，作者以此试图打开大家智慧的源泉，引领大家到达理想的港湾。

一、网站从业人员必备知识

网站从业人员到底应该具备什么样的知识？确切地说要具备的知识很多，但从网站建设的角度来说，应该具备以下知识。

1. 一个起步知识

网站的规划设计是网站建设的起步知识，必须经过详细的规划，周密的准备，才能开始网站的实质建设。本书第2章网站建设规划设计正是针对这一起步知识点进行讲解的章节。在学习时一定要注意大量地阅读有关资料，到互联网上搜索相关主题，到图书馆查阅相关资料，拓展自己的知识视野。

2. 二种语言功夫

做一个网站，必须掌握一定的基础知识；经营维护网站也必须掌握必需的基础语言。在网站语言上，我们必须掌握HTML标记语言、XHTML标记语言。

为什么必须掌握HTML语言呢？现在XML、XHTML已经比较成熟，为什么还要掌握HTML语言呢？这是因为XML较为复杂，使用者并不多，而XHTML则成为国际上网页制作标准，XHTML是HTML语言的扩展，只要掌握了HTML，就等于掌握了90%的XHTML。而HTML的易学、通用则成为我们必须先学习HTML作为基础标识语言的最大理由。

为什么必须学习XHTML？出现XHTML目的就是要替代HTML。虽然XHTML和HTML 4.01几乎相同，但是XHTML的代码更严密，是更整洁的HTML版本。

XHTML的定义形同将HTML视为XML（从代码的结构上）。XHTML也是W3C（World Wide Web Consortium）理事会和万维网联盟的推荐标准。

怎么学习这两种语言呢，作者建议先掌握核心内容，学其精髓，学以致用，在实践中遇到问题再查阅专业书籍，进一步扩充知识。不要面面俱到地用两三年时间掌握一种语言。

本书第4章详细地对网站的基础语言HTML和XHTML进行了全面讲解，是初学者难得的简洁、通俗教材。

3. 三个基础知识

学习网站建设必须掌握三个基础知识，它们是网络技术基础、网站建设基础、网站建设模式，不具备这三个知识，就难以具备网站建设的坚实基础。本书第1章就是针对这三个基础知识的章节。

4. **三个软件使用**

网站就是将图片、文字等资料利用排版工具组合在一起，利用后台程序实现网站功能。因此，网站制作必须掌握排版软件、图像处理软件、后台程序三个软件。

排版软件以 Dreamweaver 最为通用，第 3 章进行了全面讲解；图像处理软件则主要使用 Photoshop，本书的第 5 章，以案例方式全面系统地进行了介绍；后台程序则在第 6 章讲解了 CMS 的使用。

5. **五个管理技能**

网站建设完成后，网站的管理尤为重要，网站的管理主要有五项：网站的测试、网站的运营、网站的推广、网站的安全、网站的维护。这些知识的掌握关系到网站实际经营结果的成败。本书第 7、8 章进行了较为全面的讲解。学习时，作者强烈建议进行大量阅读和实际动手操练。

二、本书特色

本书的编写以培养现代人才为中心，那么本书要为哪些人服务呢？本书的服务人群包括两类，一是教师，二是学生。

面对教师，我们将相关的资料准备齐全，如题库、教学大纲、教学计划、实训大纲、实训计划、教学课件、教案、讲稿，使他们的工作倍感轻松。

面对学生我们则要把全书的知识准备好，供他们饱餐，如内容与市场接轨、文字通俗易懂、相关视频配套等。

1. **知识模块化**

本书采用国际上通用的模块体系构建每个章节，通用的四个模块将全书知识有机组织在一起。模块化体系与高等职业教育的宗旨相吻合，每一个模块都符合当代高等职业院校学生的实际需要。学习时，课堂上要重点掌握应知应会模块，上机时重点练习制作实务模块，课外阅读时重点学习高手点拨模块，业余练习时重点练习技能训练模块。

2. **案例企业化**

本书采用的案例，均为现在已经运行的网站，既具有代表意义，又使课堂教学与岗位实际需要无缝对接。学生能真正地领悟到企业实际需要什么，自己的学习到底为了什么。

3. **实践视频化**

本书大量的操作实践，均配套有全程视频教程，既弥补了本书篇幅所限而不能面面俱到之不足，又能生动地手把手进行教学。既方便学生自学，又为教师授课提供方便。

4. **讲解通俗化**

本书在语言采用上，力求通俗化，便于学生自学，便于网络爱好者钻研。很多章节的内容，读者一看便懂，实例部分则配套有教学视频。

5. **内容市场化**

本书在编写过程中，充分考虑到市场对网站制作人才的实际需求，作者是长期在网站经营一线的专业人士。同时多位企业一线工程师对本书编写提出建议。编者在全国各地从事网站建设工作的学生也都积极参与了本书的编写工作，使本书的内容市场化，符合市场对人才的实际需求。本书第 3 章网站制作工具在对 Dreamweaver 的讲解上，完全是实际案例的制作，以实际存在的网站为蓝本，无关知识一概摒弃。第 5 章在 Photoshop 的讲解上，完全将网站实际需要的图像处理技术搬上了课堂。第 9 章案例分析没有像以往教材那样，哪个网站成功就讲哪个网站使学生感觉高不可攀，这里选择了齐齐哈尔信息工程学校的首页进行了主要的讲解与示范，利用图像与文字说明相结合的形式，目的是使学生能够通过本章的学习掌握一般网站制作的技巧并在实际操作中进行应用。

6. 配套多样化

本书充分考虑到学生自学、教师备课的需要，本着方便师生的原则，在配套资源上进行了综合设计，配套资源具体包括以下几方面：

(1) 精彩的教学课件。设计精美、重点突出、方便教学是本书配套课件的最大特点。

(2) 丰富的教学材料。包括题库、教学大纲、教学计划、实训大纲、实训计划、教学课件、教案、讲稿等。

(3) 专业的网站。本书配套有专门的学习网站，为师生提供学习的平台，其网址为 http://wzjs. qqhre. com。

三、专家忠告

网站制作专家对你的学习提出以下忠告。

1. 一定学好基础的理论知识

一定注重基础理论知识学习，重点是网站的规划设计知识、HTML 基础知识、一门网络编程的基本知识。不会规划你永远做不出像样的网站；没有 HTML 基础知识你永远只能停留在表面上；不会一门编程语言，即使能使用现成的后台管理系统，你也会感觉力不从心。常用的软件则不要求精通，会基本使用即可，遇到不会的问题随时查阅。

2. 一定边学边做

不要等到什么都会了的时候再去做网站，要边学边做，不管网站做得多么简陋，只要出自自己之手，就已经成功了一半。一定要边学边做，在知识增长过程中，随时可以把自己的网站补充完善，甚至重头再来也不足为惜，因为所有的一切努力都是为了一个目的：锻炼。

3. 一定建立自己的网站

一定要在网上给自己安个家，否则对不起学校的培养，更对不起自己崇高的理想。每年花几十元钱买个空间、买个域名，在网上给自己安个家。经常做维护、经常去管理，提升网站管理水平。网站的管理维护做到信手拈来，你的水平会在悄无声息中增长。

4. 一定脚踏实地，不要好高骛远

从做最简单的网站开始，从最简单的语言学起，不管出了多么新颖的知识，我们都要脚踏实地。标记从 HTML 学起，利用 Dreamweaver 进行代码的实现，版面设计使用 Photoshop，后台用 CMS 起步。切记，不管功能多么强大的网站，学精了最简单知识就能实现设想的全部功能。

5. 一定利用网络资源

一定要利用网络资源，不会的问题上百度去搜索，缺少的素材到网上去下载，甚至起步阶段可以从模仿网上现有的网站开始。

四、本书知识流程

本书由崔连和担任主编，李红、曹起武担任副主编，王立刚、白云鹏、刘姜参编，全书由崔连和统稿。本书分为 9 章，29 个知识点，严格的网络公司应用模式，以此引领大家走向成功。本书使用了较多图片，若有版权要求，请与主编联系。

第1章　网站建设概述
三大要点：网络基础知识、网站基础知识、网站建设模式

学好理论，广泛阅读

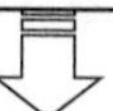

第2章　网站的规划
四大要点：网站规划的基本理论、网站页面内容及栏目设计、网站导航及目录设计、网站版式及风格设计

学好理论，实际分析

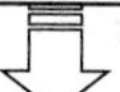

第3章　网站的实现工具
四大要点：Dreamweaver站点设置以及页面操作、Dreamweaver基础知识、表格操作、样式和层操作

上机练习，动手制作

第4章　网站的标记语言
六大要点：HTML概述、HTML的基本标记、XHTML概述、XHTML属性和事件、XHTML标签、网页表现语言CSS

对比学习，上机实践

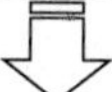

第5章　网站版面设计
三大要点：网页版面设计、网页常用图像处理、版面制作实例

模仿练习，实际制作

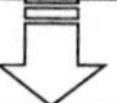

第6章　网站后台功能的实现
三大要点：网站后台编程语言、网站后台实现方法、CMS的实现方法

整体掌握，广泛查阅

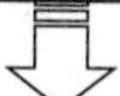

第7章　网站的发布与运营
两项技术：网站发布技术、运营技术

自建网站，常年推广

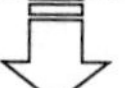

第8章　网站的推广
三大要点：网站推广技术、SEO基本概念、SEO实用技术

学好理论，动手实践

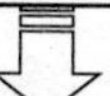

第9章　整站建设实例
一个案例：综合各章节知识要点的建站实例

分析网站，整体研究

本书关键知识点及学习方法框图

目　录

第1章　网站建设概述 ……………………… 1

1.1　计算机网络知识综述 ………………… 2

1.1.1　计算机网络的定义 ……………… 2

1.1.2　计算机网络的分类 ……………… 2

1.1.3　什么是 Internet ………………… 4

1.1.4　网络的有关设备 ………………… 4

1.1.5　网络的有关概念 ………………… 6

1.2　网站建设基础 ……………………… 7

1.2.1　网站建设的定义 ………………… 7

1.2.2　网站建设的有关概念 …………… 7

1.2.3　网站的标准 …………………… 10

1.2.4　网站的建设工具 ……………… 10

1.3　网站的建设模式 …………………… 11

1.3.1　平台运营商 …………………… 11

1.3.2　自主研发 ……………………… 11

1.3.3　自助建站 ……………………… 12

1.3.4　使用系统建设网站 …………… 12

每课一考 ………………………………… 13

第2章　网站的规划 ……………………… 15

2.1　网站规划的基本理论 ……………… 16

2.1.1　网站规划的必要性 …………… 16

2.1.2　网站规划的任务 ……………… 17

2.1.3　网站建设的流程 ……………… 18

2.1.4　网站规划的常用方法 ………… 20

2.2　网站页面内容及栏目设计 ………… 22

2.2.1　网站页面应该包括的内容 …… 22

2.2.2　网站内容设计遵循的原则 …… 25

2.2.3　网站内容收集的注意事项 …… 25

2.2.4　栏目规划概述 ………………… 25

2.2.5　栏目规划策略 ………………… 26

2.2.6　网站常用栏目 ………………… 27

2.2.7　实例：阿里巴巴网站内容分析 … 29

2.3　网站导航及目录设计 ……………… 30

2.3.1　网站导航栏设计概述 ………… 30

2.3.2　导航分类 ……………………… 31

2.3.3　网站导航栏设计方法 ………… 32

2.3.4　网站目录设计概述 …………… 34

2.3.5　网站目录建设的步骤及方法 … 35

2.3.6　敦煌网的目录结构 …………… 35

2.4　网站版式及风格设计 ……………… 35

2.4.1　版面布局的基础 ……………… 36

2.4.2　网页的常用版式 ……………… 36

2.4.3　版面布局的原则 ……………… 37

2.4.4　网站风格设计概述 …………… 37

2.4.5　网站色彩搭配 ………………… 38

2.4.6　网站文字的使用 ……………… 39

2.5　网站建设规划书 …………………… 40

2.5.1　撰写网站规划书 ……………… 40

2.5.2　实例：齐齐哈尔信息工程学校校园网网站建设规划书 ……… 40

每课一考 ………………………………… 45

第3章　网站的实现工具 ………………… 47

3.1　Dreamweaver 基础知识 …………… 48

3.1.1　Dreamweaver 概述 …………… 48

3.1.2　Dreamweaver 的工作环境 …… 49

3.1.3　Dreamweaver 的基本操作 …… 51

3.2　Dreamweaver 站点设置及页面操作 …… 53

3.2.1　Dreamweaver 的站点设置 …… 53

3.2.2　Dreamweaver 页面属性设置 … 55

3.2.3　Dreamweaver 文本操作 ……… 57

3.2.4　Dreamweaver 的图像操作 …… 58

3.2.5　Dreamweaver 的链接操作 …… 60

3.3　表格操作 …………………………… 61

3.3.1　表格的创建 …………………… 61

3.3.2　表格的编辑 …………………… 62

3.3.3　用表格进行页面布局 ………… 64

3.4　样式和层操作 ……………………… 66

3.4.1　CSS 样式表和 DIV 层的概念 … 66

3.4.2　样式表的创建 ………………… 67

3.4.3　外部层叠样式表的链接 ……… 68

3.4.4　设置 CSS 样式 ………………… 69

3.4.5　层的创建和编辑 ……………… 73

3.5 模板操作 …… 75
3.5.1 模板概述 …… 75
3.5.2 创建模板 …… 76
3.5.3 编辑模板 …… 77
3.5.4 使用模板 …… 79
每课一考 …… 84
第 4 章 网站的标记语言 …… 86
4.1 HTML 概述 …… 87
4.1.1 HTML 简介 …… 87
4.1.2 HTML 组成 …… 87
4.1.3 HTML 代码规范 …… 89
4.1.4 HTML 使用案例 …… 89
4.1.5 本节中标记归纳及操作实例 …… 90
4.2 HTML 标记 …… 92
4.2.1 HTML 的基本标记 …… 92
4.2.2 链接标记 …… 94
4.2.3 表格标记 …… 95
4.2.4 表单的格式 …… 97
4.2.5 框架标记 …… 99
4.2.6 HTML 标记总表 …… 104
4.3 XHTML 概述 …… 105
4.3.1 XHTML 简介 …… 105
4.3.2 XHTML 基础知识 …… 108
4.4 XHTML 属性和事件 …… 111
4.4.1 XHTML 属性 …… 111
4.4.2 HTML 事件 …… 112
4.5 XHTML 标签 …… 113
4.5.1 XHTML 的常用标签 …… 113
4.5.2 XHTML 的其他标签 …… 116
4.6 网页表现语言 CSS …… 119
4.6.1 CSS 的含义 …… 119
4.6.2 CSS 样式应用 …… 120
4.6.3 样式的属性 …… 121
每课一考 …… 123
第 5 章 网站版面设计 …… 126
5.1 网页常用图像处理 …… 127
5.1.1 网站头部常用图像处理案例 …… 127
5.1.2 导航常用图像处理案例 …… 129
5.1.3 栏目常用图像处理案例 …… 132
5.1.4 网站背景图像处理案例 …… 134
5.1.5 链接常用图像处理案例 …… 135
5.2 实例:网站版面制作 …… 138
每课一考 …… 146
第 6 章 网站后台功能的实现 …… 147
6.1 网站后台编程语言 …… 148
6.1.1 开发技术 …… 148
6.1.2 技术选型 …… 149
6.2 网站后台实现方法 …… 149
6.2.1 网站后台实现的两种方法 …… 149
6.2.2 常用的 CMS 系统简介 …… 150
6.2.3 选择合适的 CMS …… 152
6.3 CMS 的通用方法 …… 153
6.3.1 CMS 系统的取得 …… 153
6.3.2 CMS 系统的使用准备 …… 154
6.3.3 CMS 使用的一般步骤 …… 154
每课一考 …… 159
第 7 章 网站的发布与运营 …… 161
7.1 网站的发布 …… 162
7.1.1 网站发布的定义 …… 162
7.1.2 网站发布前的准备工作 …… 162
7.1.3 网站上传 …… 165
7.2 网站的运营 …… 167
7.2.1 网站运营的含义 …… 167
7.2.2 影响网站运营的前提要素 …… 168
7.2.3 网站运营的内容 …… 169
7.2.4 网站运营的方法 …… 169
7.3 ICP 与 IP 备案管理常见问题摘要 …… 171
每课一考 …… 173
第 8 章 网站的推广 …… 175
8.1 网站推广概述 …… 176
8.2 网站的推广形式 …… 176
8.2.1 网站推广的七种形式 …… 176
8.2.2 网站推广的五要素 …… 178
8.2.3 网站推广的注意事项 …… 179
8.2.4 网站流量统计 …… 179
8.3 搜索引擎优化的有关技术 …… 180
8.4 SEO 技术应用 …… 187
8.4.1 站内 SEO …… 187
8.4.2 站外 SEO …… 189
8.4.3 SEO 工具 …… 190
8.5 网站优化实例——推广网站经验谈 …… 198
每课一考 …… 199
第 9 章 整站建设实例 …… 202
9.1 网站概述 …… 203

9.1.1 项目概述 …… 203
9.1.2 网站建设步骤 …… 203
9.2 版面设计 …… 204
9.3 版面分割与导入 …… 208
9.3.1 版面分割 …… 208
9.3.2 版面导入 …… 209
9.4 后台功能的实现 …… 212
9.4.1 讯时后台简介 …… 212
9.4.2 讯时后台的特性 …… 212
9.4.3 网站后台功能的实现 …… 213
9.4.4 网站常用小功能模块的实现 …… 217
每课一考 …… 219

附录A 讯时CMS新手教程 …… 220
参考文献 …… 234

第 1 章　网站建设概述

本章知识结构框图

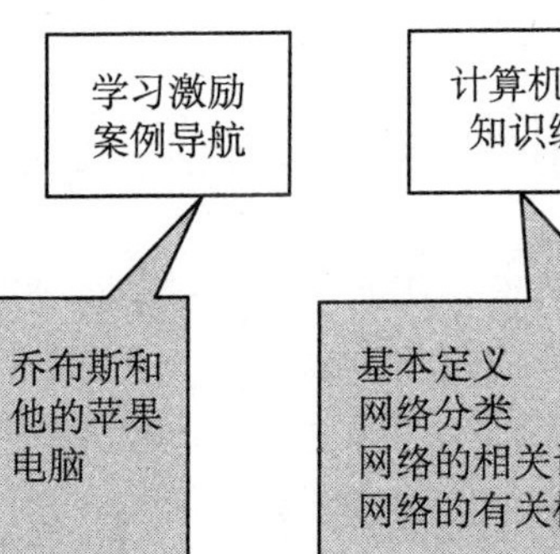
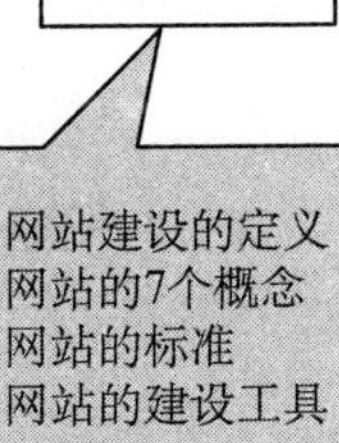
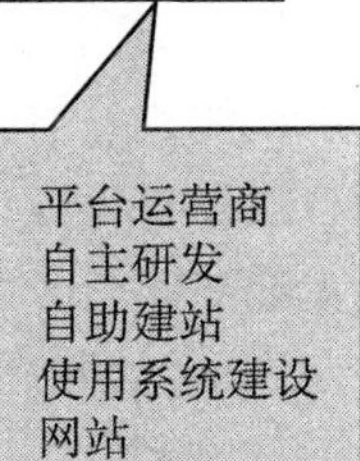

学习激励与案例导航

乔布斯和他的苹果电脑

“活着就是为改变世界!”史蒂夫·乔布斯的这句话成为2011年尽人皆知的名言，他本人也被奉为创造力和想象力的化身。

乔布斯生于1955年，1972年高中毕业后，在波兰的一所大学只念了一学期就辍学了，1974年乔布斯在一家公司找到设计电脑游戏的工作。两年后，时年21岁的乔布斯和26岁的沃兹尼艾克在乔布斯家的车库里成立了苹果电脑公司。作为神一样的人物，他创造了风靡全球的苹果产品。近年来多次被评为全美最佳CEO，业界评论“苹果就是乔布斯，乔布斯就是苹果”。在乔布斯的带领下，苹果股价2010年一路飙升，超越微软成为世界第一大科技公司，2011年8月苹果超越埃克森美孚公司成为全球最大市值企业，2011年持有现金达到762亿美元，甚至超过了美国政府国库存款。乔布斯缔造了财富神话，他的成功给全世界正在奋斗的青年人太多的启迪。

我们和乔布斯一样都有梦想，有梦想才会有进步，有梦想才不会停滞不前。乔布斯所说的话多么正确：活着就会有改变，活着就会有奇迹的出现！

1.1　计算机网络知识综述

从石器时代到工业革命，从计算机的出现到互联网的兴起，21 世纪的今天已经是电子时代。人们的生活理念、消费观念发生着天翻地覆的变化，计算机网络也发生了巨大的变化。

1.1.1　计算机网络的定义

计算机网络是指利用通信线路，将分布在不同地理位置的具有独立功能的多台计算机终端以及各种附属设备连接起来，按照网络协议进行数据通信，实现资源共享的系统的集合。

从以上定义中不难看出，网络定义指出了网络的以下关键点。

1. 网络传输媒介是通信线路

网络传输媒介就是指两台计算机用什么连在一起，计算机网络传输使用的是通信线路，常见的通信线路有两种：

（1）有线线路。有线线路是指利用各种电缆线进行传输，例如常说的某某网吧是光纤接入，学校机房用双绞线连接等，这里的光纤、双绞线都是网络的连线。

（2）无线线路。无线线路是指网络之间的连接是以无线的方式进行的，常见的手机与手机之间、对讲机之间都属于无线传输，目前的无线上网也很流行。常见的无线传输有红外线传输、微波传输。

2. 传输的位置是“分布在不同地理位置”

定义中指出，必须是分布在不同的地理位置，位置的范围可以是 3 米、5 米的小范围，也可以是相隔万里的长城南北、大江内外的数百台计算机。

3. 连接的设备是具有独立功能的计算机

连接的设备要求具有独立功能，任何一台接入网络的计算机均具有较完善的软硬件配置，不连接网络时也可作为独立计算机使用。

4. 传输的规则是按照网络协议

网络协议是指通信双方约定好的、达成一致的共同遵守和执行的约定。网络传输时必须遵循网络协议。

5. 网络的两大功能是资源共享、资源交换

假如计算机没有安装腾讯 QQ，可以从网上邻居的其他计算机上找到该软件，然后复制过来。其他计算机也可以把软件从别人的计算机复制到自己的计算机，这就是**资源交换**。比如办公室中共有五台计算机，而打印机却只有一台，将五台计算机联网后，每台计算机都可使用打印机，这就是**资源共享**。

1.1.2　计算机网络的分类

计算机网络的分类方式很多，但通常的分类方法是按地理范围将计算机网络分为局域

网、城域网、广域网三大类。

1. 局域网（LAN，Local Area Network）

局域网是一种小范围的计算机网络，一般在一个建筑物内，或一个工厂、一个事业单位内部，为单位所独有。局域网距离可在几米远到十几公里的范围内，其特点是结构简单，布线容易。图1—1是局域网的示例图。

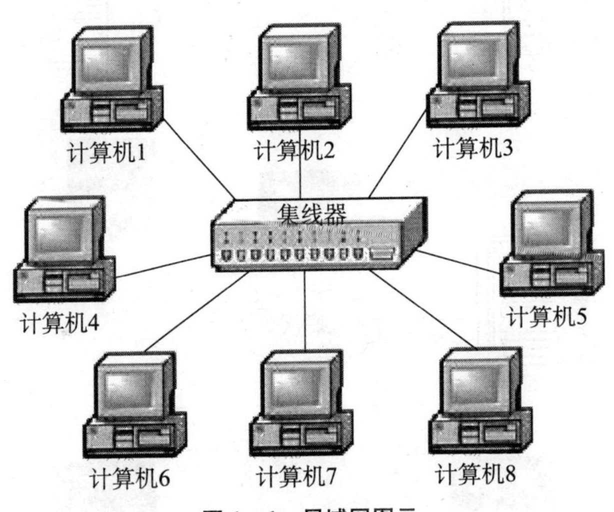

图1—1　局域网图示

2. 城域网（MAN，Metropolitan Area Network）

城域网是在一个城市内部组建的计算机网络，面向全市提供网络服务，其规模介于互联网与局域网之间。目前，我国许多城市建设的城域网正在完善中。图1—2为城域网的拓扑图。

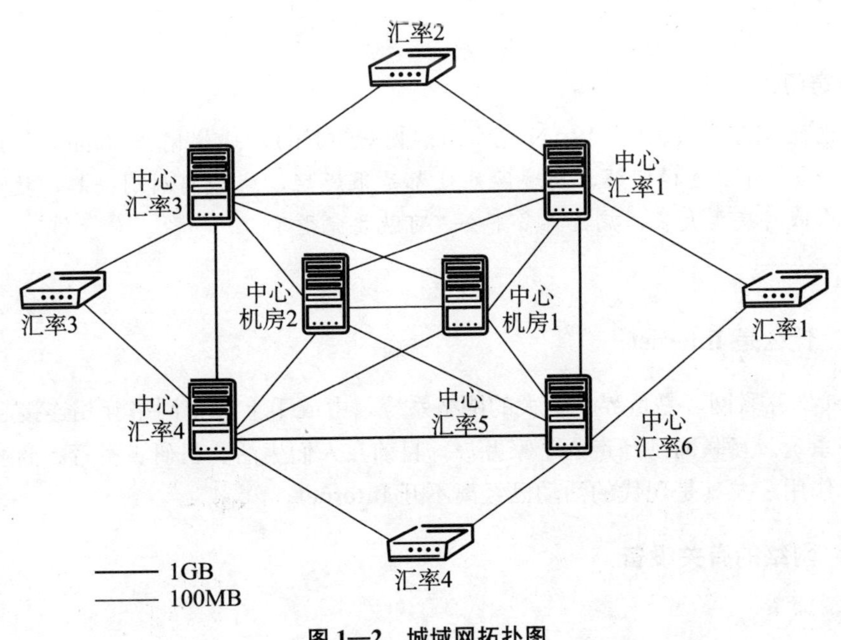

图1—2　城域网拓扑图

3. 广域网（WAN，Wide Area Network）

这种网络也称为远程网，即通常所说的互联网，所覆盖的范围广泛，地理范围可从几百公里到几千公里。图 1—3 表示了一个广域网的结构图。

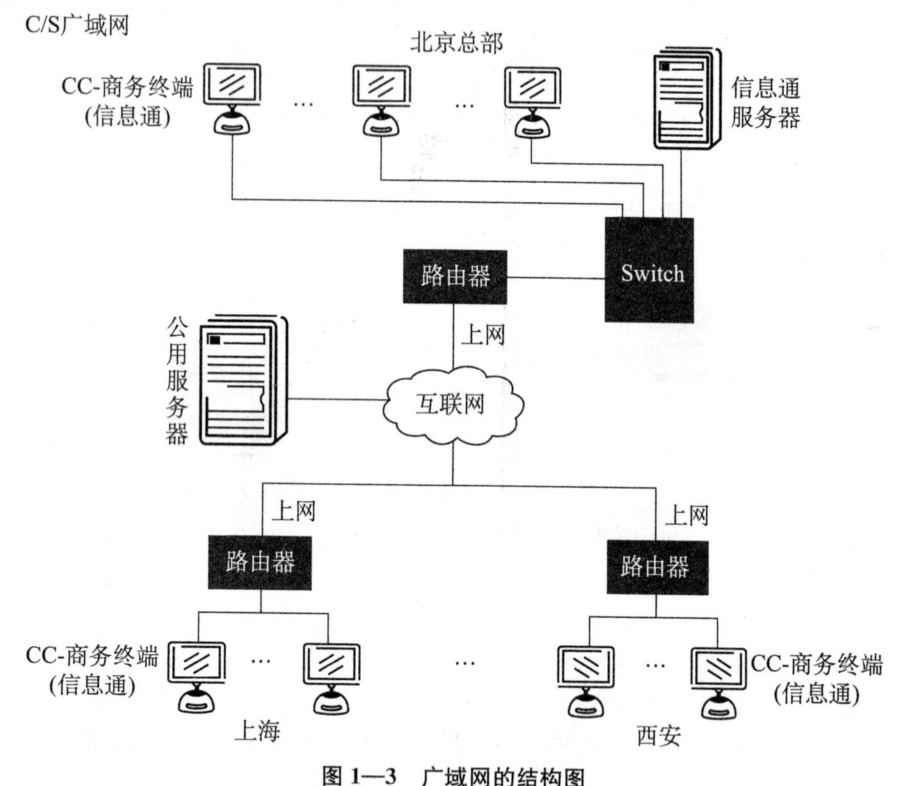

图 1—3　广域网的结构图

小窍门：

如何记住 MAN、LAN、WAN 呢？局域网烂（lan），城域网慢（man），广域网要完（wan）蛋。可以这样理解，局域网处处都是很泛烂，城域网刚刚兴起，技术还不成熟很慢，广域网病毒太多，病毒再多下去，可就要完蛋了。

1.1.3　什么是 Internet

Internet 即互联网，是世界上最大的网络系统，由成千上万个网络互相连接起来构成的计算机网络系统。互联网已经走入千家万户，目前在人们生活、科研、教育、商业活动中发挥了重要的作用，尤其是现代的活动已经离不开 Internet。

1.1.4　网络的有关设备

1. 网卡（Nic）

网卡是指计算机与网络相连的接口卡，每台入网的计算机中必须接有一块网卡。目前网卡的接口有 ISA、PCI 两种。ISA 网卡已是昨日黄花、不再辉煌，PCI 接口今日正红，广为使用，图 1—4 为网卡示意图。从速度上看，目前有 10M、100M、1000M 网卡，当今计算机上使用的网卡以 100M 网卡独霸天下！

2. 集线器（Hub）

顾名思义，集线器就是将网线集中到一起的机器，也就是多台计算机的连接器。每台计算机通过一根网线接入集线器，集线器好比网络所有连网计算机的集中营，目前集线器已经被高速的交换机所取代。图 1—5 为集线器示意图。

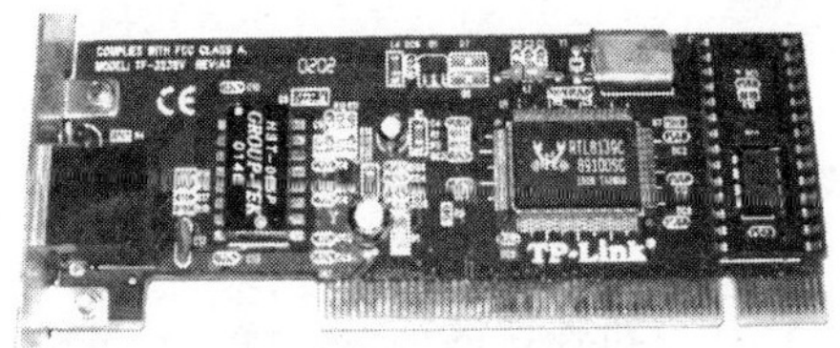

图 1—4 网卡

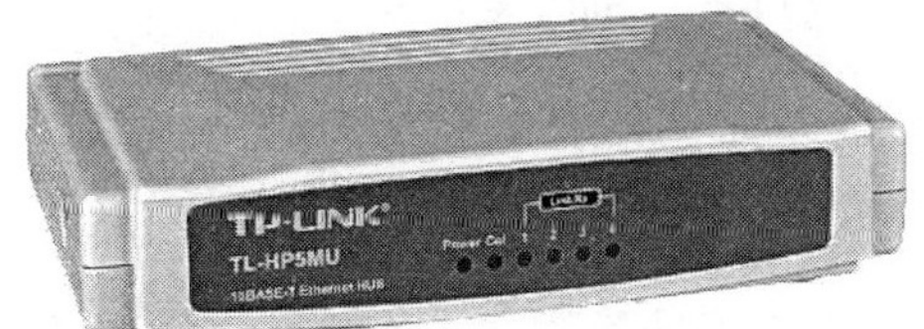

图 1—5 集线器

3. 交换机（Switch）

交换（Switching）是按照通信两端传输信息的需要，用人工或自动的方法，把要传输的信息送到符合要求的路线上的技术。广义的**交换机**就是一种在通信系统中完成信息交换功能的设备。在计算机网络中，交换概念的提出是对共享工作模式的改进。以前介绍过的集线器就是一种共享设备，集线器本身不能识别目的地址，当同一局域网内的 A 主机向 B 主机传输数据时，数据包以广播方式传输，由每一台连入集线器的计算机都要通过验证信息来确定是否接收。也就是说，在这种工作方式下，同一时刻网络上只能传输一组数据，如果发生碰撞还得重试。这种方式就是共享网络带宽。而交换机是一种基于 MAC（网卡的硬件地址）识别，能完成封装转发数据包功能的网络设备。交换机可以“学习”MAC 地址，并将其存放在内部地址表中，通过在数据始发者和目标接收者之间建立临时的交换路径，使数据直接由源地址到达目的地址。在一些老的影片中常看到有人在电话机旁狂摇几下（注意不是拨号），然后就说：接某某，接线员接到要求后就会把相应的端线头插在要接的端子上，即可通话。其实这就是最原始的交换机系统，只不过它是一种人工电话交换系统，不是自动的，现在的交换机是全自动的。图 1—6 为交换机示意图。

图 1—6 交换机

提示：到网吧上网，仔细看一下，所有的计算机都线连到一个大铁盒子上，这就是交换机。家庭上网的“宽带猫”就是路由器。

4. 路由器（Router）

要解释路由器的概念，首先得知道什么是路由。所谓“路由”，是指把数据从一个地方传送到另一个地方的动作。长途汽车通常有始发站、经由站、终到站，而这个经由站，则是该次客车途经的站点，“路由”则可理解为网络传输线路上信号经过的中转设备。而路由器，正是执行这种动作的机器，是一种连接多个网络或网段的网络设备，它能将不同网络或网段之间的数据信息进行“翻译”，以使它们能够相互“读懂”对方的数据，从而构成一个更大的网络。

例如，利用家庭宽带上网，电话线上传来的信息必须经过宽带路由器的“翻译”之后，才能在计算机上正常浏览信息。

1.1.5 网络的有关概念

1. 网络拓扑

计算机网络的连线方式称为网络的拓扑结构。按计算机连接的节点，计算机网络中常用的拓扑结构有总线型、星型、环型。

总线型网络是一种比较简单的计算机网络结构，它采用一条称为公共总线的传输介质，将各计算机直接与总线连接，信息沿总线介质逐个节点广播传送。好比一根棍上串着的糖葫芦，所有计算机共用一条传输线路。星型网络由中心节点和其他从节点组成，中心节点可直接与从节点通信，而从节点间必须通过中心节点才能通信。环型网络将计算机连成一个环。在环型网络中，每台计算机按位置不同有一个顺序编号。具体的连线方式如图 1—7 所示。

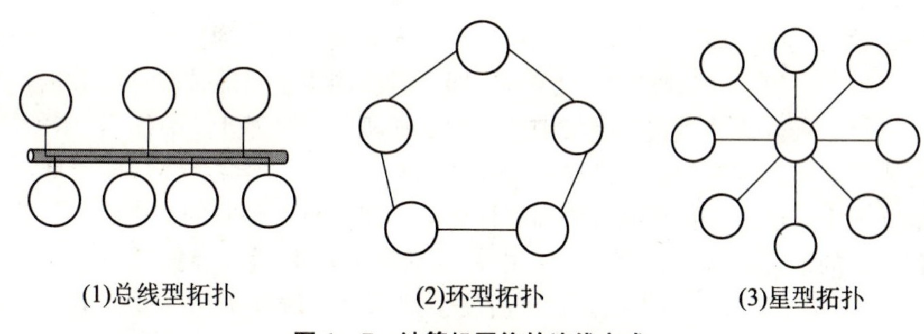

图 1—7 计算机网络的连线方式

2. IP 地址

某办公室的电话全称是 086-0452-2747188，这便是电话运营商分配的电话号码。那么每台上网的计算机也应该有一个号码。在电话通信中，电话用户是靠电话号码来识别的。同样，在网络中为了区别不同的计算机，也需要给计算机指定一个号码，这个号码就是“IP 地址”，IP 地址是计算机在网络上的唯一标识。

知识拓展：

计算机的 IP 地址的 32 位二进制分成四段，每段 8 位，中间用小数点隔开，然后将每 8 位二进制转换成十进制数，这样计算机的 IP 地址就变成了以下形式：210.73.140.2。

3. 网络协议

网络协议是计算机在网络中实现通信时必须遵守的约定，也就是通信协议。不同计算机之间联网，好比两个人之间的通话，要求双方必须约定好都使用同一种语言，否则他们之间无法沟通。

不同的网络要使用不同的协议，接入互联网的计算机都要使用 TCP/IP 协议，才能正常上网。TCP/IP 协议中 TCP 是指传输控制协议，IP 是指网际协议，它们由上百个子协议组成。例如，浏览网页时在地址栏中输入 www. qqhre. com，在其前面系统将自动添加 http://，而将网址变成 http://www. qqhre. com，这个 http 便是 TCP/IP 协议中的一个子协议。

4. ISP

ISP 的英文是 Internet Service Provider，翻译为互联网服务提供商，即向广大用户综合提供互联网接入业务、信息业务和增值业务的电信运营商。例如，办理宽带业务要到网通公司或者铁通公司等网络运营服务商，也就是常说的 ISP。

网站制作的高手，必须掌握的基础技能有哪些呢？一是必须熟练地架设服务器，二是必须熟练地测试网络连通情况。

1.2 网站建设基础

1.2.1 网站建设的定义

网站建设是指应用各种网页设计技术，为企事业单位、公司和个人在 Internet（互联网）上建立自己的站点并发布信息。网站是企业展示自身形象、发布产品信息、把握市场动态的新平台。

网站（Website）是指在 Internet 上，根据一定的规则，使用网页设计工具制作的用于展示特定内容的相关网页的集合。简单地说，网站就是若干相关网页的集合。人们可以通过网页浏览器来访问网站，获取自己需要的信息或者享受网络服务。

1.2.2 网站建设的有关概念

1. WWW

WWW 是 World Wide Web 的缩写，即环球信息网，简称 Web，中文名字为“万维网”。简单地说 Web 就是网页，Web 是 Internet 提供的一种服务，是存储在全世界 Internet 中计算机网页的集合，Web 中海量的信息是由彼此关联的网页组成的。

2. URL

URL 即 Uniform Resource Locator 的缩写，通俗地说就是网址，每个文件无论以何种方式存在于哪个服务器上，都有一个唯一的 URL 地址。可把 URL 看做一个文件在 Internet 上的标准通用地址。

【操作实例 1—1】查看百度的 URL。

打开浏览器，输入 http://www. baidu. com，将出现百度网站首页，在地址栏中的 http://www. baidu. com 就是百度的 URL，如图 1—8 所示。

图 1—8　URL 示意图

3. Home Page

Home Page 即主页，也称为首页，浏览者访问站点时第一个出现的页面被称为主页。它在站点中起着索引和导航的作用。用户在访问 Web 站点时，不必指出主页的地址和名称，只要访问到该站点，WWW 服务器便会自动提供该站点的主页。由于它总是最先出现在浏览者眼前的，因此主页是 Web 站点中最重要的网页，主页制作得好坏直接影响站点被访问的次数。

【操作实例 1—2】查看齐齐哈尔信息工程学校的首页。

打开浏览器，输入网址 http:// www.qqhre.com，如图 1—9 所示。

图 1—9　齐齐哈尔信息工程学校网站首页

4. 域名

域名就是指企业在 Internet 上的地址，人们可以通过这个地址访问网站。与现实生活中的通信地址不同的是，Internet 域名除了按地理位置编排域名外，还按单位性质分类编排域名。http://www.qqhre.edu.cn 中的 qqhre.edu.cn 就是域名，edu 表示该网站属于教育业。而 http：//www.sina.com.cn 中除了用 com 表明其行业为商业企业外，还用 cn 表明该公司的地理位置处在中国。在全世界，没有重复的域名，从商界看，域名已被誉为“企业的网上商标”。

【操作实例 1—3】查看齐齐哈尔信息工程学校网站的域名。

打开浏览器，输入网址 http:// www.qqhre.com，图 1—10 就是齐齐哈尔信息工程学校的域名。

图 1—10　齐齐哈尔信息工程学院域名

5. HTML

HTML 是 HyperText Markup Language 的缩写，即超文本标记语言，它是构成网页的主要工具。在 Internet 上，如果要向全球范围内发布信息，需要有一种能够被所有计算机都理解的“母语”。Internet 所使用的语言就是 HTML 语言。

【操作实例 1—4】 查看 www. qqhre. com 的 HTML 代码。

打开浏览器，输入网址：http:// www. qqhre. com。在浏览器菜单中依次单击“查看→源文件”，将打开如图 1—11 所示的源代码。

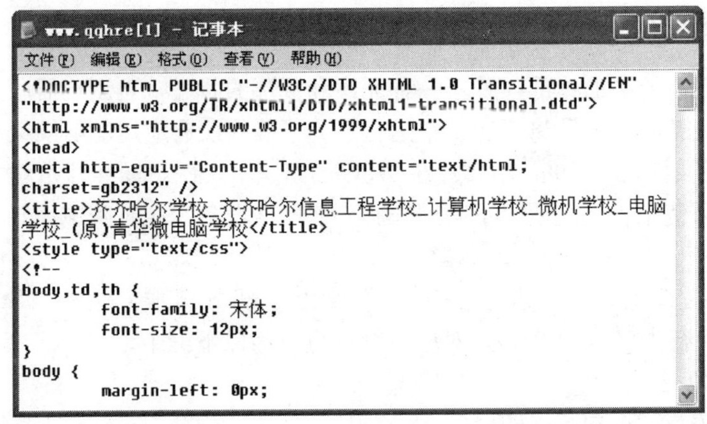


```
<!DOCTYPE html PUBLIC "-//W3C//DTD XHTML 1.0 Transitional//EN"
"http://www.w3.org/TR/xhtml1/DTD/xhtml1-transitional.dtd">
<html xmlns="http://www.w3.org/1999/xhtml">
<head>
<meta http-equiv="Content-Type" content="text/html;
charset=gb2312" />
<title>齐齐哈尔学校_齐齐哈尔信息工程学校_计算机学校_微机学校_电脑
学校_(原)青华微电脑学校</title>
<style type="text/css">
<!--
body,td,th {
        font-family: 宋体;
        font-size: 12px;
}
body {
        margin-left: 0px;
```

图 1—11　www. qqhre. com 网站的源代码

6. 超链接

超链接是指从一个网页指向一个目标的连接关系，这个目标可以是另一个网页，也可以是相同网页上的不同位置，还可以是一个图片、电子邮件地址、文件，甚至是一个应用程序。而在一个网页中用来超链接的对象，可以是一段文本或者一个图片。当浏览者单击已经链接的文字或图片后，链接目标将显示在浏览器上，并且根据目标的类型来打开或运行。按照链接路径的不同，网页中超链接一般分为 3 种类型：内部链接、锚点链接和外部链接，如图 1—12 所示。

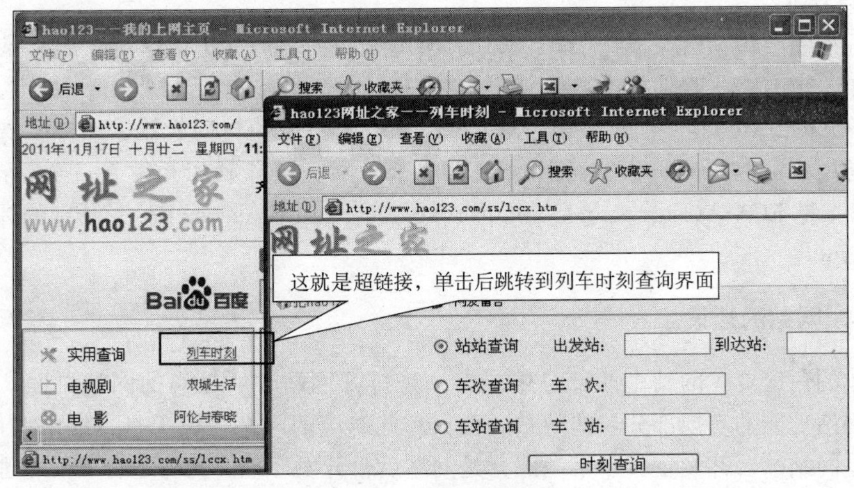

图 1—12　超链接示意图

7. HTTP

HTTP 协议是 HyperText Transfer Protocol 的缩写，即超文本传输协议。该协议是用于从 WWW 服务器传输超文本到本地浏览器的传送协议。当浏览一个网站的时候，只要在浏览器的地址栏中输入网站的地址即可，如 www. baidu. com，但是在浏览器的地址栏中出现的却是 http://www. baidu. com，这个 http 就是浏览网页必须使用的协议。浏览器通过超文本传输协议（HTTP），将 Web 服务器上站点的网页代码提取出来，并翻译成漂亮的网页。

1.2.3 网站的标准

早期的网站没有统一的标准，处于一种无序和混乱的状态，当浏览器版本更新，或者出现新的网络交互设备时，网站将无法正常运行。为了确保所有应用能够继续正确执行，任何网站文档都能够长期有效，1998 年 2 月在 W3C 的组织下，网站标准开始建立。网站标准的建立使网站更容易使用，更能适应不同用户和更多网络设备，同时网站代码更精简，建设成本进一步缩减。

Web 标准是一系列标准的集合。网页主要由三部分组成：结构（Structure）、表现（Presentation）和行为（Behavior），对应的标准也分为以下三个。

1. 结构化标准语言

结构化标准语言主要包括 XHTML 和 XML，XML 是 The Extensible Markup Language（可扩展标记语言）的简写。XHTML 是 The Extensible Hyper Text Markup Language（可扩展超文本标记语言）的缩写。XML 虽然数据转换能力强大，完全可以替代 HTML，但面对成千上万已有的站点，直接采用 XML 还为时过早。因此，在 HTML 4.0 的基础上，用 XML 的规则对 HTML 进行扩展，得到了 XHTML。简单地说，建立 XHTML 的目的就是实现 HTML 向 XML 的过渡。

2. 表现标准语言

网站的表现标准语言是决定网站内容以什么样的风格表现出来的，目录主要由 CSS 和 DIV 两部分组成，CSS 是 Cascading Style Sheets 层叠样式表的缩写。

3. 行为标准

行为标准主要包括对象模型(如 W3C DOM)、ECMAScript 等。这些标准大部分由 W3C 起草和发布，也有一些其他标准组织制定的标准，如 ECMA 的 ECMAScript 标准。DOM 是 Document Object Model 文档对象模型的缩写。DOM 是一种与浏览器、平台、语言无关的接口，使得用户可以访问页面其他标准组件，给予网页设计师和开发者一个标准的方法。ECMAScript 是 ECMA(European Computer Manufacturers Association) 制定的标准脚本语言(JavaScript)。

1.2.4 网站的建设工具

从制作的角度看，网站由两部分组成，一是打开网站时所见到的网站页面，即网站前台；二是网站功能的实现部分，即网站后台。与此对应的网站建设工具主要由两部分组成，第一部分是网站前台开发工具，第二部分是网站后台开发环境。此外还有项目管理及辅助软件。下面分别予以简单介绍。

1. 网站前台开发工具

网站前台开发主要是指网站页面设计，包括网站整体框架建立、常用图片、Flash 动画设计等，常用软件有 Photoshop、Dreamweaver、Flash、Fireworks 等。

(1) 图像处理工具。现代网站的重要特点是视觉效果极佳，大量使用了图片、动画素材。建设一个网站，必须学会至少一种图像处理工具。网站一般使用 JPG 或 GIF 格式的图像文件。目前广泛流行的图像处理软件有 Photoshop 和 Fireworks 两种，相比较之下 Photoshop使用得更普遍，Photoshop 是网页设计人员必须熟练使用的软件。掌握了 Photoshop 之后，Fireworks 也很容易上手。

应用提示：推荐您学习 Photoshop 软件，生活中的数码相机，在处理相片时最常用的软件就是 Photoshop。网站中的大量图片也离不开 Photoshop。

(2) 动画工具。打开网页，几乎每一个页面都有动画元素。网页动画制作工具很多，目前广泛使用的是 Flash。Flash 的出现是网页设计的一次革命性突破，互动性极强，可以做出很多精彩炫目的效果，实现很多高级的功能。

(3) 页面编辑工具。网页上大量的文字，需要用编辑软件进行排版。目前常用的网页编辑工具有 Dreamweaver 和 Frontpage，使用最多的是 Dreamweaver。Dreamweaver 不但极为专业，而且功能强大，掌握十分容易，对浏览器的兼容性特别好。可以说，Dreamweaver 是目前最强大的网页编辑器!

2. 网站后台开发工具

网站强大的功能依靠后台程序来实现，网站后台开发主要指网站动态程序开发、数据库建模，主要使用的相关软件有 ASP、JSP、PHP、ASP. NET 等。

3. 项目管理及辅助软件

网站的维护管理工具很多，上传工具使用最为频繁，也是每一个网站制作人员必会的工具。上传工具中，cuteFTP 应用得比较广泛，这个软件可以方便地将网站文件上传到服务器空间中，也可以将修改后的网页重新上传覆盖原有网页，达到网页维护的目的。

1.3 网站的建设模式

1.3.1 平台运营商

对于大多数卖方而言，由于缺乏相应的技术和资源，无法自己提供交易平台，必须通过第三方的交易平台让买方获得商品的相应信息。运营第三方交易平台的组织称为平台运营商。平台运营商在交易中起到至关重要的作用。例如，阿里巴巴和淘宝就以支付宝作为第三方交易平台，使用户与用户之间达成交易，而易趣则使用财付通作为第三方交易平台。

1.3.2 自主研发

以往开发一个网站需要大量的技术人员进行团队开发。**自主研发建设网站模式**是指企业自行组建研发团队开发网站，研发团队人员的多少可以根据网站规模的大小灵活掌握。自主研发的优点主要包括以下几点：

（1）网站功能与实际需要吻合程度高。

（2）可以根据实际需要自行定制功能。

（3）对网站的技术了如指掌，后期技术改造便利。

缺点是要求技术人员达到足够的水平，而且建设周期较长。一般规模较大的企业，或者规模比较大的网站采用这种方式。

1.3.3 自助建站

自助建站就是通过一套完善、智能的系统，让不会建设网站的人通过一些非常简单的操作就能轻松建立自己的网站。自助建站一般是将已经做好的网站（包含非常多的模板及非常智能化的控制系统）传到网络空间上，购买自助建站的人只需登录后台对其进行一些简单的设置就能建立其个性化的网站。

举个简单的例子，QQ 空间就类似一个自助建站系统，不必掌握任何编程语言和网站制作工具，即可轻松地构建自己的网上家园。QQ 拥有者可以自由设置样式、图片，随意布置内容。自助建站一般适用于个人网站的建设，或者小型个体企业网站建设，不适用于大多数企业构建系统。

1.3.4 使用系统建设网站

建设一个网站，需要大量的技术人员，而且要经过很长的周期。目前已经有十分成熟的系统，可以直接用于网站建设，其优点包括以下几点。

1. 节省费用

使用系统构建网站，不必组建开发团队，不必形成队伍，只需要掌握一套系统的使用方法即可，节省了大量研发费用。

2. 减少时间

系统一般经过多年的研发，并经过用户考验，不断修改和完善。用户在构建网站时，只需要简单地按照自己的要求进行设置即可，开发速度大幅度提升，开发周期大大缩短。

3. 功能齐全

系统属于正式面向市场推广的成型产品，已经根据市场需求、客户要求、交易流程进行了多次完善，其功能可满足大多数用户的需要，但很多用户只需要其中部分功能即可满足实际需求。就好像使用的 Word 一样，微软公司的 Word 功能齐全，能够满足全世界用户的需要，但我们只需要其中的一小部分功能就足够完成日常工作。

4. 服务保障

系统开发商具有完善的服务保障体系，对用户培训、使用指导、问题解决、版本升级都有相应的保障，用户可以放心地进行经营，而不必担心系统出现任何问题。

目前，更多的企业、商人认识到系统的优越之处，采用系统构建网站已经十分普遍，此举大大加快了网站普及的步伐。常见的网站系统有动易 SiteFactor 网上商店系统、HiShop 5.0 网上商店系统、ShopEx 网上商店平台、ProBiz 网上商店系统等。它们都以功能齐全、简单易用而著称。本书将以动易 SiteFactor 网上商店系统为例进行讲解。

·本章小结·

本章是全书的开篇，重点讲述了计算机网络的基础知识、网站建设的基础知识、网站建设的模式三个知识点。其中网络的基础知识主要讲述了计算机网络的定义、计算机网络的分类、Interntet 的基本概念、网络的有关设备、网络的有关概念五个知识点；网站建设的基础知识，包括网站建设的定义、网站建设的有关概念、网站的标准、网站的建设工具四个部分；本章最后讲述了网站的四个建设模式。本章为全书的学习奠定了必须的网络技术基础。

每课一考

一、填空题

1. 常见的网络通信线路有两种________和________。

2. 网络常见的无线传输有________和________。

3. 互联网必须遵循的协议是________协议。

4. 网络的两大功能是________和________。

5. 计算机网络按照地理位置分为________、________、________三类，其中 LAN 指________，WAN 指________，MAN 指________。

6. 世界的最大网络是________。

7. 网络协议即________，是计算机在网络中实现通信时必须遵守的________。

8. http://www.peking.edu.cn 中的 peking.edu ________，edu 表示________，cn 是指________。

9. TCP/IP 协议中 TCP 是指________，IP 是指________。

10. HTML 是________的缩写，即________语言。

二、选择题

1. 以下设备中用于两种网络互连的设备是（　　）。

A. 集线器　　B. 交换机　　C. 路由器　　D. 网卡

2. 以下哪些不是网站的组成部分？（　　）

A. 网页　　B. 域名　　C. 空间　　D. Hub

3. Hub 是指（　　）。

A. 集线器　　B. 交换机　　C. 路由器　　D. 网卡

4. 每个网站的主页有（　　）个。

A. 一个　　B. 两个　　C. 无数个　　D. 以上都不对

5. 网络传输媒介是（　　）。

A. 光盘　　B. 网卡　　C. 通信线路　　D. 交换机

6. 计算机网络的连线方式称为网络的（　　）。

A. 总线结构　　B. 拓扑结构　　C. 网络协议　　D. IP 地址

7. CSS 是指（　　）Cascading Style Sheets 的缩写。

A. 动态网页　　B. 层　　C. 层叠样式表　　D. 超文本标记语言

8. B2B 是指（　　）的。

A. 企业对企业　　B. 企业对消费者

C. 消费者对消费者　　　　　　　　　　D. 企业对经营者

三、判断题

1. 机房有一百台计算机，同时使用一个数码相机作为摄像器材，这就是属于网络的交换功能。（　　）

2. 接入同一个网络中的计算机必须是分布在不同的地理位置上的。（　　）

3. 网络传输媒介是通信线路，通信线路只能是有线的，不可以是无线的。（　　）

4. NETBEUI 是互联网必须使用的协议。（　　）

5. 在全世界，没有重复的域名。（　　）

6. 网站空间就是存储网站的磁盘空间，由专门的服务器或租用的虚拟主机承担。（　　）

7. 上网浏览网页时，所浏览的页面中的内容都临时存放到本地硬盘中。（　　）

8. 网页上的 Flash 文件可以通过按鼠标右键另存的方法实现动画的下载。（　　）

9. RealPlayer 可以下载网站上的绝大多数种类的视频文件。（　　）

10. IP 地址是计算机在网络上众多标识办法中的一种。（　　）

四、问答题

1. 什么是计算机网络？它有哪些功能？

2. 什么是网站？什么是网站建设？

五、操作题

登录下列网站了解其类型、功能组成、网站特点。

（1）阿里巴巴（http://china. alibaba. com）

（2）中企互联（http://www. e1588. com）

（3）中国申网（http://www. shnn. com）

（4）红孩子购物网（http://sh. redbaby. com. cn）

（5）腾讯拍拍网（http://www. paipai. com）

（6）淘宝网（http://www. taobao. com）

六、励志题

上网查找马云、张朝阳、丁磊的事迹，写一篇感想，要求透过三人的成长轨迹，阐明自己的学习计划。

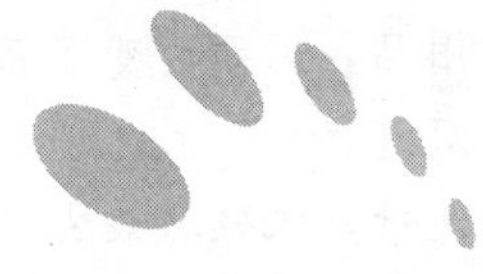

第 2 章　网站的规划

本章知识结构框图

学习激励案例导航	网站规划基本理论	页面内容及栏目设计	导航及目录设计	版式及风格设计
比尔·盖茨与他的微软	网站规划的必要性 网站规划6项任务 网站建设3个流程 网站规划5种方法	网站3种内容 遵循5个原则 3个注意事项 栏目规划准则 栏目规划策略 常用栏目	导航作用、设计原则、分类、表现形式 导航常用内容、目录建立7个原则5个步骤	版面布局基础 两类常用版式 布局4大原则 风格设计 色彩搭配方法、文字使用技巧

学习激励与案例导航

比尔·盖茨与他的微软

比尔·盖茨出生于 1955 年 10 月，现任微软公司主席和首席软件设计师。1973 年，比尔·盖茨考进了哈佛大学，那时他与微软的首席执行官史蒂夫·鲍尔默结成了好朋友。在哈佛的时候，比尔·盖茨为第一台微型计算机 MITS Altair 开发了 BASIC 编程语言。1999 年，比尔·盖茨撰写了《未来时速：数字神经系统和商务新思维》，这本书有 60 个国家以 25 种语言出版。

比尔·盖茨 13 岁开始编程，39 岁成为世界首富，连续 13 年问鼎福布斯财富榜，微软集团是一家为个人计算机和商业计算机提供软件、服务和 Internet 技术的世界范围内的公司。截止于 2008 年的财务统计，微软公司的总收入近 620 亿美元，在 60 个国家与地区的雇员总数超过了 50 000 人。

如今，全世界每一台个人计算机几乎都装有美国微软公司的操作系统。比尔·盖茨的操作系统研发，成了惊天地的伟大创举，是他使个人计算机成了日常生活用品，因而改变了每一个人的工作、生活方式。比尔·盖茨对软件的贡献，就像爱迪生发明灯泡。

哪个行业是催生世界首富的行业？计算机业当仁不让！软件开发则是计算机领域最尖端的学科。比尔·盖茨之所以成为世界首富，不仅仅是因为他的睿智，更与他选对了行业密不可分。万丈高楼平地起，努力学习程序设计语言，打好编程基础，有梦想谁都了不起，奠定了良好的基础，有朝一日，你也会走向辉煌，步入成功的彼岸！

2.1 网站规划的基本理论

盖一座摩天大厦，最重要的是规划；成就一番惊天伟业，最重要的是策划。大学生应做职业规划，才能在职场乘风破浪。人的一生要有一个总体的规划，活着才有意义。网站规划对于网站建设有着极其重要的意义。很多网站爱好者，制作初期激情澎湃，越做越无精打采，多少次不得不从头再来，最后不了了之。网站的流程是否符合实际，是否按照标准流程进行网站建设，关系着一个网站的成功与否。

2.1.1 网站规划的必要性

网站规划是网站建设的第一步，对网站进行详细的市场调研、准确的分析，并在此基础上提出网站制作的框架结构、部署网站的技术队伍、确定网站的建设流程，最后撰写出网站的规划书。网站规划书是网站建设团队建设网站的工作准则。有了网站规划书，网站建设从规划流程转入制作流程。网站规划的意义主要有以下几点。

1. 指导网站建设过程中的每一个操作步骤

只有对网站建设整体进行详细的规划，网站制作才有章可循，网站的实际制作工作才能开始，并能有序地组织素材、设计界面、编写代码，使网站建设的每一个步骤清晰明了。

2. 网站规划是网站成功的有力保障

网站建设是一个系统工程，好比盖一座高楼，工序清晰、有序开展，才能保证工程顺利进行。网站建设决不是今天做个界面，明天编个代码，这样的网站即使做出来，日后的维护工作也无法进行。网站的制作必须按总体规划进行，这样网站建设才有保障。

3. 可以有效利用时间、提高网站制作效率

网站制作一般都有明确的工期要求，必须有一个整体规划，才能按时、保质地完成网站建设工作。有了标准的流程、明确的分工，确定每一个阶段具体的时间要求，网站才能如期交付。

4. 有利于实施团队合作，协同完成网站整体制作

一个人的力量总是单枪匹马，众人的力量才能移山填海。网站的建设，不是一个人的力量所能完成的，必须发挥团队的优势。业务、策划、美工、程序编写必须按照总体规划分工协作，共同完成，没有总体规划，就谈不上分工协作。

5. 有利于保障网站的科学性、严谨性

网站是一个系统工程，必须保证其科学性与严谨性，而且网站的制作只是网站的第一步，日后的维护与更新将是一个漫长的过程。一个建设科学、严谨的网站，有规可循，日后

维护工作也将极其便利。

2.1.2 网站规划的任务

网站建设者不但要认识到网站规划的重要性，更重要的是要明确网站规划的任务，这样才能对网站进行总体、详尽的规划，做出的规划才能切实可行。那么网站规划具体都要做哪些工作呢？网站规划的任务是什么呢？

1. 明晰网站建设的流程

明晰网站建设的流程是网站规划最重要的任务之一，根据网站建设的流程具体做出每一项安排。具体要解决以下三项任务，如图 2—1 所示。

任务 1：网站制作有哪些流程。盖一栋大楼，第一步做什么，第二步做什么，先后如何衔接，大楼的建设者必须明晰盖大楼的每一个步骤。不可能盖完了一层，地下的车库还没开工。网站建设也一样，每一个流程要按先后顺序严格制订，在规划阶段必须明晰。

任务 2：每一个流程由谁来完成。清晰每一个流程，明确网站建设的每一个步骤，就要确定每一个步骤的制作人、责任人，即解决由谁来完成的问题。

任务 3：每一项内容何时完成。网站建设流程还必须明确网站建设的时间，即每一个流程的工期。做什么、谁做、何时完成 3 个问题全部解决后，网站规划的第一步工作就全部完成了。

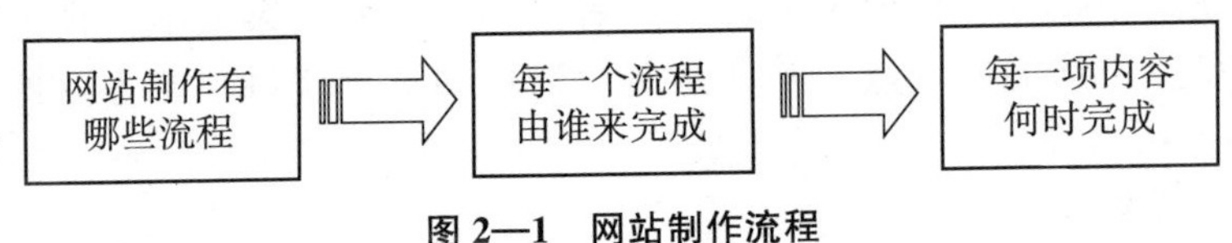

图 2—1 网站制作流程

2. 确定网站的目的、功能

为什么要建立网站？是为了宣传产品，还是要进行网上交易？做本企业网站，还是建立行业性网站？为了企业日常任务需要，还是市场开拓的延伸？

根据公司的需要和网站建设规划，确定网站的整体功能。目标确定、功能明晰，为后继工作掌握好方向，此后的工作才能顺畅进行。

3. 确定网站的技术解决方案

网站的建设目的、建设功能确定了之后，接下来就要确定网站的技术解决方案。网站的技术解决方案，是对网站规划中技术实施环节的确定。技术解决方案的确定，直接决定着网站建设的人员、资源配备问题。具体包括以下几点：

（1）服务器的选用。网站制作完成后，要上传到互联网服务器上，才能被互联网用户浏览。互联网服务器有很多种，在规划阶段首先应该确定服务器的类型。服务器类型确定之后才能进行服务器平台选型，以及开发技术选型、数据库选型等工作。服务器的选用有两种方法，一是采用自建服务器，二是租用虚拟主机。

（2）服务器平台选型。用什么语言进行开发，首先要知道服务器操作系统类型，即服务器平台选型问题。在网站规划阶段，必须明确服务器平台类型，才能确定开发技术，即选择了什么样的服务器操作系统，决定用什么样的网络开发环境与之更好地配合，最终建设出健壮的网站。

(3) 开发技术选型。这是使用何种技术进行开发的问题。更简单地说，就是选择什么软件环境来开发网站，开发环境要与服务器平台选型相配合，才能达到最理想的效果。

(4) 数据库选型。网站大量使用数据库管理页面内容，数据库的优劣直接决定网站的安全性。数据库选型就是解决采用何种数据库系统的问题，只有确定了数据库系统的类型，才能开始建立数据库，网站的编程工作才能正式开始。

4. 对网站内容进行总体规划

网站的流程、目的、功能、技术解决方案都确定之后，网站规划的另一项重要任务——网站内容的规划就要重点确定了，即网站都包含什么内容，如何组织网站内容。网站内容是网站吸引浏览者最重要的因素，无内容或不实用的信息不会吸引匆匆浏览的访客。内容规划时要从以下两个方面入手：

一是规划时要解决网站有哪些栏目的问题。打开电视，每个频道相当于一个网站，而每个电视频道都有像今日说法、午间新闻、健康讲堂等特有的栏目。网站也与此类似，每个网站都有自己的栏目，如企业新闻、产品信息、特价促销等。网站规划之际，一定要确定栏目数量以及每个栏目的主题。

二是规划时要解决每个栏目都有什么内容的问题。栏目确定了，接下来就要确定每个栏目的内容，即每个栏目放置内容的标准是什么，什么样的内容应该放在这个栏目中，什么样的内容不应该放在这个栏目中。规划时可先对人们希望阅读的信息进行调查，企业网站内容应立足于企业形象展示来进行内容规划，切忌繁多杂乱。收集整理网站可能需要资料，要精挑细选突出重点，尤其是文本资料和图片资料，准备得越充分越有利于网站的制作。

5. 确定网页设计方案

网站规划时，还要确定网页的设计方案，明确每一个页面的设计方案，包括版式设计、目录设计、导航设计及风格设计等。实际实施制作的技术人员取得该方案后，可以快速按照指定的要求进行制作。

6. 制订网站后期的运营、维护、管理、安全方案

对网站制作完成后的运营方案、维护计划、管理体系、安全防范等都要进行统一规划，这是网站规划的一项重要任务，也是网站规划中不可缺少的一个有机组成部分。

2.1.3 网站建设的流程

网站制作流程是指网站制作过程中必须遵循的先后顺序，每一个成品网站都必须按标准流程进行建设。这类似于企业产品生产线，一个工序一个工序地完成整个产品的加工。很多人把网站建设与网页制作混为一谈。在他们的意识中，所谓做网站，就是用 Dreamweaver 把图片、文字弄到一起，形成一个页面。所以，他们制作网站时，往往直奔主题，直接进入 Dreamweaver 环境，随着制作的深入，越来越糟糕，越来越难以为继。最后，网站的夭折导致网站制作激情的泯灭。由于网站功能较多，应用性极强，更要注重按流程制作，因此网站的制作流程在网站制作中有着重要的意义。

网站的制作有三大流程：规划设计、实施制作和发布维护。每一个流程又包括若干细节，流程之间有着严格的顺序。

1. 规划设计

网站规划是指在网站建设前对市场进行分析，确定网站的目的和功能，并根据需要对网站建设中的技术、内容、费用、测试、维护等做出规划。网站规划对网站建设起到计划和指导作用，对网站的内容和维护起到定位作用。网站建设之前，必须进行一系列的准备工作，也就是网站的规划设计工作。具体包括以下几个方面：

（1）确定网站建设的主题。网站制作前，要确定网站的主题，即明确做一个关于什么内容的网站，是专门卖化妆品的网站，还是一个类似淘宝网的综合网站。根据已经确定的主题，确定网站的名字，再根据网站的名字注册网站的域名，同时申请网站的空间。

（2）规划分析。明确了主题，就要根据客户的要求，进行整体规划和系统分析。网站的题目是什么？网站的主色调是什么？网站的结构怎样？网站的风格如何定位？网站的导航、网站的栏目如何确定？

（3）收集资料。主题已定，规划分析完毕，接下来就要收集各种资料，包括文字资料、图片素材、影音素材等。

（4）撰写网站规划书。网站规划书应该尽可能考虑周全，涵盖网站建设中的各个方面。网站规划书的写作要科学、认真、实事求是。网站规划书的书写还要切实可行，确保其可操作性。网站规划书包含的内容有建设网站前的市场分析，建设网站的目的及功能定位，网站技术解决方案，网站内容规划，网页设计方案和网站维护计划等。网站规划设计如图2—2所示。

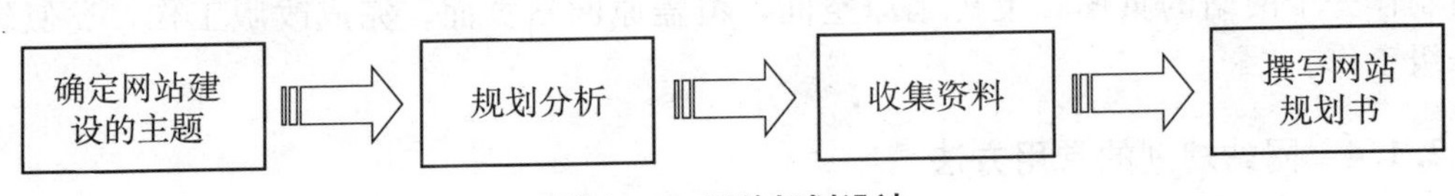

图2—2　网站规划设计

2. 实施制作

实施制作的步骤如下：

（1）版面设计。网站规划设计完毕之后，首要工作便是版面设计，就是网络公司常说的“打版”。所谓版面设计就是指用Photoshop等图像处理软件进行网页页面设计制作的过程。实际工作中，一般用Photoshop进行页面设计。设计结束并经领导审核后，提交给客户。由客户指出不足、提出意见，然后不断进行修改，直至客户满意为止。

【操作实例2—1】Photoshop软件安装。

步骤1：进入http://www.baidu.com，搜索“Photoshop下载”，并单击进入网站下载Photoshop。

步骤2：解压缩安装包，单击安装setup.exe可执行文件，开始安装。

步骤3：依据提示，完成所有安装步骤。

（2）编辑排版。客户满意的前台版面，经分割后，导入网页排版软件中进行排版。行业上习惯用Photoshop设计版面，用Dreamweaver进行编辑排版。排版结束后，前台美工部分工作完成。

（3）后台功能实现。前台美工工作完成后，由软件编程人员，按照客户要求编写相应的功能模块，即常说的后台管理功能。目前已经有大量的专业后台管理系统，使得后台代码编写工作越来越简化。

（4）代码整合。前台美工、后台模块均完成后，进行代码整合，即后台挂接的过程，就是把已经编写好的功能模块与页面部分进行链接。

3. 发布维护

网站发布维护如图 2—3 所示。

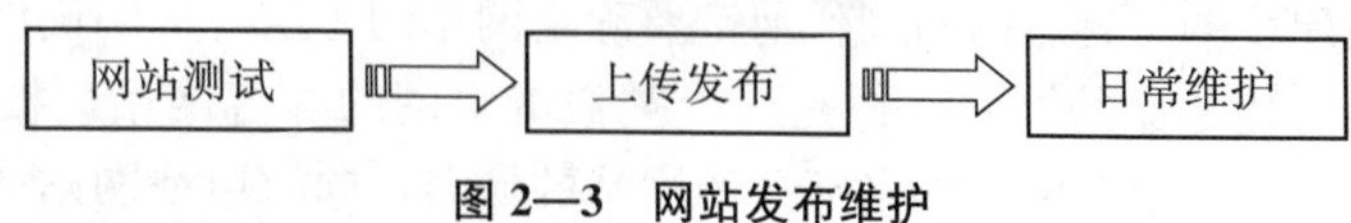

图 2—3　网站发布维护

（1）网站测试。网站制作完成后，要进行有效测试，才能保证网站发布后可靠运行。测试内容主要包括功能测试、链接测试、流量压力测试、响应时间测试等。测试过程中发现问题要及时纠正。

（2）上传发布。经过测试的网站，就可以上传发布了。所谓网站发布就是指将已经制作完成的网站上传到已经开通的网站空间。

（3）日常维护。网站上传完毕，就开始了漫长的网站维护阶段。所谓网站的维护一般包括内容的维护和版面的维护。内容的维护一般由客户自行完成，根据企业活动的需要，利用网站提供的后台管理功能，随时向网站页面上添加内容。版面维护，就是常说的改版，即网站运营一段时间以后，为了继续吸引网民访问，改变网站的页面风格。一般要重新制作一个网站的页面，上传到原空间，覆盖原网站页面。完成改版工作，类似软件的升级工作。

2.1.4　网站规划的常用方法

本章讲述至此，网站规划的必要性自不必说，网站规划的任务也已清晰明了，网站建设的流程一目了然。那么，网站规划常用的方法有哪些呢？如何动手实施网站的规划呢？网站的规划设计包括网站的栏目规划、网站的导航及目录设计、网站的内容设计、网站的风格设计等内容。其方法基本相同，网络公司实际应用的方法有以下几种。

1. 调查法

所谓网站规划的**调查法**，就是通过市场调查、用户调查、受众群体调查，进行网站规划的一种方法。要多方听取意见，广开言路，兼听则明、偏听则废。通过对同行业网站的调查，对市场现状、用户需求、用户企业实际情况的调查，以及对网站将要面对的受众对象的调查，全面掌握信息，了解情况，在此基础上进行网站的规划设计。

（1）市场调查。市场调查侧重对网站可行性进行分析，对网站的建设目的、功能进行准确定位。调查对象主要有同行业网站、本行业市场经营现状。调查结束后，经过整理，完成网站的目的确定及功能定位规划。

（2）用户调查。俗话说“做事不由东，累死也无功”。给谁做网站，就要了解谁的真实意图，按照客户的要求完成整个网站的规划。做用户调查时一定要全面了解用户的真实目的、实际情况、现有条件、可利用资源。

（3）受众群体调查。成品网站要为目标客户群服务。为了使网站一开始就以客户实际需求为目标，使网站的规划更符合实际需要，在网站的规划阶段就要对网站的受众对象进行调查，尽可能多地了解他们的实际需求。

对调查法取得的资料、数据经过汇总，便形成了完整的网站规划材料，经过整理后即可直接制作网站规划书，完成网站的规划工作。

2. 参照法

网站制作之初，设想阶段往往经纶满腹，实际制作规划阶段却又无从下手。这是所有网站制作者都曾经遇到过的现象，这也是很正常的现象。那么如何破解这一难题呢？采用参照法便可迎刃而解。

参照法是指网站规划时大量参照同类网站，学习同类网站，形成自己的规划方案的一种规划方法。做网站规划时，大量浏览同类网站，广泛吸取同类网站的优点，小到一个栏目、一个导航，大到整体布局、二级页面组织，取其精华去其糟粕，形成自己独特风格。在具体实施参照法时，要分步骤进行。现以网站功能规划为例，步骤如下：

（1）上网浏览大量同类网站，重点查看各网站的功能。

（2）总结各网站的功能特点，将各网站的功能列在纸上。

（3）将各网站的功能与自己原有的规划进行对比。

（4）结合自己实际需要，对各网站的功能进行去粗取精，完成网站功能规划。

3. 手绘法

手绘法是将网站的规划用手绘的方式进行表现的一种方法。这种方法比较适用于页面的布局规划。这是最为传统的一种规划方法，小型网络公司目前还大量采用此种方法。小型网络公司的管理者一般都兼任规划设计职务，事务繁忙，随时画上几笔，想到哪，随时随地补上一些内容。

【操作实例 2—2】网站规划实例。根据你所在大学校园网站的页面，为你曾经就读的中学网站用手绘法进行规划。

步骤 1：打开并分析你所在大学校园网站的主页。

步骤 2：梳理你曾经就读的中学基本情况。

步骤 3：画出网站整体轮廓。

步骤 4：分别对头部、尾部进行规划绘制。

步骤 5：对体部进行规划绘制。

4. 软件规划法

软件规划法是指用 Word、Photoshop、Fireworks 等软件进行页面规划的方法。这是目前比较常用的页面规划方法。规划结束后，可以直接形成网站规划书，方便快捷。实际应用时，将网上可以参照的资源直接复制到 Word、Photoshop、Fireworks 等软件中，甚至可以在这些软件中进行修改。

一般使用 Word 进行总体规划设计，而使用 Photoshop、Fireworks 等软件进行页面的样例规划。

【操作实例 2—3】用软件规划法规划一个以个人求职为主题的网站首页。

步骤 1：通过上网查找，结合自身情况确定个人主页的布局。

步骤 2：启动 Word 软件。

步骤 3：进行头部规划。上网查找与自己创意相符合的网站头部，参照制作或复制到 Word 中。

步骤 4：进行体部规划。对体部的每一部分内容进行设计，可以不断地上网查找相关资料。

步骤 5：对尾部进行规划。

5. 移花接木法

移花接木法就是对网站的每个细节部分都在网上找到与自己设想比较一致的样例，然后将网上样例通过截图软件保存下来，并粘贴到自己的规划图上。

其实现方法很简单，首先在百度中检索相关网站，如检索“学校”，然后依次打开检索到的每一个网站，重点查看每个网站的头部，发现令你眼前一亮的网站头部，与你设想的极其吻合，有“众里寻她千百度”的那种感觉，立即将该网站的头部用抓图工具截下，放到 Word 或 Photoshop 中。运用此法，依次找到体部的每一个栏目以及适合的尾部。最后用 Word 组合成一个完整的页面，形成整体网站的构思。

实际版面设计时，照此构思即可完成版面设计工作。

2.2 网站页面内容及栏目设计

每一个网站页面都是由大量的栏目组成的，每一个栏目都有一系列相关的内容。网站页面内容与栏目规划的优劣直接决定着用户访问网站的频率高低。不同行业的企业，其网站页面内容也不尽相同。但其主要的功能和模块却万变不离其宗，各企业根据自己的实际情况，在网站上都放置以本企业产品为主题的内容。只有内容充实而且实用，才能使网站被客户接受并长期使用，从而有效地实施企业网络营销活动。

2.2.1 网站页面应该包括的内容

按照人们的认知规律，将网站页面分为首部、体部、尾部三大板块，下面具体分析网站应该具备的内容。

1. 首部内容

首部包括以下内容：

(1) 网站标识（Logo）。Logo 是网站的图形标识，是与其他网站链接以及让其他网站链接的标识。Internet 之所以叫做“互联网”，在于各个网站之间可以自由链接。要让浏览者进入本企业的网站，必须提供一个让其进入的门户。而 Logo 以图形化的形式，特别是动态的 Logo，比文字形式的链接更能吸引人的注意。在如今争夺眼球的时代，Logo 的设计尤其重要。图 2—4 是新浪网、网易、百度三个网站的 Logo。

网站 Logo 的设计要从功用性、识别性、艺术性三大方面进行考虑。标识的本质在于它的功用性，标识不仅仅是为了供人欣赏，更重要的是实用。Logo 的识别性是指 Logo 要色彩强烈醒目、图形简练清晰，整体创意要独特，易于识别，能够显示企业特征。

图 2—4 新浪网、网易、百度的 Logo

（2）标题（Title）。网站的标题就是指网站的题目；一般是显示在网页左上方的信息，如图 2—5 所示。

图 2—5　网站标题

（3）广告条（Banner）。很多网站在头部放置了宣传标语，这是吸引人的有力手段。在网络营销术语中，Banner 是一种网络广告形式，一般放置在网页上的醒目位置。在用户浏览网页信息的同时，Banner 吸引用户对广告信息的关注，从而获得网络营销的效果。Banner 广告有多种规格和表现形式，其中最常用的是 468×60 像素的标准标识广告。由于这种规格曾处于支配地位，在早期有关网络广告的文章中，如没有特别指明，通常都是指标准标识广告。这种标识广告有多种不同的称呼，如横幅广告、全幅广告、条幅广告、旗帜广告等。通常采用图片、动画等方式来制作 Banner 广告。

常见的 Banner 广告规格是全幅标识广告 468×60 像素，半幅标识广告 234×60 像素，垂直 Banner 为 120×240 像素，宽型 Banner 尺寸为 728×90 像素，小型广告条则为 88×31 像素。各个规格广告如图 2—6 所示。

（a）全幅标识广告

（b）半幅标识广告

（c）垂直Banner

图 2—6　网站中的广告

（4）分类导航（Menu）与检索（Search）。网站由于涉及大量信息，而头部又是网页上的黄金宝地，所以很多商家不失时机地在此处放置了分类信息，还有的网站在此处放置了产品检索。网站的站内搜索功能对于用户获取网站信息具有非常重要的作用，尤其对于像 B2C 零售网站这样含有大量信息的网站、含有大量产品类别的大型网站等。站内搜索功能是否健全，在一定程度上影响着网站的发展。知名市场研究公司 Forrester Research 对 179 个欧洲网站的调查发现，高达 97%的欧洲在线消费者都使用搜索引擎寻找需要的信息，并且他们把这种搜索习惯带到了站内搜索中。分类导航与检索如图 2—7 所示。

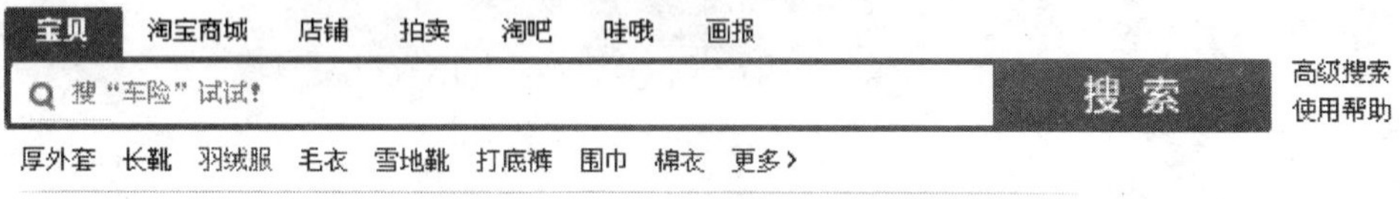

图 2—7　分类导航（Menu）与检索（Search）

【操作实例 2—4】下载网站 Logo，进行分析。

步骤 1：打开 IE 浏览器，输入 http://www.baidu.com。

步骤 2：在搜索栏中输入“学校”两字。

步骤 3：打开其中的一个网站，将鼠标放在网站的 Logo 上，并单击鼠标右键，另存 Logo 图片。

步骤 4：重复上一步骤，下载大量 Logo。

步骤 5：从颜色、形状、创意上分析不同 Logo。

2. 体部内容

体部包括以下内容：

(1) 用户注册与登录（Login）。一般网站均有用户注册与登录模块，实现会员功能，将会员与一般用户区别对待。

(2) 各类栏目。网站的主要功能分布在各类栏目上，依靠各类栏目实现网站的全部功能。网站的栏目一般有交易栏目（如我要销售、我要采购、商品热卖）、新闻类栏目（如行业资讯、公告通知）、产品展示栏目（如社区论坛、广告位）等。

(3) 相关站点链接（Links）。友情链接是各类网站不可或缺的内容，也是网站的一项主要内容。对于与商品相关的网站，有关知识类网站，都可设为友情链接。

3. 尾部内容

尾部包括以下内容：

(1) 版权声明（Copyright）。网站的尾部一般都要有版权声明以及工业和信息化部的备案号，用于声明网站的版权以及网站的合法批复文号。

(2) 管理入口。很多网站在首页的尾部放置了管理入口，用于后台管理人员登录管理程序，对网站内容进行动态维护。

(3) 联系方式。为了便于联系，网页的尾部都留有各类联系方式，一般有电话、在线 QQ、电子邮箱等。图 2—8 为齐齐哈尔大学网站尾部实例。

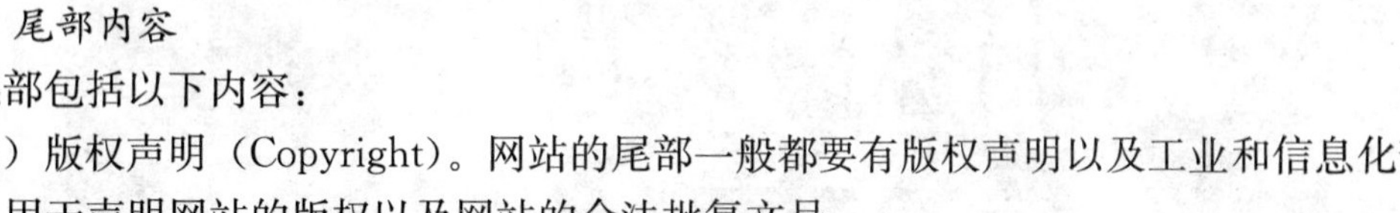

图 2—8　尾部实例

应用提示：适当地在网页尾部设计时采用一些小的卡通图标，可以为网站尾部增加灵气。

2.2.2 网站内容设计遵循的原则

网站内容设计必须遵循以下5项原则。

1. 相关性

网站内容设计的相关性原则是指网站内容紧紧围绕网站的主题，并以主题为主线展开内容设计，所有内容均与主题具有相关性，无关内容一概不予使用。

2. 真实性

网站的真实性一方面是指要真实地传递本网站所掌握的客观情况，另一方面是指要表达商务活动中的真实数据。总的来说，就是要遵循交易的诚信原则。网站的内容一定要具有真实性，在网站管理阶段对内容要严格把关，道听途说的内容不能采用，不确定的内容也不能采用。

3. 动态性

网站以其最新产品、最新报价吸引消费者经常浏览。因此，网站在设计时必须保证能够随时进行修改和更新，并注明修改和更新日期，同时为经常访问的用户提供最大便利，吸引更多“回头客”。

4. 准确性

网站的内容，尤其是报价、库存等，应具有准确性，否则在交易实施过程中将产生不必要的麻烦，带来难以处理的纷争。

5. 图像替代

图像能够比普通文本提供更丰富和更直接的信息，产生更大的吸引力。但文本字符可提供较快的浏览速度，因此要在两者之间认真权衡，恰当地使用图像代替文本。

2.2.3 网站内容收集的注意事项

在制作网站时，需要大量的文字资料，如果是受人之托制作网站，如何收集网站的内容呢？这里有几个技巧。

1. 文责自负

网站所有内容一律由客户负责提供，万不可擅自到网上自行搜索，否则文责自负。

2. 材料电子版

文字材料一律要求电子版，千万不要印刷或手写的资料。因为你只是制作人员，不是录入人员，录入过程中难免出现错字，好心帮助录入，却要为文字担负责任，何苦呢？

3. 发送途径选择问题

电子版的文字材料一律要通过邮箱发送，不要接受U盘材料，因为一旦出现文字责任，你的邮箱可以挺身而出，还你清白。同时也避免病毒侵入计算机带来不必要的麻烦。

2.2.4 栏目规划概述

网站建设初学者最容易犯的错误就是：确定题材后立刻开始制作，没有进行合理规划，从而导致网站结构不清晰，目录庞杂混乱，板块编排乱等。结果不但浏览者看得糊里糊涂，制作者在运营过程中扩充和维护网站也相当困难，所以栏目规划在网站制作中具有十分重要的地位。

1. 什么是网站的栏目

网站的栏目是网站内容的提纲，是网站内容的大纲索引。其功能是将网站的所有内容分门别类，利用栏目将网站的主体明确显示出来。如果将网站比作一本书，那么书中的每章就是一个栏目。

网站栏目的规划，其实就是对网站内容的高度提炼。即使是文字再优美的书籍，如果缺乏清晰的纲要和结构，恐怕也会淹没在书本的海洋中无人问津。网站也是如此，不管网站的内容有多么精彩，缺乏精确的栏目提炼，也难以引起浏览者的关注。

2. 网站栏目规划的原则

规划网站栏目要遵循以下原则：

(1) 紧扣主题的原则。网站的栏目要以网站的主题为中心，所有栏目要围绕主题进行设置。将网站的主题按一定的方法分类并将它们作为网站的主题栏目。主题栏目数量在总栏目中要占绝对优势，这样显得网站专业且主题突出，容易给人留下深刻印象。网站的栏目切不可离题而设，例如，一个以 Flash 学习为主题的网站，可以设置 Flash 技巧、Flash 作品赏析、Flash 教程下载等栏目，但不能加入足球之夜、游戏在线等内容。

(2) 精简的原则。网站的栏目，是一个网站某类内容的概括，一般用几个字表达即可，用词要精简达意。例如，齐齐哈尔信息工程学校的网站中有一个以招生管理、就业管理为主题的栏目，设置时可以考虑用“招生就业”，而不应使用“招生管理与就业安置专栏”这样的栏目标题。

(3) 提纲挈领的原则。网站的栏目规划首先要做到“提纲挈领、点题明义”，提炼出网站中每一个部分的内容，清晰地告诉浏览者网站在说什么，有哪些信息和功能。

(4) 凸显特色。栏目名称平易朴实、易于接受，如果能体现一定的内涵，给浏览者更多的视觉冲击和空间想象力，则为上品，如游戏前卫、游戏陶吧、e 书时空等。在体现出网站主题的同时，能凸显特色。

2.2.5 栏目规划策略

1. 栏目规划的常用方法

栏目规划常用如下方法：

(1) 分类法。所谓分类法，就是将欲在网站展示的所有资料进行分门别类，每一个类别形成一个栏目。这种方法是在给定文字、图片等素材的情况下进行的一种快捷栏目设置方法。使用这种方法进行网站栏目设置时，一定要注意资料必须先进行整理，剔除无关、无用资料，以使分类符合实际。

(2) 参照法。所谓参照法，就是参照同类网站所设置的栏目，结合实际需要进行栏目设置的方法。这种方法可以综合其他网站的长处，广闻博取，集众网之长，形成独特风格。使用这种方法时，注意参照网站的选取，一般应该选择具有代表性的权威网站、同类网站做参照，同时要注意去粗取精。

2. 栏目规划的技巧

制作网站时，如果设计者没有接触过商务的日常活动，同时自身的客户文化知识又有限，无法全面提供栏目信息资料，令人无所适从，而客户只是让制作者“照量着办”，那么怎么“照量着办”呢？办法很简单，就是上网搜索与客户主题相关的同类网站，参考这些同类网站的栏目。设置自己的栏目应注意以下几点：

（1）同类网站都有的栏目，你一定要有。

（2）70%以上同类网站都有的栏目，你不妨也加上。

（3）如果有些栏目只有50%网站拥有，对于这类栏目，你要询问客户的意见后，再决定是否采用此栏目。

（4）有些栏目只有50%以下网站拥有，这时要注意了，这类栏目一是用处不大的栏目，二是特色栏目，你要根据情况再三斟酌，而后决定。

3. 栏目的表现形式

网站栏目的表现形式有两种，一种是纯文字表现法（如图2—9所示），另一种是图形化的表现法（如图2—10所示）。图形化的表现方法比较直观，视觉效果比较好，目前广泛使用的是图形化的表现方法。

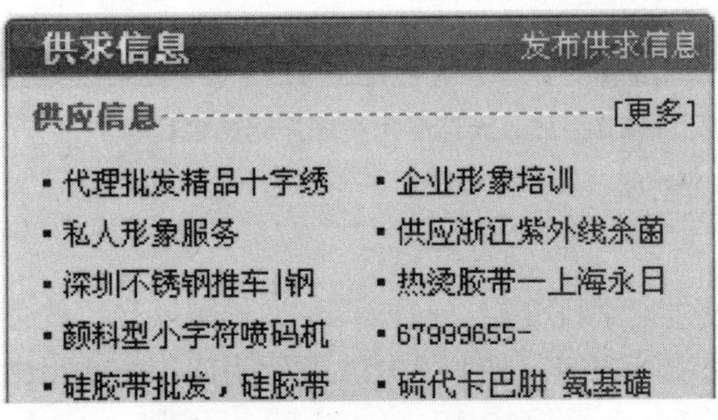

图2—9 栏目的纯文字表现法

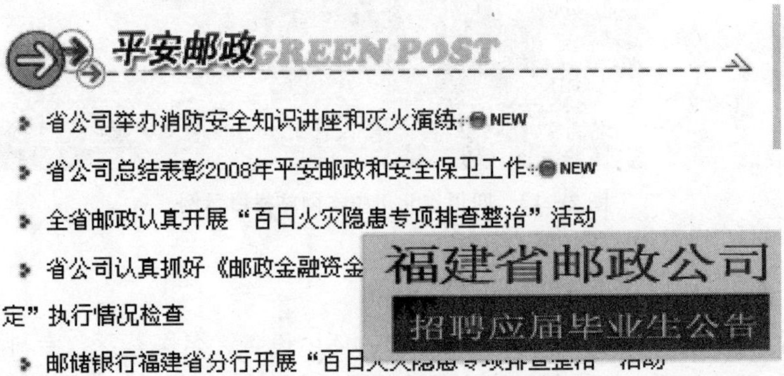

图2—10 栏目的图形化表现法

2.2.6 网站常用栏目

1. 网上商城常用栏目

网上商城是最典型的网站，一般都包含我要买、我要卖、热门促销、商品展示、分类导航、购物车、帮助、行业市场、商业社区、行业资讯、公告栏等栏目。所有栏目中以分类导航、商业展示占用幅面最大，如图2—11所示。

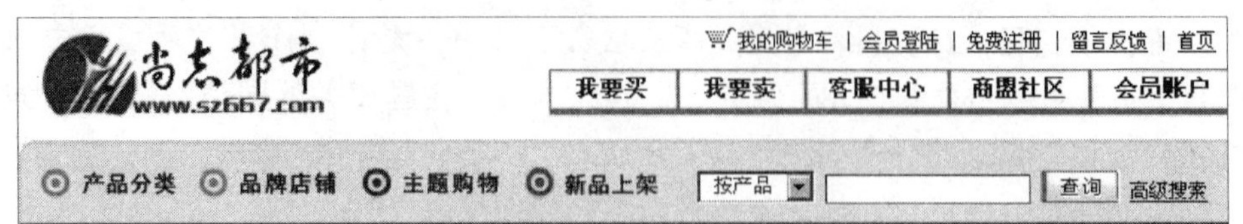

图 2—11　尚志都市商城网站栏目示例

资料来源：http：//www. sz667. com/shop/

2. 工业企业网站栏目

工业企业网站主要以宣传企业文化、展示企业产品、实施企业服务为主要目的。一般有首页、关于我们、企业简介、企业文化、经营理念、发展历程、资质荣誉、企业动态、新闻中心、业内动态、产品展示、产品系列、下载中心、技术支持、售后技术支持、客户留言、招聘信息、联系我们、会员登录、会员注册等栏目，如图 2—12 所示。

图 2—12　大连专用机床厂网站栏目示例

资料来源：http：// www. dzjc. cn

3. 学校网站栏目

学校类网站栏目一般包括学校介绍、校园聚焦、校园风光、教育教学、教工园地、资源平台、学生园地、互动交流等内容。如图 2—13 所示为四川省北川中学网站栏目示例。

图 2—13　四川省北川中学网站栏目示例

资料来源：http：//www. scsbczx. com/

4. 医院网站栏目

医院网站栏目一般有医院概况、新闻动态、环境设备、名医荟萃、专科介绍、就医指南、专家门诊、网上挂号、医疗保健、在线咨询等。图 2—14 为齐齐哈尔医学院第一附属医院网站栏目示例。

图 2—14　齐齐哈尔医学院第一附属医院网站栏目示例

5. 政府网站栏目

政府网站一般有信息公开、办事服务、政务公开、政府概况、领导信息等栏目。图 2—15 为齐齐哈尔市政府网站栏目示例。

图 2—15　齐齐哈尔市政府网站示例

2.2.7　实例：阿里巴巴网站内容分析

阿里巴巴网站在国内网站市场上可谓是一面旗帜，其内容设计值得仔细分析。

1. 头部内容设计分析

图 2—16 是阿里巴巴网站头部内容，包括标题、宣传标语、产品检索、分类导航等内容。

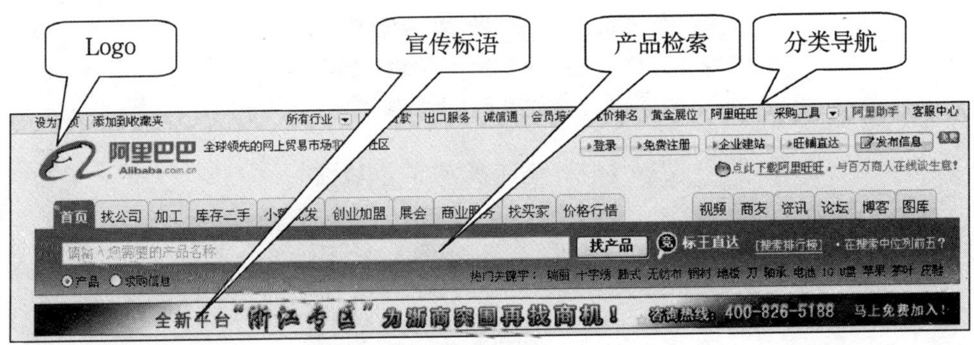

图 2—16　阿里巴巴网站头部内容

2. 体部内容设计分析

阿里巴巴网站在体部设计时充分显示了一个设计良好的网站的主题内容。下面予以分析。

(1) 资讯栏目。阿里巴巴的资讯栏目如图 2—17 所示，包括热点聚焦、经营实务、价格行情，以及股票行情实时查询，给人很实用、很贴切的感觉。

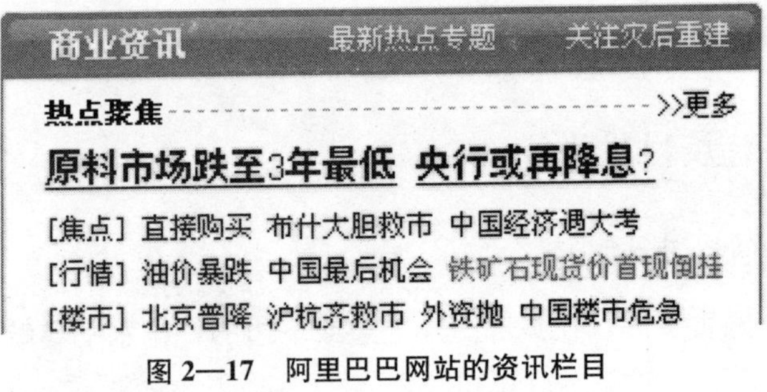

图 2—17　阿里巴巴网站的资讯栏目

（2）社区栏目。阿里巴巴的社区栏目提供了网民交互的自由空间。不但有商人论坛，还有管理杂谈、专用设备论坛，甚至还有人们喜闻乐见的谈天贴图、实用性极强的阿里贷款、视频中心、聊天室，如图 2—18 所示。

商人社区
管理
机械
贴图
找资金
视频
商人论坛
网友热推养殖项目
[浙江民企溃不成军]
[私企老板的真心话]
关注：参加广交会的四大建议　做外贸月提成一万的成长经历

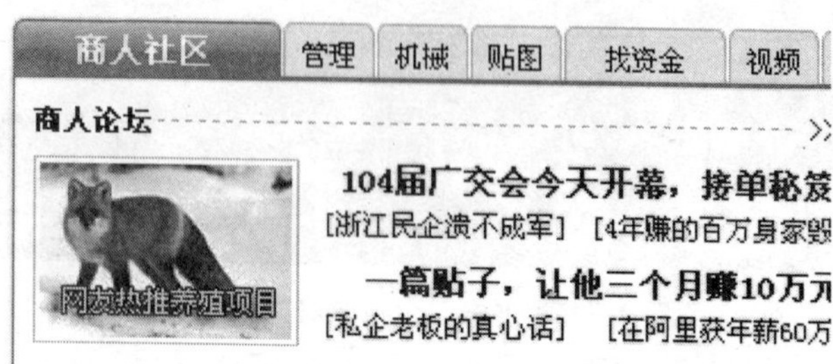

图 2—18　阿里巴巴网站的社区栏目

（3）交易栏目。阿里巴巴网站中体部的 2/3 都是交易栏目的内容，而且按行业做了细分，每个行业又做了更具体的分类，内容涉及交易的所有商品目录，如图 2—19 所示。

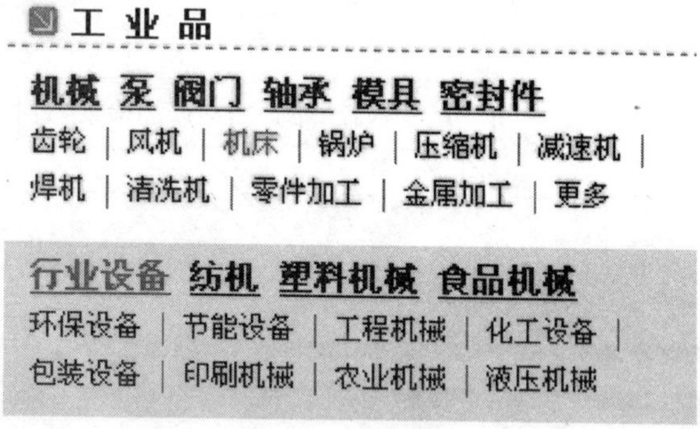

工 业 品
机械 泵 阀门 轴承 模具 密封件
齿轮 | 风机 | 机床 | 锅炉 | 压缩机 | 减速机 |
焊机 | 清洗机 | 零件加工 | 金属加工 | 更多
行业设备 纺机 塑料机械 食品机械
环保设备 | 节能设备 | 工程机械 | 化工设备 |
包装设备 | 印刷机械 | 农业机械 | 液压机械

图 2—19　阿里巴巴网站的交易栏目

3. *尾部内容设计分析*

阿里巴巴网站的尾部以链接为主，并且放置了版权声明，如图 2—20 所示。

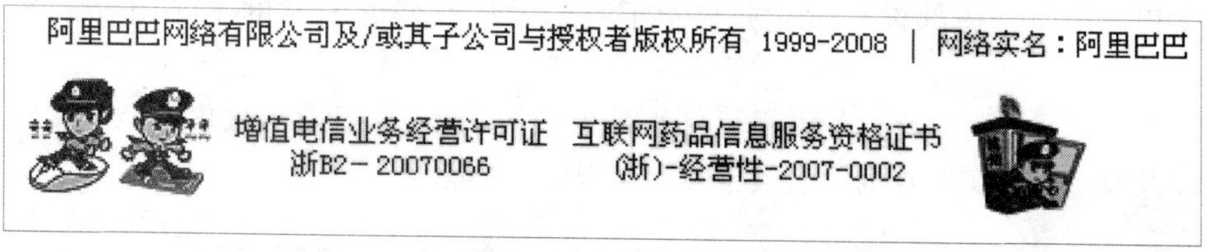

阿里巴巴网络有限公司及/或其子公司与授权者版权所有 1999-2008 | 网络实名：阿里巴巴
增值电信业务经营许可证
浙B2-20070066
互联网药品信息服务资格证书
(浙)-经营性-2007-0002

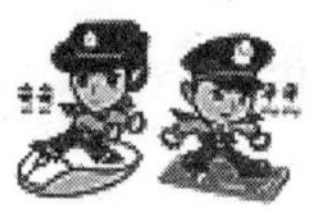

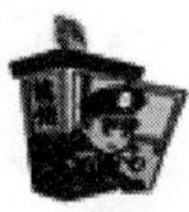

图 2—20　阿里巴巴网站的尾部

2.3　网站导航及目录设计

2.3.1　网站导航栏设计概述

导航栏是指位于网页头部，在头部图片上边或下边的一排水平导航按钮，起着连接网站各个页面的作用。

一个成功的网站，也需要一个向导，一个类似导游、导医的功能，能带领网站的浏览者穿梭于网站的各个页面，这便是网站的导航栏，如图 2—21 所示。

(a) 导游

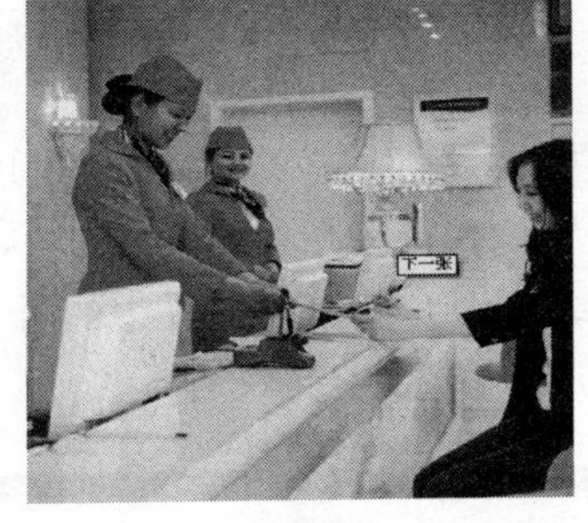

(b) 导医

首页　车辆买卖　物品交易

(c) 导航

图 2—21　生活中的各种向导

1. 导航的作用

网站导航的主要功能在于引导用户方便地访问网站内容，是评价网站专业度、可用度的重要指标。同时对搜索引擎也产生诸多提示作用。网站的导航对于网站起到提纲挈领的作用，使用户在浏览网页时很容易到达不同的页面，是网页元素非常重要的组成部分。设计好的网站导航对整个网站功能的发挥，对网民浏览过程的引导起到至关重要的作用。对网页设计者来说，导航栏在设计时，不仅要美观大方，而且要高效易用。

2. 导航设计原则

实际使用过程中，浏览者一般以很随机的跳跃方式访问网站的各页面内容。网站的导航系统必须精心设计，最大限度地方便用户访问。

(1) 导航结构要清楚。不管网站系统多么复杂，导航设计必须坚持清晰明了的原则，给浏览者一种既直接又简单的感觉。

(2) 每页都有返回主页的链接。每一个页面至少保证有一个指向主页的链接，保证浏览者不至于在网站中迷失方向。

(3) 每页都有导航系统。页面中的导航系统，能够帮助用户在网站中自由跳转，随意访问。

2.3.2　导航分类

1. 全局导航

全局导航一般是指网站首页的导航条，如图 2—13 所示。该导航条具有以下特点：

(1) 位置固定。为了方便用户使用，减少浏览者查找的时间，全局导航位置一般都比较固定，通常位于网站的头部，而且每个页面的位置基本不变。

(2) 所有页面的全局导航相同。每一个页面的导航都是相同的，内容相同、表现形式相同、位置相同，更直接地说就是一模一样。

(3) 随意跳转。全局导航可以帮助用户随时跳转到网站的任何一个栏目。由一个栏目可以轻松跳转到另一个栏目。图 2—22 为全局导航示意图。

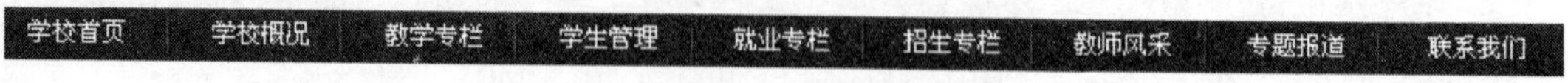

学校首页
学校概况
教学专栏
学生管理
就业专栏
招生专栏
教师风采
专题报道
联系我们

图 2—22　全局导航示意图

2. 路径导航

路径导航显示了用户浏览页面的所属栏目及路径，帮助用户访问该页面的上下级栏目，从而更完整地了解网站信息。用户根据主导航到目标网页的路径提示，了解目前所处网站中的位置而不会迷失“方向”，方便回到上级页面和起点。路径中的每个栏目一般都有链接，单击后可以直接跳转到相关页面，如图 2—23 所示。

导航栏
- 首页
| 市级领导
| 政务公开
| 行政审批
| 政策
| 法规
齐齐哈尔市政府网 - 所有部门 - 市委部门 - 市委办公厅
路径导航

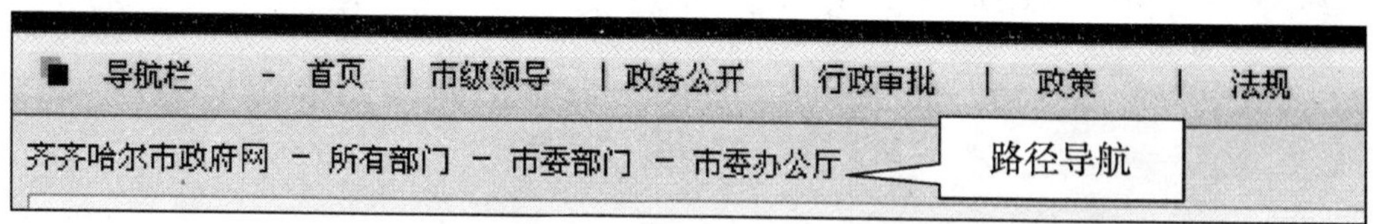

图 2—23　路径导航示意图

资料来源：齐齐哈尔市政府网。

3. 快捷导航

对于网站的老用户而言，需要快捷地到达所需栏目，快捷导航为这些用户提供直观的栏目链接，减少用户的单击次数和时间，提升浏览效率。

4. 相关导航

为了增加用户的停留时间，网站策划者需要充分考虑浏览者的需求，为页面设置相关导航，让浏览者可以方便地到达所关注的相关页面，从而增进对企业的了解，提升合作几率。

2.3.3　网站导航栏设计方法

网站导航栏如何进行设计呢？如何将你的智慧在网站导航的设计中发挥得淋漓尽致呢？这需要方法。

1. 网站导航栏的表现形式

网站导航栏一般位于网站的上方，其位置处于网站的黄金地段，是争抢浏览者眼球的重要位置，其表现形式有以下两种。

（1）纯文字表现法。纯文字表现法是指导航内容用文字的方式表现出来，其优点是显示速度快，几乎是打开网址的一刹那，导航也同步呈现在浏览者面前；缺点是视觉效果不好，为了弥补这一点，一般将导航栏背景设置为漂亮的颜色，同时文字颜色与背景颜色巧妙搭配，将整个导航栏完美表现出来。

（2）图片表现法。这是目前广泛使用的方法，就是将导航文字用 Photoshop 等工具制作成图片，图片可以采用任何艺术化的手法，实现最佳的效果。其优点是视觉效果好；缺点是速度慢，但随着互联网技术的发展，目前速度已经不再是问题。因此，提倡采用图片表现法。图 2—24 为导航的两种形式。

图 2—24　网站导航的两种形式

> 应用提示：导航栏中各栏目的分割常用一条竖线，这条竖线的实现很简单，按shift键的同时按下“\”即可实现。

2. 网站导航栏的常见内容

网站导航栏的内容五花八门，不同的网站有不同的导航。但不管是什么样的网站其常见内容却是不变的，具体有以下几个：

（1）首页。每一个网站的导航上，都固定有一个“首页”，其链接网址为本站的首页地址，这也是所有网站必不可少的内容。

（2）简介类。每一个网站都有一个自我介绍的栏目，虽然叫法不一，但内容唯一，都以介绍本企业为主，类似的叫法有“单位概况”、“企业简介”、“走近企业”等。

（3）展示类。每一个商务网站都有一个展示类的栏目，向浏览者展示其产品或服务，全面宣传自己的产品。从产品的说明到产品的图片，从产品的特点到产品的优异之处，竭尽全力显耀其光华。这类栏目常见的称呼有“产品介绍”等。

（4）社区类。这类是为网站与浏览者交互提供的平台，如论坛、留言板等。

3. 网站导航栏的设计步骤

网站导航栏的设计步骤如下：

（1）确定导航内容。通过前期调研，结合用户需求，确定导航按钮数量、导航内容，并以简明的文字概括出来。具体确定导航内容时，要在调研的基础上满足用户要求，广泛查阅相关网站，借鉴同行网站长处，形成自己的特色。

（2）确定导航表现形式。网站的导航有许多表现形式，其中最常见的有图形式、文字式、菜单式。这三种方式中文字式最简洁，而且实现起来也最容易；图形式需要将文字在图形处理软件中进行艺术化处理；菜单式则具有包含信息量大、新颖别致的特点。具体选择时要根据网站实际情况。规模大、信息量大的网站应该采用菜单式，显示速度要求高、流量大的网站宜选用文字式；而一般的网站则选择图形式比较好。

（3）确定导航实现方法。菜单式通常用软件编程法来实现，即通过编写程序，实现导航的方法，通常复杂的导航、特殊效果的导航多采用此法。图形式一般用Photoshop将文字进行简单效果处理，并配以背景图片、卡通图标；而文字式则直接在网页排版时录入文字即可。

小窍门：

没有编程基础的人，欲用软件编程法实现复杂的导航，已经不再是痴人妄想。目前网上有大量的导航源代码，百度检索、单击进入、复制、粘贴、修改，简单5个步骤即可轻松完成。

2.3.4 网站目录设计概述

网站由大量的图片、网页、数据库等文件组成，小的网站有几十个文件，而大的网站则有数百上千个文件。无论在自己的计算机上建设网站还是制作完成后上传到服务器上发布大量文件的网站，都要建立目录、分类有序存放。网站目录是指建立网站时创建的目录。目录结构的好坏，对浏览者来说并没有什么太大的感觉，但是对于站点本身的维护、未来的扩充和移植有着重要的影响；否则网站查找费时费力，网站读取速度会越来越慢。

为了方便日后维护以及扩充升级，网站的目录建设，必须在网站建设之初，按标准进行，不得随意建立目录，更不得随意存放文件。

网站目录建设的**总原则**是以最少的层次提供最清晰简便的访问结构，网站目录在建设时必须遵循以下原则。

1. 分类存放、分别建立目录

网站上的图片、数据库等文件要根据其性质，分别建立相应目录，将各类文件分门别类有序存放。目录的命名一般应使人望文知义。例如，图片放在 images 目录下，样式文件放在 style 目录下。

2. 目录的层次不要太深

目录的层次建议不要超过 3 层，这样的目录不但结构清晰，而且维护管理方便。

3. 根目录下不要存放所有文件

网站的根目录下只能存放主页文件以及用于流量统计的文本文件，其他文件一律不得放置在根目录下。

4. 根据栏目内容建立子目录

除了公共的目录外，要根据网站栏目，为每一个栏目建立相应的子目录，用于存放其对应的网页文件。

5. 在每个主栏目子目录下都建立独立的 images 目录

每一个网页中都有大量的图片文件，因此要在每一个栏目目录下，再建一个独立的 images 子目录，用于存放各栏目对应网页的图像文件。

6. 不要使用中文目录

网站制作上不允许使用中文目录，虽然也有极个别网站使用中文目录，但这不仅是一种极不规范的做法，而且在检索、使用过程中还很容易出现错误。

7. 不要使用过长的目录

网站要经常被检索，一般不建议使用过长目录，网站目录的命名一般以与栏目对应的英文为主，对于过长的英文组合应该进行适当缩略。

2.3.5 网站目录建设的步骤及方法

网站目录建设的步骤及方法如下：

(1) 建立一个用于存放网站的总目录，如 MyWeb。

(2) 进入此网站总目录，开始网站目录的建设工作。

(3) 在网站的根目录下建立一个 Images 子目录，用于存放首页图像文件。

(4) 在网站的根目录下建立一个 Style 子目录，用于存放样式表文件。

(5) 在网站的根目录下为每一个栏目建立对应子目录，每个子目录下建立独立的 images 子目录，用以存放该页面所有图片文件。

2.3.6 敦煌网的目录结构

【操作实例 2—5】分析敦煌网 Logo 及导航栏，如图 2—25 所示。

图 2—25 敦煌网的 Logo 及导航栏

【操作实例 2—6】设计敦煌网的目录结构，如图 2—26 所示。

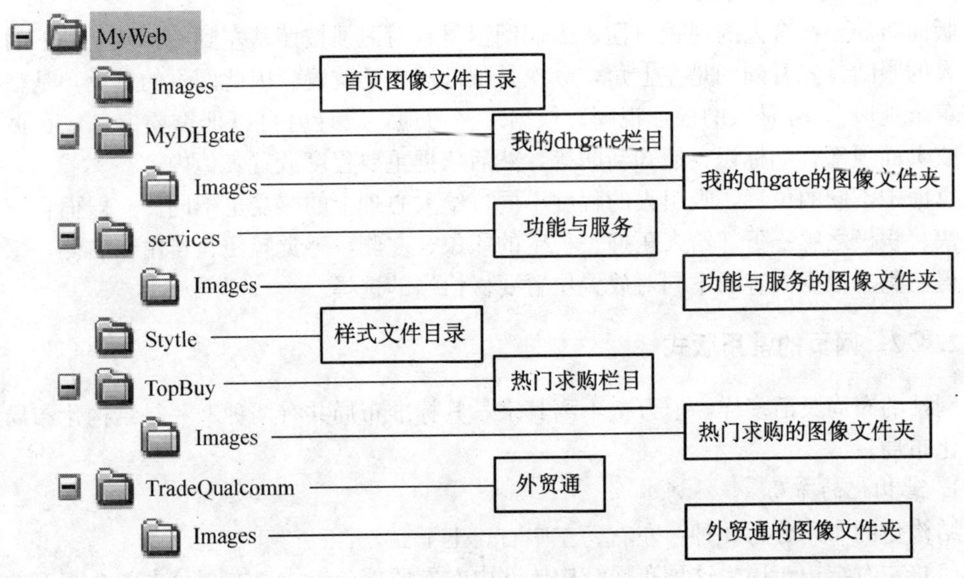

图 2—26 敦煌网的目录结构设计

2.4 网站版式及风格设计

精确的布局、美观的页面、规范的版式，会给人一个难以忘却的印象，如何进行版式设计，如何进行布局设计，本节将就这些问题给予详细的讲解。

2.4.1 版面布局的基础

网页的展示设备是计算机，而网页的受众对象则是人，因此设计网页版面布局既要根据计算机的显示能力，又要符合人的视觉习惯。好的网页布局是一个成功网站的重要方面。

1. 分辨率确定

像素是指荧光屏上的每一个发光点。例如，某台计算机的显示器横向能显示 1024 个发光小点，即 1024 像素，纵向能显示 768 个发光小点，即 768 像素，则该显示器的分辨率为 1024×768。目前，广泛流行的显示器的分辨率有四种 1600×1200、1280×1024、1024×768、800×600。

网站的建设，首先要确定网站的尺寸，即以什么样的分辨率作为网站制作的依据。一般来讲，网站的宽度以 1024 像素、800 像素为依据较多，而高度则比较随意。目前网站的宽度以 1024 像素为主。

应用提示：一般网站在设计时两边留出少许空白，以 1024 像素为依据的网站，实际宽度多为 1000 像素；而以 800 像素为依据的网站，实际制作时宽度多选择为 750～780 像素，实际制作时以采用 776 像素居多。

2. 网页的内容与放置位置

版面布局要符合人的视觉习惯。人们阅读材料时习惯按照从左到右，从上到下的顺序进行。人的眼睛首先看到的是左上角，其次是顶部居中的位置。因此网页的左上角是整个网页的"黄金地段"，也是人的最佳视阈。根据这一习惯，设计时可以把重要信息放在页面的左上角或页面顶部，如标识、通知新闻等，然后依据重要程度放置其他内容。

页面中不同的位置，吸引人的程度不同，给人心理上的感受也不同。一般而言，上部给人轻快、积极之感；下部给人压抑、稳定的印象；左侧，感觉轻便、自由；右侧，感觉局促却显得庄重。根据内容的不同对放置位置要做恰当的选择。

2.4.2 网页的常用版式

网站的布局灵活多样，但万变不离其宗，其标准布局共有两种，一是结构化布局，二是艺术化布局。

1. 结构化的布局

结构化的布局分为 3 种：左右、左中右、上下。

(1) 左右结构布局。这种布局结构体部由左右两部分组成，左部分占整个宽度的20%～30%，左半部内容可以是菜单、用户登录、流量统计、联系方式等内容；右部则为显示主体内容，这是网页设计中使用最为广泛的一种布局结构，如图 2—27 所示。

(2) 左中右结构布局。这种结构左面、中间部分与左右结构相同，其右侧，多为友情链接等不太重要的栏目，这种结构比较呆板，不够灵活，如图 2—28 所示。

(3) 上下结构布局。整个网页只由上下两部分组成，上面是标题，下面则只有正文，也称为标题正文型布局，通常的二级页面、文章页面都采用这种布局方法，如图 2—29 所示。

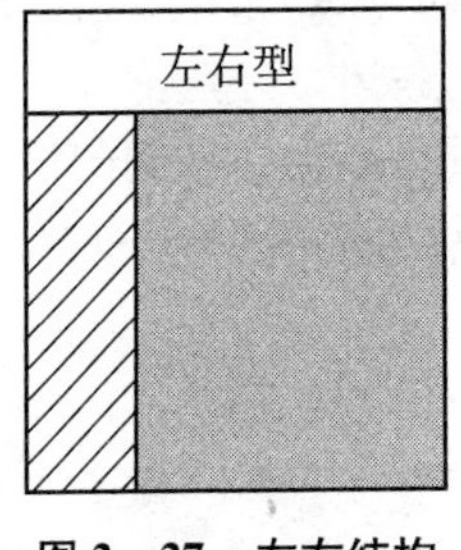

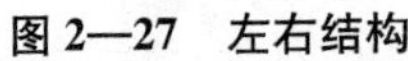
图 2—27　左右结构

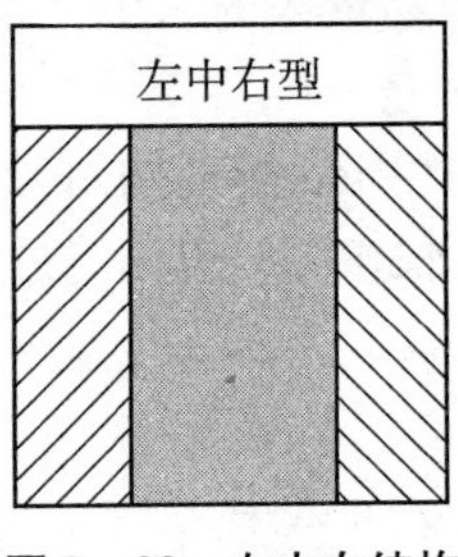

图 2—28　左中右结构

图 2—29　上下结构

2. 艺术化的布局

艺术化的布局分为海报式和综合式两种布局。

(1) 海报式布局。整个页面布局像一张海报，也称为 POP 布局，是个人网站建设的主要布局方法。一般适合美术功底较强者采用。否则，不但达不到效果，反而会弄巧成拙。

(2) 综合式布局。综合使用了上述各种布局方法，整个页面布局善于变化，一般采用 Flash 实现，给人以焕然一新的感觉，带来良好的视觉效果。

2.4.3　版面布局的原则

1. 根据网站的客户群选择合适的布局

网站的客户群决定了网站布局的方法。例如，以儿童用品为主题的网站，采用海报式布局是最佳的选择，而新闻页面则适合采用上下结构的布局方法。

2. 整体布局要遵循简洁大方的原则

这是网页版式布局的重要原则，整个布局不要过于花哨，提倡简约的布局，突出网站的主题，强调网站的内容，不要以繁杂的布局吸引网民一时的眼球。

3. 要注意视觉效果与内容翔实相结合的原则

整个网页的布局要注意视觉效果的实现，恰当使用图像及文字，将有些标题文字用图像表现出来，更好地突出文字的内容。网站的内容要翔实，要为网站的主要内容留出足够的空间。

4. 主次分明条理清晰的原则

设计网站布局时要突出网站的主题，将网站的主要部分放在左上角以及上面居中位置，而无关紧要的内容则放置在其他位置，做到主题突出，主次分明。内容与视觉效果要兼顾，形成和谐统一的整体布局。

2.4.4　网站风格设计概述

每个人都有自己的风格，给人一个特定的印象。每个网站也都应该有自己的风格，风格独特的网站给人持久的印象，甚至被加入收藏夹，经常浏览，更有甚者，将其设为网站的首页。网站设计独特的风格带来了公众的认可，随之而来的是流量的大增，效益的提高。

1. 什么是网站的风格

网站的风格是指站点的整体形象给浏览者的综合感受，是这个站点的与众不同之处，包括站点的CI（标识、色彩、字体、标语）、版面布局、浏览方式、交互性、文字等方面。举个例子，很多人认为淘宝、网易是平易近人的，IBM的网站是专业严肃的，这些都是网站给人们留下的不同感受。

有风格的网站与普通网站的区别在于：普通网站看到的只是堆砌在一起的信息，浏览后的感受只能是信息量大小，浏览速度快慢等；但浏览过有风格的网站后能令人有更深一层的感性认识，觉得站点有品位、有层次。

2. 如何树立网站的风格

树立网站的风格可以从以下几个方面入手：

（1）色调。色彩的搭配既要符合网站的内容，又要有独特的创意。链接色彩、背景色彩、文字颜色、导航颜色、栏目颜色尽量与标准色彩一致。

（2）简繁。网站建设者要善于把握好简洁与花哨的尺度，尤其是门户类的网站，要将大量的商品图片放置其上，做到既齐全又不花哨，这需要进行一番分析设计。

（3）字体的使用。字体的使用要标准统一，字体要符合人们的审美观点。尤其要注意，网站正文的字体应以宋体12像素为主，这是因为人们习惯阅读的书刊、报纸都是标准的五号字，即12像素。

（4）站内风格的统一。每一个网站都要有统一的风格，各个二级页面风格要统一，原则上各个页面的主色调要保持一致。

2.4.5 网站色彩搭配

1. 色彩搭配概述

网站的配色决定着网站的整体效果。自然界中的色彩五颜六色、千变万化，通常将颜色分为红、橙、黄、绿、青、蓝、紫七色，其中，红、绿、蓝是三原色，三原色通过不同比例的混合可以得到各种颜色。色彩有冷暖色之分，冷色（如蓝色）给人的感觉是安静、冰冷；而暖色（如红色）给人的感觉是热烈、火热。冷暖色的巧妙运用可以让网站产生意想不到的效果。

色彩与人的心理和情绪也有一定的关系，利用这一点可以在设计网页时形成自己独特的色彩效果，给浏览者留下深刻的印象。

小窍门：

没有美术基础的初学者如何配色呢？其实这很简单，小孩子最初学走路的时候，总是先由人搀扶着走，然后自己扶着墙壁走，接着才能慢慢蹒跚走路。在每次制作网站前，先到网上随意浏览，找到中意的网站，在制作初期配色可以对原网站照猫画猫、原样照搬，慢慢地可以部分参考，到最后，你就可以完全脱离参考网站，随心所欲地搭配颜色了。

2. 主色调的选择

每个网站使用的颜色原则上不得超过3种，并且有一个占比例较大的颜色，称之为网站的主色调，而其他颜色则称为网站的辅色调。每种颜色适合不同类别的网站，具体说如下：

（1）蓝色。蓝色属于冷色调，给人以沉静、踏实、寒冷之感，也是网站采用最多的主色调，一般适用于企事业单位的网站。

（2）红色。红色属于典型的暖色调。红色，是火的色彩，也是血的颜色，首先给人的感觉是温暖、兴奋、热烈、坚强和威严，所以国旗使用红色赋予了革命的含义。红色一般用于政府网站的制作，也有的企业网站在重大节日期间改版为红色，代表喜庆。

（3）绿色。绿色是大自然的代表色，象征春天、新鲜、自然和生长，也用来象征和平、安全、无污染，比如常说的绿色食品，同时绿色也是未成年人的象征。绿色一般用于食品、农业类网站，也可用于购物类网站以及儿童类网站。

（4）黑色。黑色是典型的冷色调，它表示一种深沉、神秘，黑色与其他颜色相配时能显出黑色的力量和个性，如黑白相衬，显得精致、新鲜、有活力。在黑色衬托下可以使用各种非常刺激的冷暖颜色，因为它有调和色彩的作用。这类颜色一般用于科幻、游戏类网站。

（5）粉色。粉色给人一种活泼的感觉，一般用于妇女、儿童类网站。

2.4.6 网站文字的使用

1. 字体的运用

在网站中，字体的设置要遵循以下原则：

（1）正文字体。网页正文无特殊情况一般使用宋体。书刊、报纸通常使用的标准字体是宋体，这也是人们平时接触最多的、最符合人们阅读习惯的字体。

（2）非标准字体的使用。正常情况下，网站上使用黑体、宋体、楷体、仿宋体以外的字体时，必须将字体以图形的形式表现出来，浅显地说，就是把文字在 Photoshop 中做成图像文件再使用。如果使用了上述字体以外的其他字体，在没有安装更多字体的计算机上将无法按设计效果显示出来。

（3）网站标题字体的使用。网站头部标题字体一般要使用方方正正的字体，不要使用行楷等过于活泼的字体，以表达庄严、稳重之意。

（4）栏目字体。栏目字体一般为黑体或其他艺术字体，但一般要用图形的方式表现出来，略加艺术化处理，以及搭配一些小图标，可以达到意想不到的视觉效果。

网站中的不同字体如图 2—30 所示。

图 2—30 网站中的不同字体

2. 字号的设置

网站字号的设定，要注意以下几点。

（1）网站正文。网站正文的字号一般设置为 12 像素，如果用磅表示则为 10 磅，其大小相当于平时常说的五号字，即标准的书刊用字大小。这个字号标准最符合人们阅读习惯，也是网站标准文字字号。

（2）网站大标题。网站的大标题，即网站头部名称，此处使用的文字字号，一般来说是网页中最大的字号，但实际大小一般不能超过 36 像素。过大的标题给人以笨重的感觉，过小的标题，则不显眼。

（3）网站栏目标题。网站的栏目标题，即网站的小标题，一般为 16～18 像素，类似常用的三号字一般以黑体或宋体加粗为好。目前广泛采用的办法是将栏目标题图片化，通过图像处理软件，实现一些特殊的文字效果。注意文字不要进行过多的艺术处理，否则会弄巧成拙。

3. 行间距的设置

网站文字的行距设置一般采用的方法是在样式表中定义，其大小一般为 1.2～1.5 倍行距。通常宋体 12 像素的正文文字、18 像素的行间距是比较理想的数值。

2.5 网站建设规划书

2.5.1 撰写网站规划书

网站规划书的撰写是一项极其重要的工作，也是网站建设的指导性文件，撰写网站规划书的方法如下。

1. 网站概述

网站概述主要是对所要开发网站的概况介绍，以及前期的准备等简要情况说明。

2. 建设网站特色

确定网站的发展方向并阐述网站的特色。

3. 栏目设置

确定网站的栏目，并根据需要确定网站的一二级栏目。

4. 网站功能

根据公司的需要和网站建设计划，确定网站的整体功能，只有目标确定，功能明晰，才能为后继工作把握好方向，此后的工作才能顺畅进行。

5. 网站建设费用

写明网站的详细维护方案，对服务器及相关软硬件的维护，对可能出现的问题进行评估，制订响应时间，包括网站的管理方案、网站的运营与推广方案、网站安全性措施等，并将建设费用的每一个清单或预算列出进行必要的说明。

6. 网站维护费用

网站正式运营后，日常维护工作十分重要，在网站规划初期就要对网站的维护费用做好预算，以使网站拥有者确切地知道日后的运营维护费用额度，所以在网站规划书中要注明网站的维护费用。

2.5.2 实例：齐齐哈尔信息工程学校校园网网站建设规划书

齐齐哈尔信息工程学校校园网网站建设规划书

一、网站概述

随着网络信息时代的发展，教学工作需要自觉地适应客观环境变化，适时转变工作方式，运用电子网络手段，拓展新时期学校工作阵地。建设校园网站是学校工作顺应信息化、网络化的时代潮流，充分运用现代信息技术、网络信息平台等手段，有效整合资源，提高工作效率的一种新的工作方式。

二、网站特色

1. 栏目设计灵活，且扩充能力强

考虑到网站信息化建设是一个循序渐进、不断扩充的过程，系统要采用积木式结构，整体构架的考虑要与现有系统进行无缝连接，为今后系统扩展和集成留有充分扩充余地。

网站前台采用网络上最流行的CSS、Flash、JSP等技术进行网站的静态和动态页面设计；网站后台采用ASP和数据库的动态网页技术，网站的各栏目的定义以及对应栏目的内容都可以由管理人员进行动态管理，不需要修改任何一个页面。

2. 权限明确，各负其责

网站内的各栏目可以分配给多个操作员，从而对整个网站的内容维护工作做出具体的分工，共同维护整个网站。详尽的权限设置让各操作员所操作的栏目完全在管理人员对其账号的权限分配上。

3. 操作简单，易于管理

针对单位的工作人员大多数不是很了解网页设计技术，最常用的都是Word、Excel等办公处理软件，我们为网站采用一套功能强大的在线HTML编辑系统。利用这个系统，操作人员在以后的网站内容维护方面就像操作平常用惯的Word软件一样，对网站的内容进行维护。简单的操作能让各管理人员快速掌握网站的维护工作，让整个网站以最快的时间运行起来。

4. 高度的安全性

互联网是一个标准开放的网络，在进行网上的活动时，可能将遭受黑客的攻击，因此必须充分考虑到系统的安全性。

5. 开放性

在系统构架、采用技术、选用平台方面都必须有较好的开放性。特别是在选择产品上，要符合开放性要求，遵循国际标准化组织的技术标准，对选定的产品既有自己独特优势，又能与其他多家优秀的产品进行组合，共同构成一个开放的、易扩充的、稳定的、统一软件的系统。

三、栏目设置

按照学校网站栏目设置的一贯性，结合本校网站的特殊性，在参考了其他知名本校网站的前提下，拟定栏目如下：

一级栏目　　二级栏目

学校首页——无二级栏目

学校概况——学校简介、校长寄语、组织机构、联系方式

教学专栏——通知公告、教师风采、专业设置、规章制度、考务管理

学生管理——德育成果 、心理导航 、学生天地 、表彰奖励

就业专栏——就业之星 、就业指导、就业政策、就业咨询

招生专栏——招生快讯、招生政策、招生计划、招生简章

四、网站功能

网站系统将采用B/S(Browser/Server) 模式进行开发和运行。由于Internet的迅速发

展和广泛普及，目前大部分新开发的网站系统是基于B/S应用模式进行运作的，其技术结构如图2—31所示。

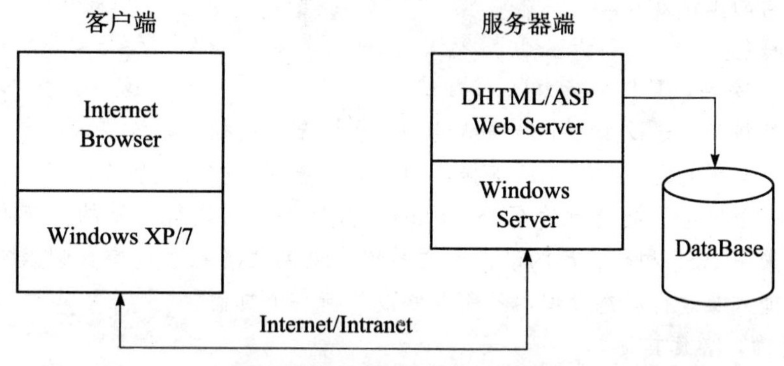

图2—31　B/S应用模式示意图

1. 网页自动生成

网页自动生成系统可以通过Web编辑方式轻松实现网站页面的增加、修改、删除功能，还可将页面上的图文内容进行排版，将这些日常维护工作量转为系统化、标准化的维护格式，从而保证网站设计风格的统一，同时也可以大大减轻工作量。

模板功能：可以轻松统一定制网站的设计风格，编辑信息、设定颜色、字体、排版等保持页面美观。插入图片、表格、文件，并可以直接进行排版。

2. 网站信息发布

网站信息发布系统，是根据信息的某些共性将网站上需要经常变动的信息进行分类，最后系统化、标准化发布到网站上的一种网站应用程序。网站信息通过一个操作简单的界面加入数据库，然后通过已有的网页模板格式与审核流程发布到网站上。

3. 类别管理

信息按类别组织，类别可以动态增加、修改或删除。类组织管理大大提高系统的灵活性和扩展性。

4. 信息管理

具体包括以下功能：

(1) 增添、修改、删除各栏目信息（包括文字与图片）的功能；

(2) 修改信息状态以确定信息是否出现的功能。

5. 系统用户管理系统

系统用户：具有管理网站的权限（即可进入后台管理界面）的用户，其下又分为管理员与一般操作员。

管理员具有管理系统的功能，可增加、删除系统管理员账号，分配与修改一般操作员的权限，并拥有一般操作员的所有权限。

一般操作员可根据用户组进行管理，各用户组拥有不同的权限，同组不同管理员也可能具有不同权限（即管理员可属于不同组）；进入后台管理界面后，可看到自己权限范围内的栏目并对其进行信息管理。此功能设计便于由不同部门甚至交叉部门的管理员维护和管理不同栏目的信息。

对系统用户的管理包括：

(1) 增加、删除一般操作员的功能(管理员才可实现的功能);

(2) 开放或禁止一般操作员管理权限的功能(管理员才可实现的功能);

(3) 修改一般操作员权限的功能(管理员才可实现的功能)。

系统结构图如图 2—32 所示。

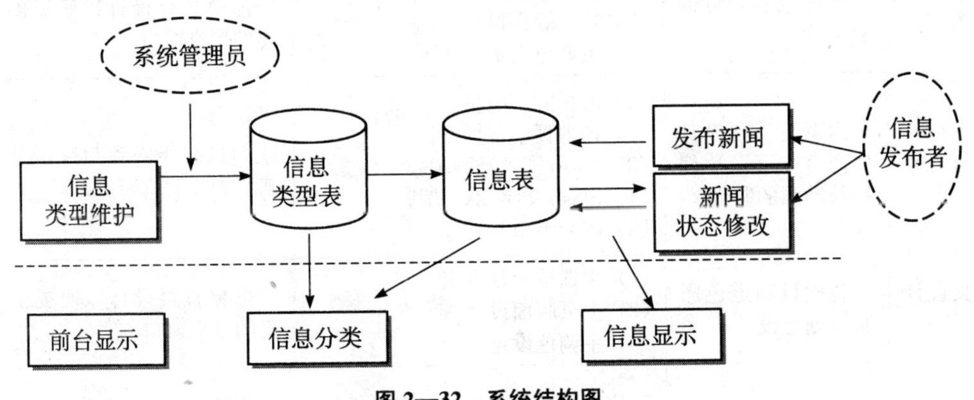

图 2—32 系统结构图

五、网站建设费用

(1) 豪华版,如表 2—1 所示。

表 2—1

项 目	功 能	内 容	备 注
首页设计	网站色彩制订创意设计	(1) 主菜单项目设定 (2) 主页版面设计 (3) 主调色设定	形象首页设计以便提供最主要的信息窗口
内页与资料	内页设计项目具体内容文字图片编排与动画的制作	(1) 内页文字汇整 (2) 各内页的小首页设计 (3) Flash 图片动画编排 (4) Flash 文字动画编排 (5) 图片编辑与处理	网页制作内容与按钮菜单样式,影片的压缩与剪辑
频道页设计编排	各栏目频道色彩制订创意设计	(1) 主选单项目设定 (2) 主页版面设计 (3) 主调色设定	形象首页设计以便提供最主要的信息窗口
功能开发	根据不同的栏目内容与功能开发	信息查询,网站更新资料添加、修改、删除、屏蔽,栏目类别管理,权限等级设定及可扩展性等	使整个网站便捷、安全,把整个网站都功能化 应用平台的调试
后台管理系统	网络管理人员使用	(1) 权限设置 (2) 目录管理 (3) 资料更新 (4) 等级管理	B/S 结构程序
数据库	存取资料使用	(1) 资料分类管理 (2) 备份系统管理 (3) ASP+SQL	数据库字段建立
统计系统	后台数据库记录统计	各栏目分年度统计,各用户上传记录分年度统计	
总 计:	¥ 元 (RMB)		

（2）普通版，如表 2—2 所示。

表 2—2

项　目	功　能	内　容	备　注
首页设计	网站色彩制订创意设计	（1）主菜单项目设定 （2）主页版面设计 （3）主调色设定	形象首页设计以便提供最主要的信息窗口
内页与资料	内页设计项目具体内容文字图片编排与动画的制作	（1）内页文字汇整 （2）各内页小首页设计 （3）Flash 图片动画编排 （4）Flash 文字动画编排 （5）图片编辑与处理	网页制作内容与按钮菜单样式，影片的压缩与剪辑
频道页设计编排	各栏目频道色彩制订创意设计	（1）主选单项目设定 （2）主页版面设计 （3）主调色设定	形象首页设计以便提供最主要的信息窗口
功能开发	根据不同的栏目内容与功能开发	信息查询，网站更新资料添加、修改、删除、屏蔽，栏目类别管理，权限等级设定及可扩展性等	使整个网站便捷、安全，把整个网站都功能化 应用平台的调试
后台管理系统	网络管理人员使用	（1）权限设置 （2）目录管理 （3）资料更新 （4）等级管理	B/S 结构程序
数据库	存取资料使用	（1）资料分类管理 （2）备份系统管理 （3）ASP＋Access	数据库字段建立
总　计：　　￥元（RMB）			

六、网站维护费用

网站维护费用包含 Web 服务硬件和系统维护；网站运行稳定性监测；网站前台和后台程序的局部修改；网站信息的上传和管理工作。

维护费用：　元/年

·本章小结·

网站制作共有规划设计、实施制作、发布维护三大流程，每一个流程又包括若干细节，流程之间有着严格的顺序。按照人们认识的规律将网站分为头部、体部、尾部三大板块。网站内容设计应遵循相关性、真实性、动态性、准确性、图像替代五大原则。网页的常用版式有结构化的布局、艺术化的布局两种。网站的导航对于网站起到了提纲挈领的作用，网站导航栏的表现有纯文字表现法、图片表现法两种形式。网站导航栏的常见内容有首页、简介类、展示类、社区类四种。网站目录建设的总原则是以最少的层次提供最清晰简便的访问结构。网站的风格是指站点的整体形象给浏览者的综合感受，树立网站的风格可以从色调、简繁字体的使用、站内风格的统一入手。每个网站使用的颜色原则上不得超过三种，并且有一个占比例较大的颜色，称之为网站的主色调，而其他颜色则称为网站的辅色调。每种颜色适合不同类别的网站，网页正文无特殊情况一般使用宋体，大小为12像素。

每课一考

一、填空题

1. 网站规划是指在网站建设前对市场进行分析、确定网站的目的和功能，并根据需要对网站建设中的________、________、________、________和________等做出规划。

2. 按照人们认识的规律将网站分为________、________、________三大板块。

3. 网站内容设计应遵循的原则有________、________、________、________和________。

4. 网站应包括的功能模块有________、________、________、________、________、________和________。

5. 网页版面布局的原则包括________、________、________和________。

6. 网站的________对于网站起到了提纲挈领的作用。

7. 网站导航栏的表现形式有________和________两种。

8. 网站的风格是指站点的________。

9. 树立网站的风格要从________、________、________、________和________入手。

10. 每个网站都有一个占比例较大的颜色，称之为网站的________。

二、选择题

1. 所谓版面设计就是指用图像处理软件进行网页页面设计制作的过程，一般使用的软件是（　　）。

A. Word　　B. Photoshop　　C. FTP　　D. Excel

2. 网站测试内容主要包括（　　）。

A. 风格测试　　B. 功能测试　　C. 链接测试　　D. 流量压力测试

3. Logo是指（　　）。

A. 网站标识　　B. 导航栏　　C. 广告条　　D. 以上都不对

4. Banner是指（　　）。

A. 网站标识　　B. 导航栏　　C. 广告条　　D. 栏目

5. （　　）允许在根目录下放置。

A. index. htm　　B. logo. jpg　　C. logo. asp　　D. title. jpg

6. 网站目录的层次一般不得超过（　　）层。

A. 1　　B. 3　　C. 5　　D. 10

7. 每个栏目对应一个（　　）。

A. 图片　　B. 程序　　C. 目录　　D. 网站

8. 允许为主页的扩展名是（　　）。

A. dbf　　B. asp　　C. doc　　D. jpg

9. 网站的“整体形象”不包括（　　）。

A. 站点的CI　　B. 版面布局　　C. 浏览方式　　D. 采用的编程语言

10. 网站正文的字体以（　　）为主。

A. 宋体　　B. 黑体　　C. 楷体　　D. 仿宋体

三、判断题

1. 网站规划对网站建设起到计划和指导的作用，对网站的内容和维护起到定位的作用。（　）

2. 网站的代码整合是在前台美工设计完成之后，后台模块编写之前进行的。（　）

3. 所谓网站发布就是指将已经制作完成的网站刻录成光盘。（　）

4. 网站中所有的图片都必须放在根目录下的 images 子目录中。（　）

5. 每一个网站要有统一的风格，各个二级页面风格要统一。（　）

6. 文件目录越长越好。（　）

7. 导航颜色、栏目颜色尽量使用与主色调一致的色彩。（　）

8. 每个网站使用的颜色原则上不得超过 3 种。（　）

9. 网站的目录建设可以方便日后维护以及扩充升级。（　）

10. 每一个网站只能有一个首页。（　）

11. 网站导航栏一般位于网站的底部。（　）

四、问答题

1. 网站规划的意义主要有哪些?

2. 简述网站建设的流程。

3. 简述网站规划的常用方法。

4. 简述网站规划的任务。

五、操作题

1. 以你最喜欢的运动项目为主题，策划一个网站。

2. 根据你所在学校的网站内容，为你所在的学校补写一份网站策划书。

3. 分析红孩子购物网（http://sh.redbaby.com.cn/）的规划特点。

4. 规划你的个人求职网，为毕业求职做准备。

六、励志题

以《我的明天在网上飞翔》为题，把你学过本课知识后的激情尽情显现，为自己明天的网上生活勾勒一副美好愿景，并努力实现。

第3章 网站的实现工具

本章知识结构框图

学习激励案例导航	Dreamweaver使用入门	站点设置及页面操作	表格的基本操作	样式和层的使用	模板的使用
腾讯公司首席执行官马化腾	概述 工作环境 基本操作	站点设置页面属性设置 文本操作 图像操作	表格的创建 表格的编辑 用表格进行页面布局	CSS样式的概念、创建、设置、应用 层的创建、编辑、应用	模板概念 创建模板 编辑模板 使用模板

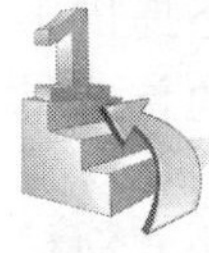

学习激励与案例导航

腾讯公司首席执行官——马化腾

马化腾，腾讯公司执行董事、董事会主席兼首席执行官，全面负责腾讯集团的策略规划、定位和管理。现有资产245亿元，2009胡润百富榜第16名。1993年毕业于深圳大学计算机专业。与任何人创业一样，最初马化腾和他的腾讯日子都非常艰难，2000年第一次网络泡沫席卷了全中国的互联网，那时的腾讯难以为继，中华网、新浪网都不肯接手。没有办法，马化腾几乎是倾其所有，虽然执着却也迷茫，不知道自己的QQ赢利点在哪里。后来得益于风险投资公司帮助，腾讯在香港上市，腾讯当时是没有现金资本的，唯一的资源就是数量高达7.147亿的QQ用户。QQ上市后，马化腾的个人身价迅速飙升，身价17亿港币！马化腾在不经意间打造了一个庞大的QQ帝国，改变了中国人沟通的方式，手机、电话、QQ

成了现代青年沟通的三大工具。如今腾讯已经开始走多元化战略发展之路，腾讯网已经成为中国第四大门户网站，而且还有了自己的 paipai.com 网站，有了 QQ 游戏大厅等项目。

“不经历风雨怎么见彩虹，没有人随随便便就成功”，每一位成功的人士都曾走过艰辛的创业征程。每一个程序员都必将经受苦难的磨砺，才能走向成熟和成功。对于 QQ 每个人都不陌生，QQ 已经走进了我们每一个人的生活，看看 QQ 的主人马化腾的人生路吧，或许你能从中受到启迪。机遇，只青睐有准备的人；机遇，稍纵即逝；机遇，对每个都平等。昨天，马化腾抓住了即时聊天工具开发的机遇，今天他已走上了成功大道；我们能否在今天也高瞻远瞩选择方向，找寻项目，走向成功呢？机不可失，时不再来，年轻的朋友们，努力吧，征途上一展风骚！我们一定要抓住今天大好的学习机遇，拼搏、进取！

3.1 Dreamweaver 基础知识

“工欲善其事，必先利其器”，制作网站必须选择合适的网页制作工具，目前网站制作工具中以 Dreamweaver 应用最为广泛。Dreamweaver 是 Macromedia 公司推出的主页编辑工具。它是一个所见即所得的网页编辑器，支持最新的 XHTML 标准和 CSS 标准。它采用了多种先进技术，能够快速、高效地创建极具表现力和动感效果的网页，使网页创作过程变得简单无比。值得称道的是，Dreamweaver 不仅提供了强大的网页编辑功能，而且提供了完善的站点管理机制，可以说，它是一个集网页创作和站点管理两大利器于一身的超重量级的创作工具。

3.1.1 Dreamweaver 概述

Dreamweaver 是可视化的网页编辑软件，它能快速地创建极具动感的网页，还提供了强大的网站管理功能。许多专业的网站设计人员都将 Dreamweaver 作为创建网站的首选工具，使用 Dreamweaver 可以制作网页，搭建网站架构。Dreamweaver 具有如下功能：

（1）强大的网站管理功能。它不仅能够编辑网页，还可以快速实现本地站点与服务器站点之间文件的同步。

（2）使用 CSS 样式减少重复劳动。

（3）通过表格实现强大的排版功能。通过表格排版功能，可以像在页面上画画一样，拖动单元格，或者组合单元格来建立嵌套的表格，就像使用 Word 排版软件一样制作和设计网页。

（4）多种视图模式。提供了代码视图、设计视图、拆分视图 3 种视图模式。设计视图可以满足初级用户的需求，即使你不懂 HTML 语言，不会书写网页源代码，也能创建出漂亮的网页。

（5）简便易行的对象插入功能。常用字符、框架、当前日期、导航条、跳转菜单、电子邮箱、Flash 文字和按钮等都可以通过对象面板非常方便地插入到网页中。

（6）用模板与库创建具有统一风格的网站。利用模板能够使站点中的文档风格具有一致性，以增强一个站点的整体效果。将多次使用的网页元素保存为库元素，既能减少网页的存储空间，也能非常方便地进行网页的更新。

3.1.2 Dreamweaver 的工作环境

在首次启动 Dreamweaver 时会出现一个“工作区设置”对话框，在对话框左侧是设计视图，右侧是代码视图。设计视图布局提供了一个将全部元素置于一个窗口中的集成布局。

Dreamweaver 的标准工作界面包括：标题栏、菜单栏、插入面板组、文档工具栏、标准工具栏、文档窗口、标签选择器、状态栏、文件面板、属性面板和浮动面板组，如图 3—1 所示。

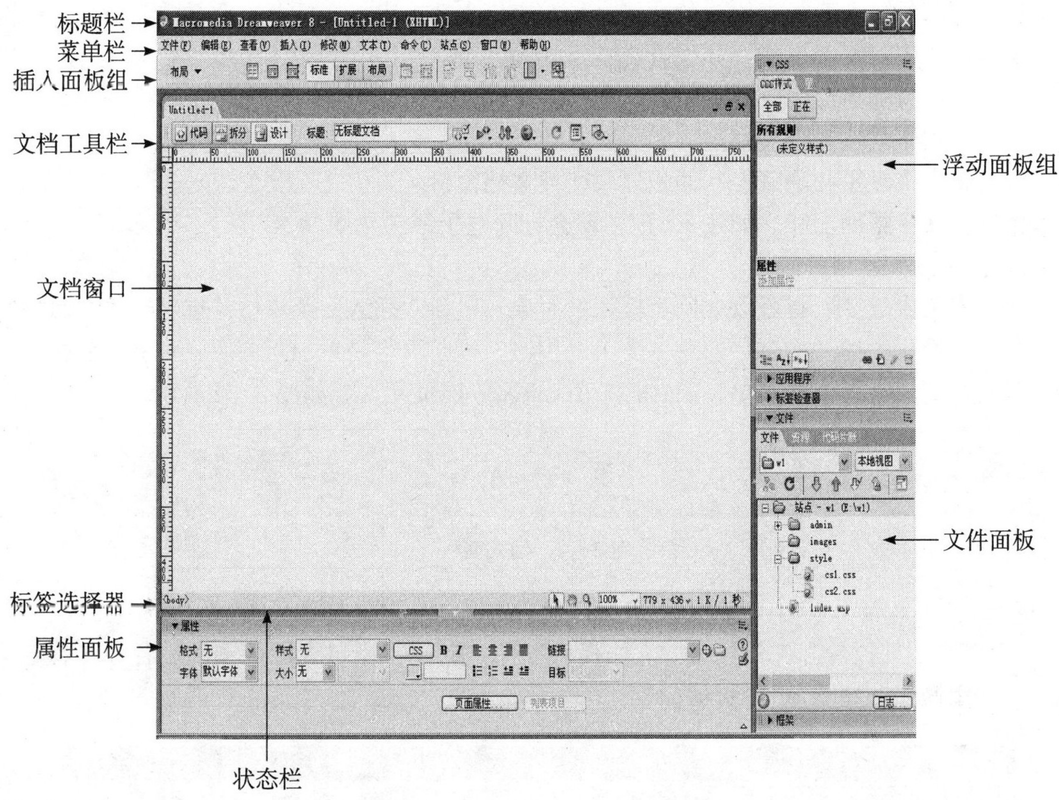

图 3—1　Dreamweaver 工作界面

1. 标题显示栏

新建或打开一个文档后，在后面还会显示该文档所在的位置和文件名称，如图 3—2 所示。

Macromedia Dreamweaver 8 - [E:\Dreamwea\01.html]

图 3—2　标题栏

2. 菜单栏

Dreamweaver 的菜单有 10 个，即文件、编辑、查看、插入、修改、文本、命令、站点、窗口和帮助。其中，编辑菜单里提供了对 Dreamweaver 菜单中“首选参数”的访问，如图 3—3 所示。

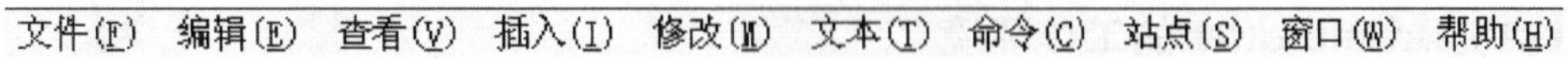

文件(F) 编辑(E) 查看(V) 插入(I) 修改(M) 文本(T) 命令(C) 站点(S) 窗口(W) 帮助(H)

图 3—3 菜单栏

文件：用来管理文件，包括新建、打开、保存、另存为、导入、输出打印等。

编辑：用来编辑文本，包括剪切、复制、粘贴、查找、替换和参数设置等。

查看：用来切换视图模式以及显示、隐藏标尺、网格线等辅助视图功能。

插入：用来插入各种元素，如图片、多媒体组件、表格、框架及超级链接等。

修改：具有对页面元素修改的功能，如在表格中插入表格，拆分、合并单元格等。

文本：用来对文本操作，如设置文本格式等。

命令：所有的附加命令项。

站点：用来创建和管理站点。

窗口：用来显示和隐藏控制面板以及切换文档窗口。

帮助：联机帮助功能。如按 F1 键，就会打开电子帮助文本。

3. 插入面板组

插入面板集成了所有可以在网页应用的对象，包括“插入”菜单中的选项。插入面板组其实就是图像化的插入指令，通过一个个的按钮，可以很容易地加入图像、声音、多媒体动画、表格、图层、框架、表单、Flash 和 ActiveX 等网页元素，如图 3—4 所示。

常用

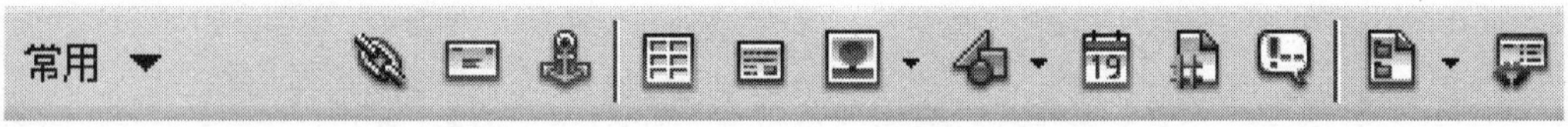

图 3—4 插入面板

4. 文档工具栏

“文档”工具栏包含各种按钮，它们提供各种“文档”窗口视图的选项、各种查看选项和一些常用操作，如图 3—5 所示。

01.html*
代码
拆分
设计
标题:
织梦的日子

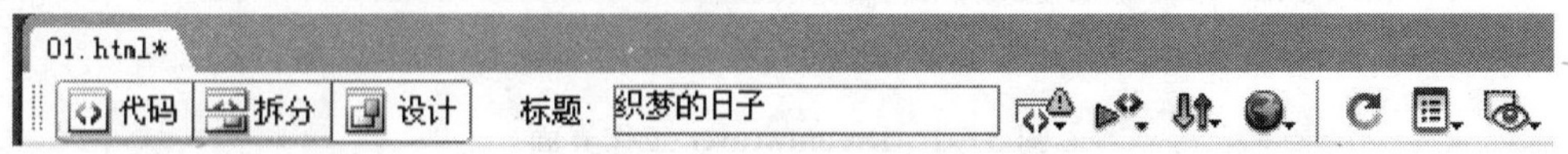

图 3—5 文档工具栏

5. 标准工具栏

“标准”工具栏包含来自“文件”和“编辑”菜单中的一般操作按钮：“新建”、“打开”、“保存”、“保存全部”、“剪切”、“复制”、“粘贴”、“撤销”和“重做”，如图 3—6 所示。

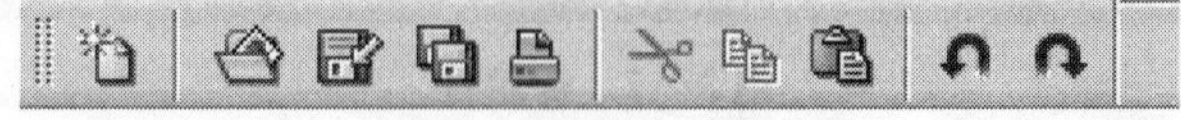

图 3—6 标准工具栏

6. 文档窗口

打开或创建一个项目，进入文档窗口，可以在文档区域中进行输入文字、插入表格和编辑图片等操作。“文档”窗口显示当前文档。可以选择下列任意视图：

"设计"视图是一个用于可视化页面布局、可视化编辑和快速应用程序开发的设计环境。在该视图中，Dreamweaver 显示文档完全可编辑的可视化表示形式。

"代码"视图是一个用于编写和编辑 HTML、JavaScript、服务器语言代码以及其他类型代码的手工编码环境。

"拆分"视图使您可以在单个窗口中同时看到同一文档的"代码"视图和"设计"视图。

7. 状态栏

"文档"窗口底部的状态栏提供与正创建的文档有关的其他信息。标签选择器显示环绕当前选定内容的标签的层次结构。单击该层次结构中的任何标签可以选择该标签及其全部内容，如图 3—7 所示。

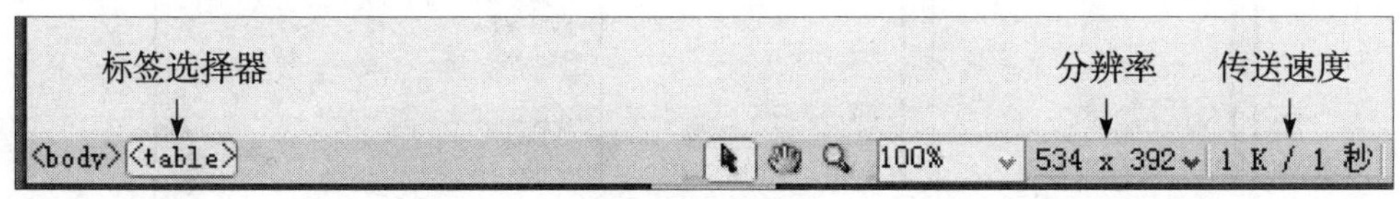

图 3—7 状态栏

8. 属性面板

如果选择了一幅图像，那么属性面板上就出现该图像的相关属性；如果选择了表格，那么属性面板会相应地变化成表格的相关属性，如图 3—8 所示。

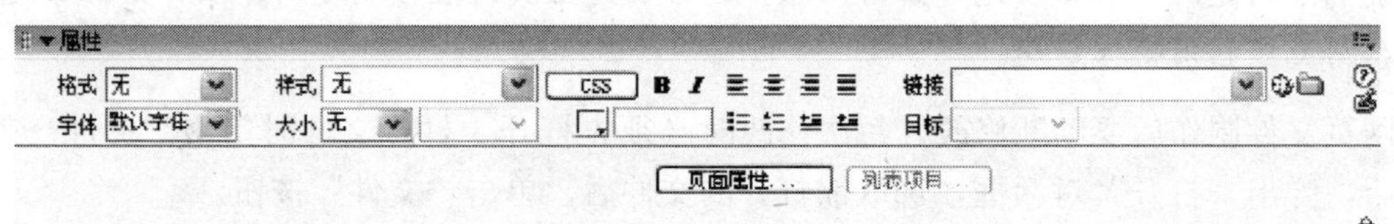

图 3—8 属性面板

9. 浮动面板

其他面板可以统称为浮动面板，这些面板都浮动于编辑窗口之外，它们根据功能被分成了若干组。在窗口菜单中，选择不同的命令可以打开基本面板组、设计面板组、代码面板组、应用程序面板组、资源面板组和其他面板组。

3.1.3 Dreamweaver 的基本操作

Dreamweaver 的基本操作包括新建文件、打开文件、保存文件、浮动面板操作、环境参数设置等。

1. 新建文件

新建网页文件要根据实际情况进行创建，有以下几种方法。

(1) 直接创建。启动 Dreamweaver，出现起始页，在"创建新项目"中选择"HTML"。

(2) 使用菜单创建。也可通过菜单创建，单击"文件→新建"命令，打开"新建文档"对话框，如图 3—9 所示，从该对话框中选择相应的格式后单击"创建"按钮即可。

(3) 基于模板创建。如果利用已经制作好的模块创建网页，则可单击"文件→新建"命令，打开"新建文档"对话框，选择"模板"选项卡，然后在右侧列表框中选择模板所在的站点，再在右边的模板列表中选择一个模板。

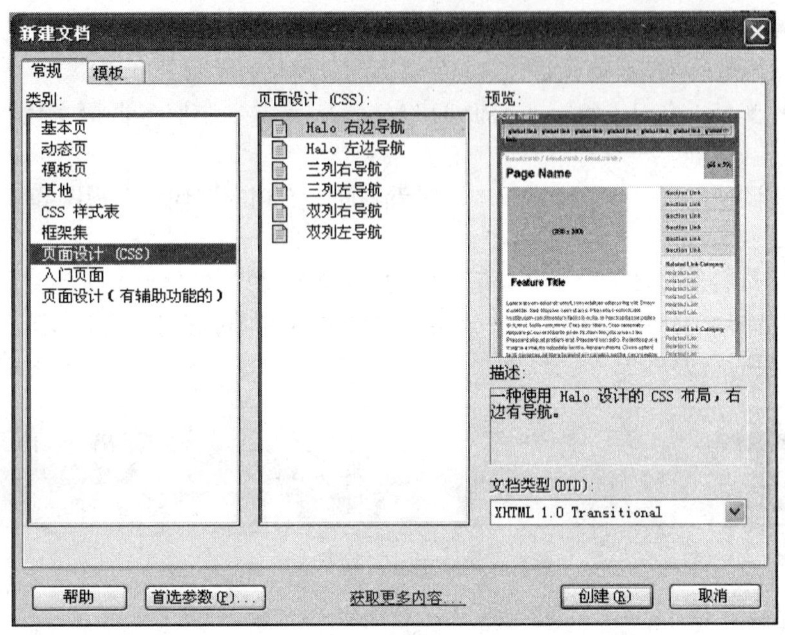

图 3—9　“新建文档”对话框

说明：创建网页前必须先建立好站点，通常创建主页用直接创建的方法；如果创建二级页面，则应该利用模板创建。

网页文件制作后要不断修改，每次修改时必须先打开。打开文件时单击“文件→打开”命令后，弹出“打开”对话框，选取欲打开的文件后，单击“文件”按钮。

2. 保存文件

(1) 保存单个文件。标题栏文件名后面有一个“＊”表示该文件尚未存盘，单击“文件→保存”命令，文件保存成功。

(2) 换名存盘。单击“文件→另存为”命令，选择保存路径，输入文件名即可。

(3) 保存框架文件。单击“文件→保存全部”命令，然后按提示进行操作。

(4) 保存为模板。单击“文件→另存为模板”命令，输入模板名称即可。

3. 面板操作

(1) 面板的隐藏与显示。属性面板以及浮动面板，可以根据需要隐藏和显示。属性面板与状态栏中间、浮动面板与工作区中间都有一个三角形标记，单击该标记即可隐藏或显示相应的面板。也可按下快捷键 F4 进行操作。

(2) 位置调整。浮动面板之所以称之为“浮动”，是因为面板的位置可以随意放置在屏幕的任何位置。用鼠标左键拖动标题栏左上角至新位置，松开鼠标浮动面板就移动了新的位置。属性面板操作方法也完全相同。

(3) 重新组合。Dreamweaver 可以将不同面板组合在一个浮动面板中，单击浮动面板右上角的指向下方的三角形图标，从打开的菜单中选择“将 CSS 样式组合在”子菜单中一种类别的浮动面板，所选择的浮动面板即被组合成选项卡形式。

4. 环境参数设置

如何改变 Dreamweaver 环境字体、字号、颜色，使其更符合自己的编程习惯？如何对

Dreamweaver 进行个性化设置，使其更方便网页制作？这就是环境参数设置。

单击“编辑→首选参数”，启动“首选参数”对话框，其中包括常规、CSS 样式、标记色彩、代码格式、字体等项目，可以根据需要进行灵活设置。

3.2 Dreamweaver 站点设置及页面操作

网页是整个网站中的一个页面，网页必须存在于某个站点中，制作网页前必须先建立站点。很多毕业生到实际企业工作时发晕，其根本原因是不了解网页实际制作的顺序。本节将根据网站实际制作的标准流程，进行网站制作第一步站点设置的讲解，同时还将页面制作的有关操作予以详细介绍，以方便后续网站的制作学习。

3.2.1 Dreamweaver 的站点设置

很多网站学习者，打开 Dreamweaver 后的第一件事，就是制作网页，而事实上制作网页的第一步是创建站点。试想没有火车站，怎么能开始调度火车呢？只有先创建一个站点，然后才能开始整个网站的制作过程，站点的创建是网站制作的第一步。

站点设置包括三个部分，五个步骤。三个部分即编辑文件、测试文件、共享文件；五个步骤是新建站点、输入站点的名字和地址、设定是否使用服务器技术、设定开发过程中文件的使用方法、设定浏览站点根目录的 URL。

1. 创建站点

【操作实例 3—1】使用五个步骤创建站点，如图 3—10 所示。

第 1 步：新建站点。打开 Dreamweaver，单击菜单“站点(S) →新建站点(N)”。

第 2 步：输入站点的名字及站点的地址，站点的名字可以随意起，一般为中文，如“东北商务网”，则直接输入中文名即可，而不必输入 dbsww，让人摸不着头脑。而站点地址则不必输入，因为一般都是在本地计算机上制作网站，制作完成后上传，FTP 地址是直接在服务器上操作时使用的。

第 3 步：设定是否使用服务器技术，如果制作静态网站，则选择“否，我不想使用服务器技术”；如果需要使用编程语言制作动态网页，则选择“是，我想使用服务器技术”。同时还要选择所使用的脚本编程语言。

第 4 步：开发过程中文件的使用方法，即直接编辑远程服务器上的网页文件，还是在本地计算机制作。一般要选择“在本地进行编辑和测试（我的测试服务器是这台计算机)”。同时还要设定站点使用的目录。

第 5 步：设定浏览站点根目录的 URL。

提示：如果创建静态页面，站点创建流程则简化为“站点→新建站点→您打算为您的站点起什么名字：站点命名→否，我不想使用服务器技术→在开发过程中，您打算如何使用您的文件→设定文件存放目录→如何连接到远程服务器：无”。

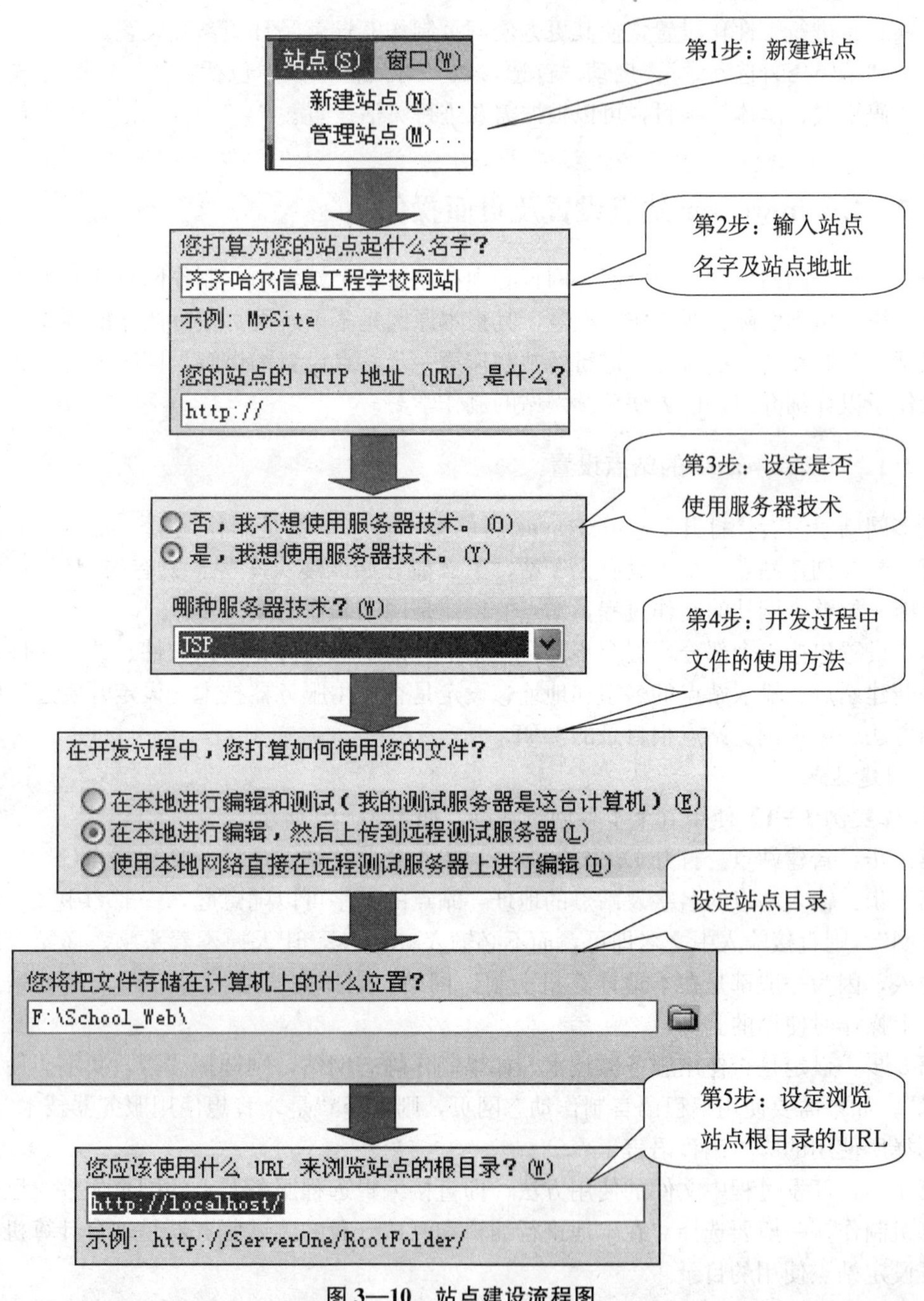

图 3—10　站点建设流程图

2. 站点目录创建

目录即常说的文件夹，网站所有文件必须分类存放在相应的目录中。站点建设完成之后，第二步工作就是创建网站的目录。在 Dreamweaver 中创建网站目录十分方便，在 Dreamweaver右侧的文件浮动面板上鼠标右键单击“新建文件夹”即可按照要求创建目录。如需创建二级目录，则必须选中相应的文件夹，在该文件夹上鼠标右键单击“新建文件夹”即可。

【操作实例 3—2】创建齐齐哈尔信息工程学校网站目录。

图 3—11 是创建齐齐哈尔信息工程学校网站目录操作示意图，图 3—12 是已经创建完毕的网站目录示例。

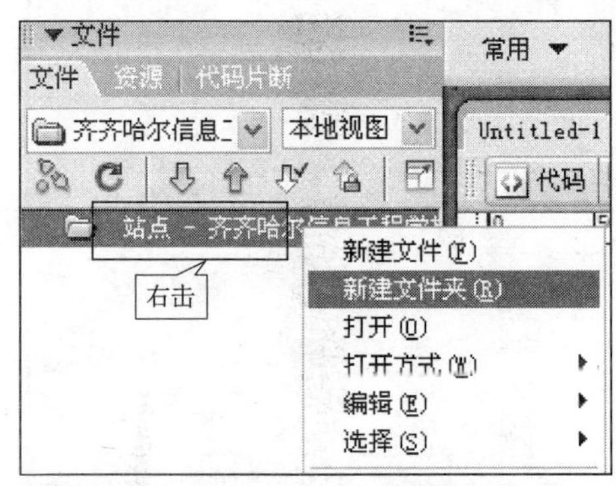

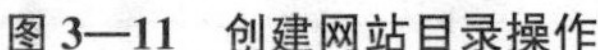
图 3—11 创建网站目录操作

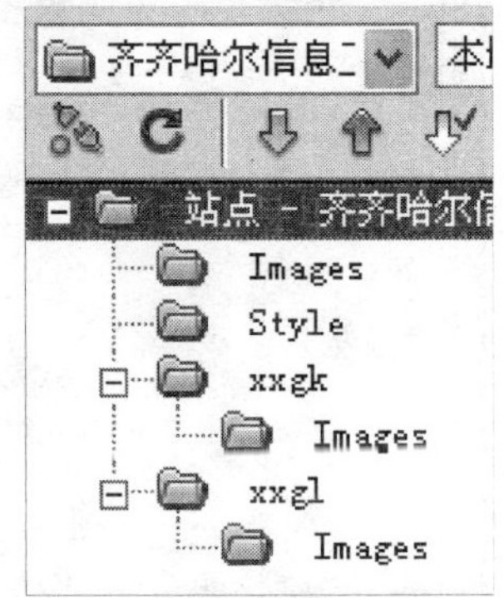

图 3—12 网站目录示例

3. 文件与文件夹的管理

对建立的文件和文件夹，可以进行移动、复制、重命名和删除等基本的管理操作。选中需要管理的文件或文件夹，然后单击鼠标右键，在弹出的菜单中选择“编辑”选项，即可进行相关操作。

3.2.2 Dreamweaver 页面属性设置

网页中的字体、字号如果不进行设置，页面在实际显示时是按默认字体、字号进行显示的。页面属性设置是对页面字体、字号、背景颜色、边距、链接样式及页面设计的默认值进行设定。

单击“属性”栏中的“页面属性”按钮，或单击“菜单”打开“页面属性”对话框，再打开页面属性设置对话框，按快捷键 Ctrl+J，如图 3—13 所示。

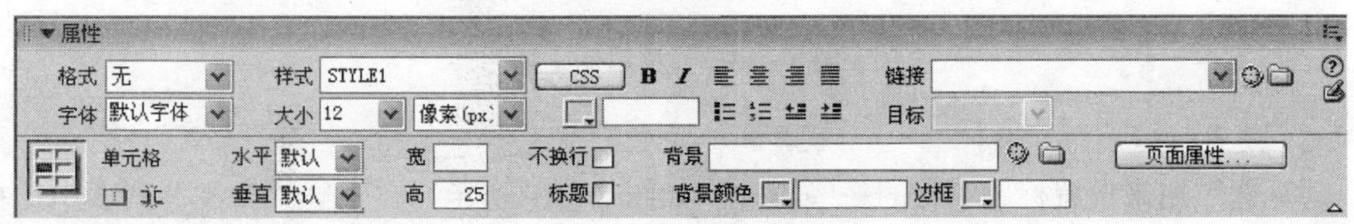

图 3—13 页面属性设置对话框

1. 设置外观

设置外观是设置页面的一些基本属性。可以在“外观”选项中定义页面的默认文本字体、文本字号、文本颜色、背景颜色和背景图像等，如图 3—14 所示。

2. 设置链接

“链接”选项是一些与页面的链接效果有关的设置。“链接颜色”定义超链接文本默认状态下的字体颜色，“变换图像链接”定义鼠标放在链接上时文本的颜色，“已访问链接”定义访问过的链接的颜色，“活动链接”定义活动链接的颜色，“下划线样式”可以定义链接的下划线样式，如图 3—15 所示。

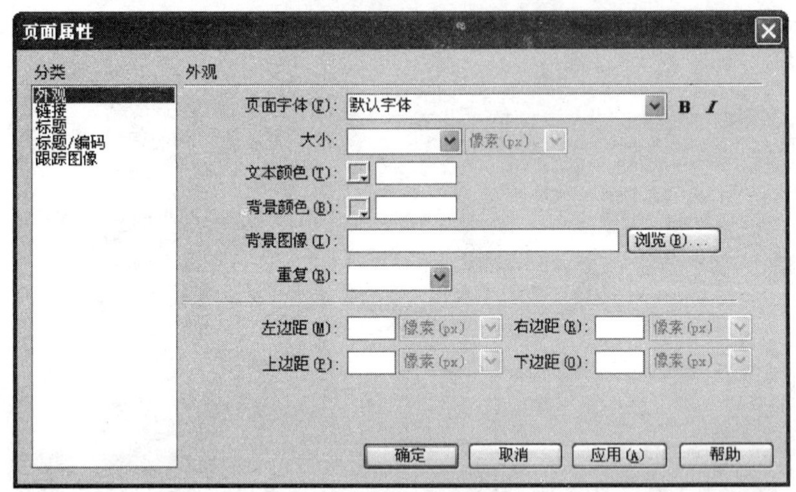

图 3—14　设置外观

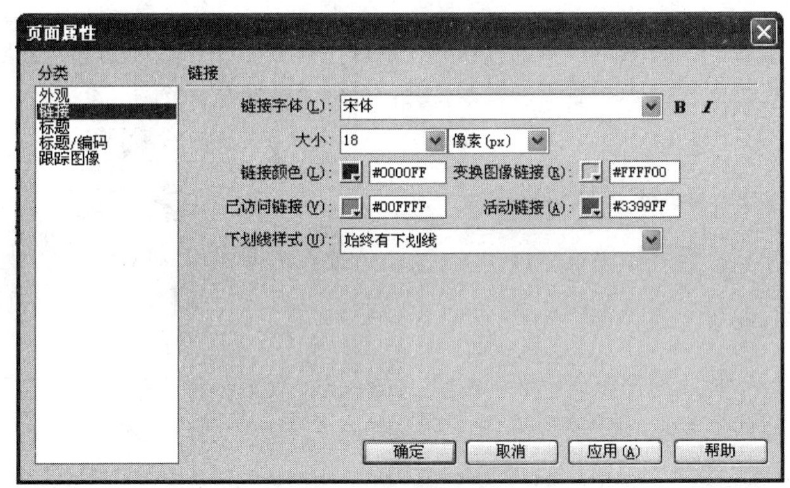

图 3—15　链接属性设置

3. 设置标题

"标题"用来设置标题字体的一些属性。如图 3—16 所示，在左侧"分类"列表中选择"标题"，这里的标题指的并不是页面的标题内容，而是可以应用在具体文章中各级不同标题上的一种标题字体样式。可以定义"标题字体"及 6 种预定义的标题字体样式，包括粗体、斜体、大小和颜色，可以按自己喜欢的风格进行设置。

4. 标题/编码设置

"标题/编码页面属性"用于指定制作 Web 页面时所用语言的文档编码类型。

5. 跟踪图像

小学生在一张白纸上写字，很难写得笔直，通常的做法是在纸下垫一张带较深颜色格子的硬纸做参考。网页制作时也可以在设计页面插入用做参考的跟踪图像，跟踪图像是放在制作页面窗口背景中的 JPEG、GIF 或 PNG 图像。可以隐藏图像、设置图像的不透明度和更改图像的位置。

如果想实现将鼠标放在文字上文字变为红色，并自动添加下划线，而鼠标离开时，文字恢复原状，下划线取消，其方法是在“页面属性”的“链接”中设置“变换图像链接”为红色，“下划线样式”为“仅在变换图像时显示下划线”即可。

图 3—16　标题设置

3.2.3　Dreamweaver 文本操作

1. 输入文本和插入对象

纵观整个网页，其中的组成部分无非是文本、图片、动画等对象。文本和图像是网页中最重要的组成元素。文本可以直接在页面中输入，也可以从其他文字处理软件中粘贴。图像、动画等元素可在“插入”菜单下选取相应对象直接插入，也可在“插入”面板中执行插入操作。

2. 文本属性设置

(1) 字体设置。选中页面中欲设置字体的文本，在对应的属性面板字体下拉列表框中选择字体名称即可。如果属性下拉列表框中没有所需要的字体，则选择“编辑字体列表”添加字体。

(2) 文字大小设置。选中页面中欲设置文字尺寸的文本，在属性面板的“大小”列表框中，选中合适的尺寸，页面中的文字大小随之改变。

(3) 文字颜色设置。属性面板的“大小”下拉列表框后面是颜色设置按钮。单击其右下角的倒立三角形后可展开颜色选择对话框，根据需要进行相应的选择即可。

提示：实际网页制作时字体、字号、颜色的设置是通过 CSS 样式表进行的，很少在属性面板中进行设置。

3. 插入日期

Dreamweaver 提供了一个方便的日期对象，该对象可以以任何格式插入当前日期（也可包含时间），还可以选择在每次保存文件时都自动更新日期。

4. 插入水平线

水平线对于组织信息很有用。在页面上，可以使用一条或多条水平线以可视方式分隔文本和对象。创建水平线的方法是：在“文档”窗口中，将插入点放在要插入水平线的位置，选择“插入→HTML→水平线”。

5. 插入邮件链接

单击电子邮件链接时，该链接打开一个相关联的邮件程序，在电子邮件消息窗口中，“收件人”文本框自动更新为显示电子邮件链接中指定的地址。在页面上将插入点放在希望出现电子邮件链接的位置，或者选择要作为电子邮件链接出现的文本或图像，选择“插入→电子邮件链接”，出现“电子邮件链接”对话框。

6. 插入特殊字符

通常需要在网页中插入版权、商标等特定字符，这时就要用到“特殊字符”功能。在页面制作窗口中，将插入点放在要插入特殊字符的位置，再从“插入→HTML→特殊字符”子菜单中选择相应的字符名称即可。

3.2.4 Dreamweaver 的图像操作

声泪俱下的哭诉，让所有人为之动容；图文并茂的展示，让网页丰富多彩。多媒体时代需要的网页使用最多的就是文字和图像。网页中图像的格式主要有 JPEG、GIF、PNG 三种，目前使用最多的是 JPEG 格式。仔细分析图像的日常操作主要有 4 种：插入图像、设置图像属性、使用鼠标经过图像、使用图像地图。

1. 插入图像

将图像插入网页时，Dreamweaver 自动在源代码中生成对该图像文件的引用。为了确保引用的正确性，该图像文件必须位于当前站点中。如果图像文件不在当前站点中，Dreamweaver会询问是否要将此文件复制到当前站点中。将插入点放置在要显示图像的地方，然后执行以下操作之一完成图像的插入。

- 在“插入”栏的“常用”类别中，单击“图像”图标。
- 在“插入”栏的“常用”类别中，将“图像”图标拖入网页窗口中（如果正处理代码，则拖入“代码”视图窗口中）。
- 选择“插入→图像”。
- 单击“窗口”菜单的“资源”显示资源面板，将图像从“资源”面板拖到网页窗口中的所需位置。
- 将图像从“站点”面板拖到“文档”窗口中的所需位置。
- 将图像从桌面或文件夹中拖到网页中的所需位置。

提示：当 Dreamweaver 询问是否要将此文件复制到当前站点中时，一定要选择“是”，而且图像文件必须复制到相应的 images 目录中，否则上传后图像不能正常显示。

2. 设置图像属性

选中图像，在相对应的“属性”栏中就可以进行图像属性设置，如图 3—17 所示。

在图像属性设置中可以进行宽、高、边框粗细、对齐方式等常规设置。“源文件”给出了图像的路径及文件名。“链接”用于指定图像链接目标。“替换”只显示文本的浏览器（或

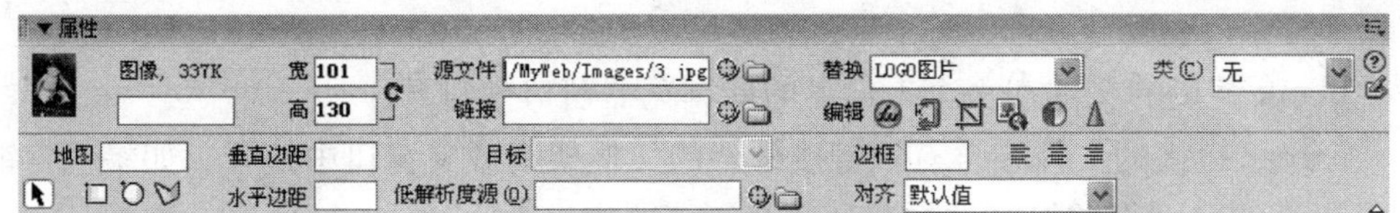

图 3—17　图像属性设置

已设置为手动下载图像的浏览器）中代替图像显示的替代文本，当鼠标指针滑过图像时也会显示该文本。“垂直边距”、“水平边距”则用于指定图像距离上部与左部的距离，“地图”名称和热点工具允许标注和创建客户端图像地图，“低解析度源”指定在载入主图像之前应该载入的图像。许多设计人员使用主图像的黑和白版本，因为它可以迅速载入并使访问者对他们等待看到的内容有所了解。“编辑”启动在“外部编辑器”首选参数中指定的图像编辑器并打开选定的图像。

3. 使用鼠标经过图像

鼠标经过图像是指鼠标指针移过它时发生变化的图像，通常用在导航条上。在网页中插入鼠标经过图像时将插入点放置在要显示鼠标经过图像的位置，在“插入”栏中，选择“常用”，然后单击“鼠标经过图像”图标；或者选择“插入→图像对象→鼠标经过图像”。出现“插入鼠标经过图像”对话框，依据提示选择“原始图像”、“鼠标经过图像”、“替换文本”、“按下时，前往的 URL”，如图 3—18 所示。

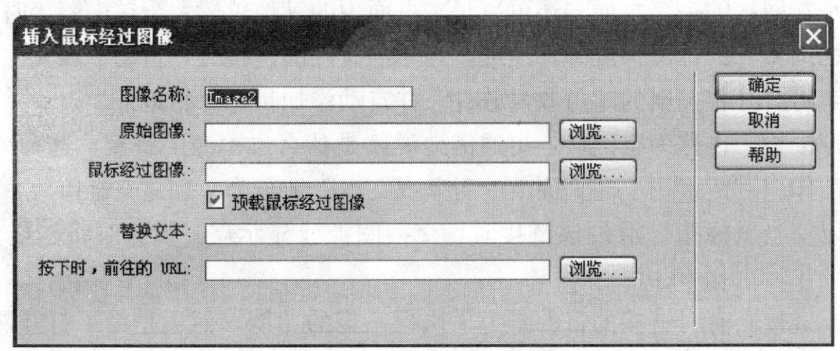

图 3—18　使用鼠标经过图像

4. 使用图像地图

图像地图是指已被分为多个区域（或称“热点”）的图像；当用户单击某个热点时，会发生某种操作。例如，网页上有一个人体图片，单击眼睛会链接到眼部介绍页面，单击耳朵会链接到耳部介绍页面，人体图片的每一个区域称为一个热点。

选中图像，在属性设置栏的“地图名称”文本框中为该图像地图输入唯一的名称。如果在同一文档中使用多个图像地图，则要确保每个地图都有唯一名称。选择圆形工具，并将鼠标指针拖至图像上，可以创建一个圆形热点；选择矩形工具，并将鼠标指针拖至图像上，则创建一个矩形热点；选择多边形工具，在各个顶点上单击，则可定义一个不规则形状的热点，然后单击箭头工具封闭此形状。

在“链接”文本框中，单击文件夹图标并通过浏览器选择在用户单击该热点时要打开的文件，或者输入此文件的名称。在“目标”下拉菜单中可以选择链接文件打开的窗口，具体含义如下：

- _ blank 链接的文件在一个未命名的新浏览器窗口中打开。
- _ parent 链接的文件在含有该链接框架的父框架集或父窗口中打开。如果包含链接的框架不是嵌套的，则将链接文件加载到整个浏览器窗口中。
- _ self 链接的文件在该链接所在的同一框架或窗口中。此目标是默认的，通常不需要指定。
- _ top 将链接的文件载入整个浏览器窗口中，会删除所有框架。

3.2.5 Dreamweaver 的链接操作

众多相关网页通过超级链接形成了一个整体，没有超级链接，网站就缺少了灵魂，一个个的网页就变成了孤舟。

1. 基础知识

(1) 绝对路径和相对路径。**绝对路径**是指页面文件在硬盘上的实际路径，绝对路径是完整的描述文件位置的路径。例如，logo. jpg 图片存放在 C：\ MyWeb \ Images 目录中，则 C：\ MyWeb \ Images 为绝对路径。**相对路径**是指与某文件夹相对应的路径。例如，/images/logo. jpg 就是相对路径，其意义为根目录下的 images 子目录中的 logo. jpg 文件。

(2) 链接目标。链接的目标有两种，一是网页，这个网页既可以是其他网站的某个页面，也可以是本网站的一个页面，还可以是本页面中的其他位置。当单击链接时将打开链接目标所指定的网页。二是文件或邮件地址，当单击文件的链接时，自动下载文件；当单击到邮件地址时，将打开相关联的邮件收发软件，并自动添加目标邮箱地址。

(3) 虚拟链接，也称为空链接，更通俗地说就是什么也不做的链接，这种链接单击后，不产生任何动作。空链接用于向页面上的对象或文本附加行为。创建空链接后，可向空链接附加行为，以便当鼠标指针滑过该链接时，交换图像或显示层。设置时将链接文本设置为“#”即可。

(4) 脚本链接。有时链接的目的是为了执行一定的功能，而不是为了打开网页或文件，而功能的实现需要编写脚本，这种链接就是**脚本链接**。脚本链接非常有用，能够在不离开当前网页的情况下，为访问者提供有关某项的附加信息。脚本链接还可用于在访问者单击特定项时，执行计算、表单验证和其他处理任务，在属性设置面板的链接文本框中输入脚本即可。

2. 链接的基本操作

文字、图片等均可作为链接类型，但最常用的链接类型是文本链接，操作步骤如下：

(1) 选中需要建立链接的文本或图像。

(2) 在属性面板中设置要链接文件的路径及文件名。设置链接文件有 3 种方法，一是直接输入，二是指向文件，三是浏览文件。直接输入即在文件框中直接输入路径及文件名，指向文件即拖动到一个文件以创建链接，而浏览文件则在磁盘中查找链接目标。

(3) 如果链接到邮件，则需要在邮箱地址前加上 Mailto。例如，链接到 Cuilh666@126. com，则在链接文本框中输入 Mailto：Cuilh666@126. com。

3.3　表格操作

网页上的大量文字、各种图片如何有序排版？如何将所有需要在网页上展现出来的素材都有序组织？目前方法有两个，一个是表格，另一个是层叠样式表（即 CSS＋DIV）。其中表格是最容易掌握、使用最多的一种方式，它以简洁明了和高效快捷的方式将图片、文本、数据和表单的元素有序地显示在页面上，可以设计出漂亮的页面。使用表格排版的页面在不同平台、不同分辨率的浏览器中都能保持其原有的布局，而在不同的浏览器平台有较好的兼容性。

3.3.1　表格的创建

大家都熟悉 Word 中的表格，其主要功能是用于做报表、分类展示数据。而网页中的表格则完全不同，主要功能是网页的布局定位，网页通过表格将页面中的不同内容分别放在不同部分。用表格进行网页定位不但规范、灵活，而且定位十分精确。

1. 插入表格

在文档窗口中，将光标放在需要创建表格的位置，单击“常用”快捷栏中的表格按钮，弹出“表格”对话框，指定表格的属性后，在文档窗口中插入设置的表格，如图 3—19 所示。

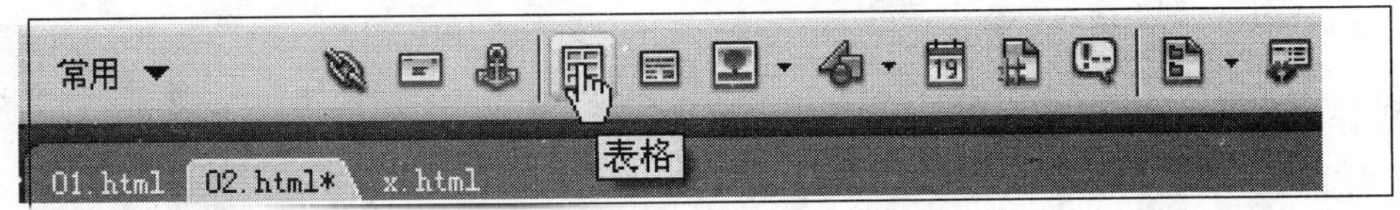

图 3—19　插入表格

“行数”文本框用来设置表格的行数；“列数”文本框用来设置表格的列数；“表格宽度”文本框用来设置表格的宽度，可以填入数值，紧随其后的下拉列表框用来设置宽度的单位，有两个选项——百分比和像素。当宽度的单位选择百分比时，表格的宽度会随浏览器窗口的大小而改变；“单元格边距”文本框用来设置单元格的内部空白的大小；“单元格间距”文本框用来设置单元格与单元格之间的距离；“边框粗细”用来设置表格边框的宽度；“页眉”定义页眉样式，可以在四种样式中选择一种。“标题”定义表格的标题；“对齐标题”定义表格标题的对齐方式；“摘要”可以对表格进行注释，如图 3—20 所示。

2. 选定表格

对于表格、行、列、单元格属性的设置是以选择这些对象为前提的。

【操作实例 3—3】选定表格。

步骤 1：选择整个表格。把鼠标放在表格边框的任意处，当出现箭头图标时单击即可选中整个表格，或在表格内任意处单击，然后在状态栏选中标签即可；或在单元格任意处单击鼠标右键，在弹出的菜单中选择“表格→选择表格”。

步骤 2：选中某一单元格。按住 Ctrl 键，鼠标在需要选中的单元格单击即可；或者选中状态栏中的〈td〉标签。

步骤 3：选中连续的单元格。按住鼠标左键从一个单元格的左上方开始向要连续选择单元格的方向拖动。要选中不连续的几个单元格，可以按住 Ctrl 键，单击要选择的所有单元格即可。

步骤 4：选择某一行或某一列。将光标移动到行左侧或列上方，鼠标指针变为向右或向下的箭头图标时，单击即可，如图 3—21 所示。

图 3—20　插入表格

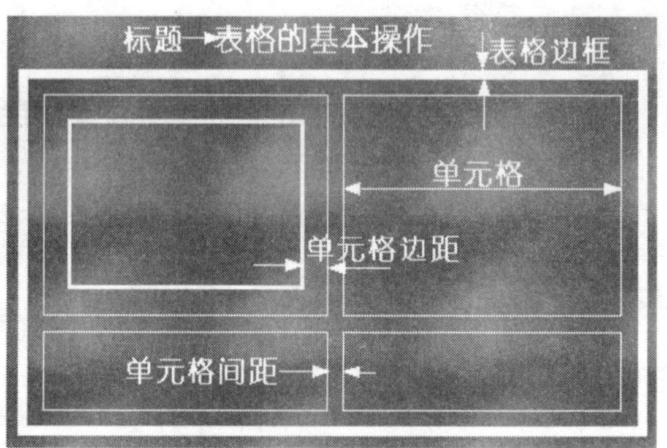

图 3—21　表格属性

【操作实例 3—4】插入表格。

步骤 1：启动 Dreamweaver，进入起始页，单击“新建项目→HTML”进入 Dreamweaver 工作界面。

步骤 2：在文档的设计视图窗口下，将光标定位在要插入表格的位置，然后选择主菜单“插入”下的表格选项插入表格。

步骤 3：进入“表格”对话框设置表格，表格的宽度为 300 像素，单元格为 5 行 2 列，边框粗细为 1px，单元格边距为 0，单元格间距为 3px。

步骤 4：在“页眉”选框下设置标题的形式为顶部。

步骤 5：在辅助功能框中输入表格的标题内容为“信息工程学校专业设置”。

步骤 6：输入相关文字内容，运行效果如图 3—22 所示。

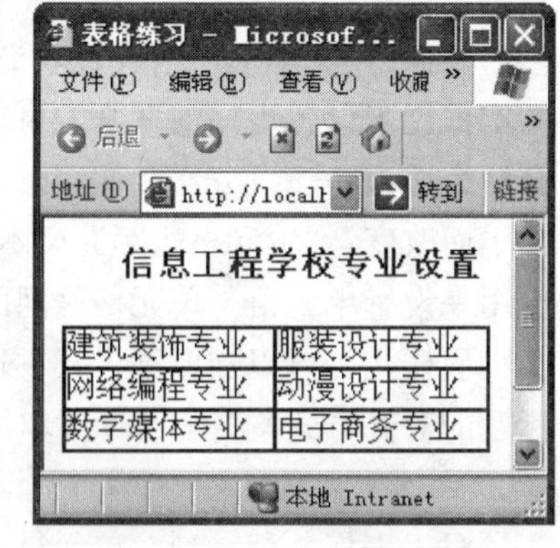

图 3—22　“表格”效果

3.3.2　表格的编辑

每一个表格都是由若干单元格组成的。实际工作中经常需要对表格和单元格进行各种编辑操作，具体包括尺寸的调整、行列的添加与删除、表格的嵌套、表格的复制和粘贴等。熟练掌握表格的编辑，对采用表格方式快速进行网页布局定位十分重要。

1. 设置表格属性

选中一个表格后，可以通过属性面板更改表格属性，如图 3—23 所示。

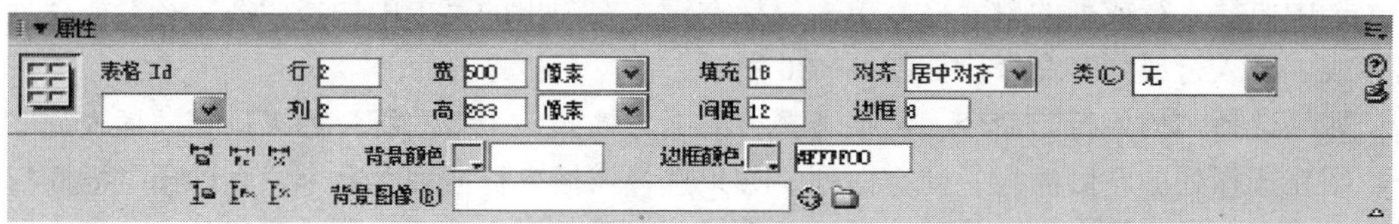

图 3—23 表格属性设置

“填充”文本框用来设置单元格边距，“间距”文本框用来设置单元格间距；“对齐”下拉列表框用来设置表格的对齐方式，默认的对齐方式为左对齐；“边框”文本框用来设置表格边框的宽度；“背景颜色”文本框用来设置表格的背景颜色；“边框颜色”用来设置表格边框的颜色；在“背景图像”文本框中填入表格背景图像的路径，可以给表格添加背景图像。也可以在图 3—24 中给文本框加上链接路径。还可以单击文本框后的“浏览”按钮，查找图像文件。在“选择图像源”对话框中定位并选择要设置为背景的图片，单击“确认”按钮即可，如图 3—24 所示。

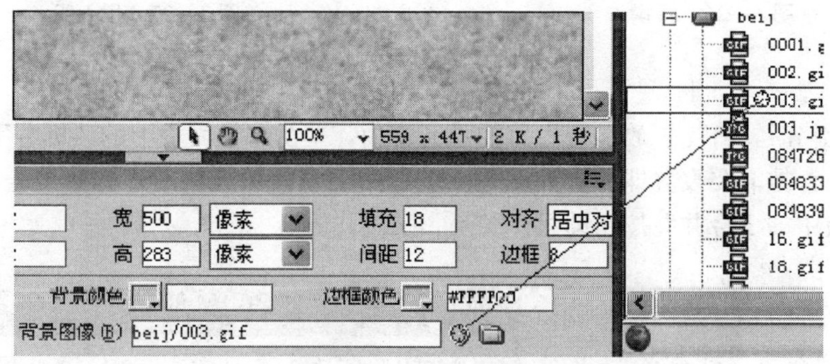

图 3—24 表格背景图片

2. 单元格属性

把光标移动到某个单元格内，利用单元格属性面板对该单元格的属性进行设置，如图 3—25 所示。

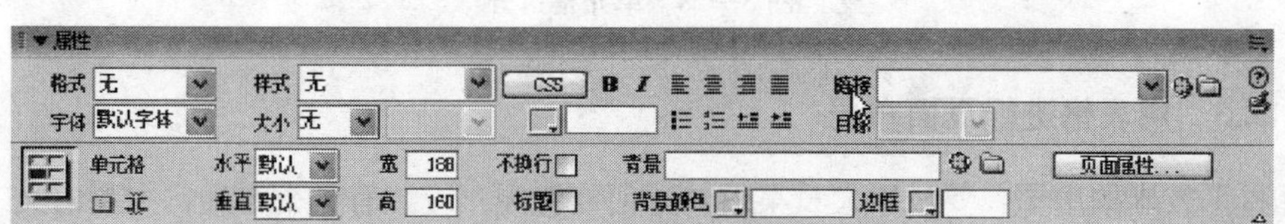

图 3—25 单元格属性设置

“水平”文本框用来设置单元格内元素的水平排版方式：居左、居右或者居中；“垂直”文本框用来设置单元格内的垂直排版方式：顶端对齐、底端对齐或者居中对齐；“高”、“宽”文本框用来设置单元格的宽度和高度；“不换行”复选框可以防止单元格中较长的文本自动换行；“标题”复选框使选择的单元格成为标题单元格，单元格内的文字自动以标题格式显示出来；“背景”文本框用来设置表格的背景图像；“背景颜色”文本框用来设置表格的背景颜色；“边框”文本框用来设置表格边框的颜色。

3. 表格的行和列

选中要插入行或列的单元格，单击鼠标右键，在弹出的菜单中选择“插入行”或“插入列”或“插入行或列”命令，如图 3—26 所示。

如果选择“插入行”命令，则在选择行的上方插入一个空白行；如果选择“插入列”命令，则在选择列的左侧插入一列空白列。如果选择“插入行或列”命令，则弹出“插入行或列”对话框，设置插入行还是列、插入的数量，以及是在当前选择的单元格的上方或下方还是左侧或右侧插入行或列，如图 3—27 所示。

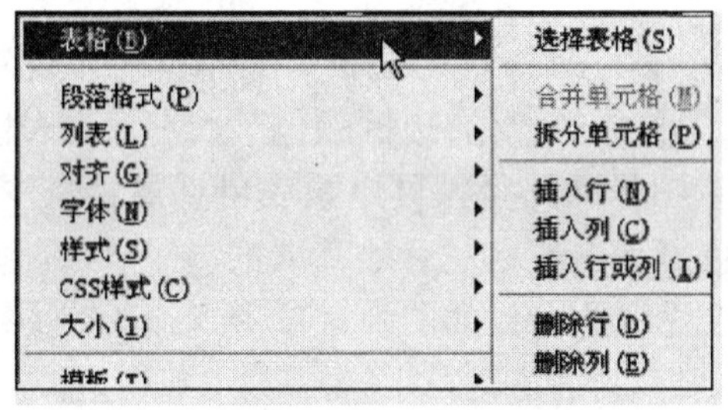

图 3—26　行操作

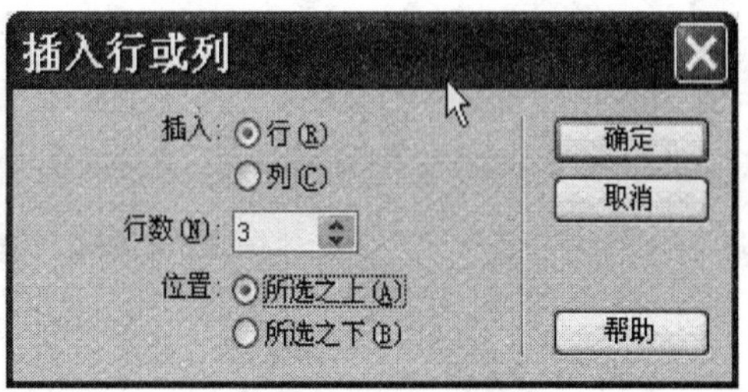

图 3—27　插入行

4. 拆分与合并单元格

拆分单元格时，将光标放在待拆分的单元格内，单击属性面板上的“拆分”按钮，在弹出的对话框中，按需要设置即可，如图 3—28 所示。合并单元格时，选中要合并的单元格，单击属性面板中的“合并”按钮即可。

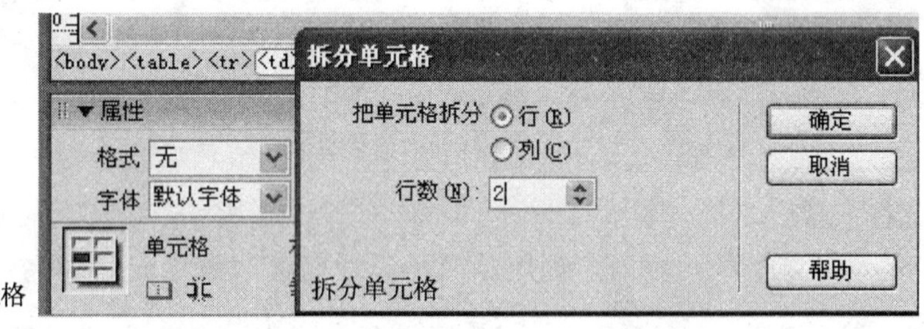

图 3—28　单元格拆分

3.3.3　用表格进行页面布局

几百平方米的房子，要放置大量桌椅，如何放置呢？应该有一个布局；大量的文字、图片要形成一个网页，又如何放置呢？也需要布局。网页布局主要有两种方式，一种是表格方式布局，另一种是 CSS+DIV，也就是样式和层。表格方式使用得极其广泛，实际应用中不但要掌握表格的应用方法，更要注意实际技巧的应用。

1. 表格在页面布局中的应用

采用表格方式布局的页面一般都是四表制，即头部一张表，导航栏一张表，体部一张表，尾部一张表。四张表的宽度相同，风格一致。

属性的设置除高度之外，四张表应该完全相同。一般行列均应设为 1，表格宽度应该根据分辨率设定，如果是1280×1024或1024×768的分辨率应该将宽度设为1000像素，如图3—29所示。而800×600的分辨率则应该设为750～800像素，习惯上设置为776像素。边框粗细、单元格边距、单元格间距均设为0像素。

这四张表格，除体部之外，都十分简单。体部表格则较为复杂，一般的做法是将体部表格竖向拆分之后，再嵌套表格，实现体部的布局，如图3—30所示。

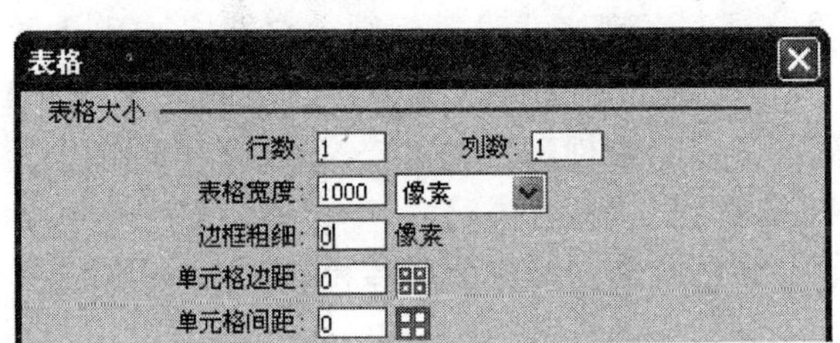

图3—29 “表格”对话框

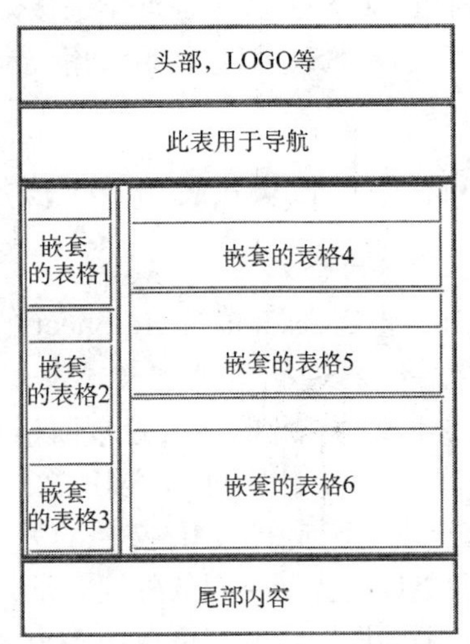

图3—30 页面布局表格属性的设置

应用提示：实际使用时，先在页面中插入一张表格，进行全部属性设置后，直接利用这张表格复制三张表格即可快速搭建网页的整体框架。

2. 表格布局的注意事项

(1) 严禁一表到底。所谓一表到底就是整个页面由一张大表格做框架，经过拆分、嵌套形成整体布局。一表到底不利于布局，同时网页打开速度极其缓慢。实际使用时，要用多张表格上下排列形成整体布局，严禁使用一表到底。

(2) 表格不可行、列同时拆分。页面制作人员在实际制作时最头痛的就是表格总是串位，总是无法轻松驾驭。其实，原因只有一个，就是拆分不当。表格的拆分有一个重要原则就是单向拆分，更通俗地说就是表格只能沿一个方向拆分。例如，可以将表格拆分为三列，但是拆分为三列的表格就不能再进行横向拆分了，否则表格极难定位。

(3) 要注意嵌套表格时尺寸的设定，表格内部嵌套表格时其长度的设定只能使用百分比，不能设定实际像素数。例如，可以将表格的宽度设置为99%，但不能设置为120像素。这是因为整体表格发生变化时，用百分比方式设定的表格可以根据父表格的变化而自动调整，而采用像素为单位的设置方法，一旦外表格调整后，将破坏整体表格的布局。

(4) 表格边框设置。由于页面布局中使用表格的主要目的是版面定位，所以，表格边框宽度为0像素。

3.4　样式和层操作

在网页版面布局的两种方式中，表格方式是最常用、最简单、最易用的大众化的布局方式，也是多年来一直广泛使用的网页排版方式，目前大部分网站都采用表格方式布局。而CSS＋DIV布局方式则是近年来逐渐流行的一种全新的网页面局方法。CSS即层叠样式表，DIV即层，CSS＋DIV则是采用层和样式表进行精确布局的方法，也是网页面局技术发展的流行趋势。

3.4.1　CSS样式表和DIV层的概念

1. CSS的含义

CSS是Cascading Style Sheet的简称，翻译成中文的含义就是"层叠样式表单"，一般称做"层叠样式表"，或"样式表"。它实质上是一系列格式设置规则，它们控制Web页面内容的外观。使用CSS设置页面格式时，内容与表现形式是相互分开的。页面内容（HTML代码）位于自身的HTML文件中，而定义代码表现形式的CSS规则位于另一个文件（外部样式表）或HTML文档的另一部分（通常为〈head〉部分）中。使用CSS可以非常灵活并更好地控制页面的外观，从精确的布局定位到特定的字体和样式等。之所以称做"层叠"是因为同一段文字可以用多个样式表从不同角度进行修饰，可以使用一个样式表设置颜色，使用另一个样式表设置字体。

举个例子，在Word中有一个"格式刷"，选中一段设置精美格式的文字并单击"格式刷"后，在欲设置格式的一段文字上轻轻一刷，这段文字格式就设置完毕。网页制作中的CSS与Word中的格式刷极为类似，只需要将文字的字体、字号、颜色、行距以及其他风格设置成样式并存储，在需要设置为这一格式的地方，选中欲设置的文本，轻轻一刷即可完成设置工作。

2. CSS样式的分类

CSS样式表按其位置的不同可以分为内联样式（Inline Style）、内部样式表（Internal Style Sheet）、外部样式表（External Style Sheet）三类。

（1）内联样式（Inline Style）。内联样式是写在HTML标记之中的，它只针对自己所在的标记起作用。例如：

```
〈p style = "font-size:12px;color:green;"〉美丽的鹤城,我的家〈/P〉
```

上面的实例中，以〈p〉标记开始，〈/p〉标记结束构成了一个文字段落，其中的style定义段落中的字体大小是12像素，颜色为绿色，其作用范围是该段内部。

（2）内部样式表（Internal Style Sheet）。内部样式表写在〈head〉〈/head〉里面，只针对所在的HTML页面有效。

（3）外部样式表（External Style Sheet）。把内联样式表中的〈style〉〈/style〉之间的样式规则定义语句放在一个单独的外部文件中，这个外部文件就是外部样式表文件，其扩展名是.css。一个外部样式表文件可以通过〈link〉标签连接到多个任意HTML文档中。

3. 层的含义

层是一种HTML页面元素，可以将它定位在页面上的任意位置。图层除了可以像表格一样设定背景、位置、自由移动、响应事件、控制显示外，还能轻松建立三维效果，使网页中的对象在垂直方向互相重叠，配合 Timeline 的应用还可以做出意想不到的效果，使网页更加生动，动感十足。因此，局部处理图层能给网页增色不少。使用 CSS 的时候，主要把它用在 DIV 上。当把文字、图像等放在 DIV 中时，它可称做“DIV block”，或“DIV element”、“CSS-layer”，也可简称“layer”，中文把它称做“层次”。以后看到这些名词的时候，就知道它们是指一段在 DIV 中的 HTML。

4. CSS+DIV 的页面排版优越之处

采用 CSS+DIV 进行网页布局与采用表格方式进行网页布局相比具有以下 3 个显著优势。

（1）表现和内容相分离。CSS 是以独立的外部样式表文件存在的，而实际显示的文本内容则存放于 HTML 文件中。如果用表格方式布局，样式与文本内容是混合在一起的。这种组成结果对搜索引擎更加友好，更有利于页面被百度、雅虎等搜索引擎收录。

（2）提高页面浏览速度。样式与内容的分离，最直接的特征就是 HTML 中大量用于样式设置的标签不见了，原本臃肿的 HTML 文件得到瘦身，网页文件大大变小，页面的浏览速度随之提高。

（3）易于维护和改版。采用 CSS+DIV 的页面布局方式，原本要修改的数十处乃至数百处格式，只需要在 CSS 中进行一次修改，所有使用该样式处全部随之改变。只要简单地修改几个 CSS 文件就可以重新设计整个网站的页面。

3.4.2 样式表的创建

创建样式表文件的方法很多，常用的有以下几种。

1. 用“文件”菜单的新建子菜单创建

方法一：单击“文件→新建→基本页→CSS”，建立外部样式表文件。

方法二：单击“文件→新建→CSS 样式表”，调出各类预存的 CSS 样式表，从中选择样式，然后单击“创建”，将自动创建样式表文件，样式表文件创建后可以进行修改。

2. 用样式浮动面板创建

选择“窗口→CSS 样式”，也可按 Shift+F11 快捷键打开样式浮动面板，单击鼠标右键，在弹出的子菜单中选择“新建”命令。

3. 用“文本”菜单的 CSS 样式创建

单击“文本”菜单下的“CSS 样式”子菜单中的“新建”，弹出“新建 CSS 规则”对话框，子菜单中共有以下三项，如图 3—31 所示。

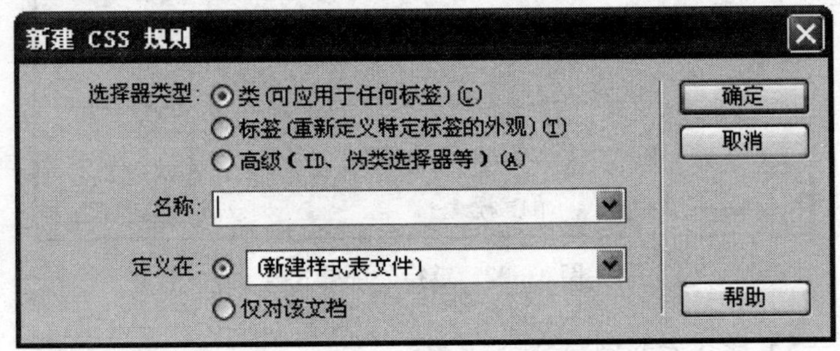

图 3—31 新建 CSS 规则

（1）选择器类型。选择器即样式套用的对象，通常是 HTML 标记。其中“类”可以应用于任何标签，更简单地说就是选择器类型设为“类”定义的标签，是通用的标签，可以应用于网页上的任何地方、任何 HTML 标记上。其中“标签”用于重新定义特定标签的外观。网页的母语是 HTML 语言，每个 HTML 标记都有默认的属性，实现默认的效果，使用“标签”可以改变这些默认效果。例如，在“名称”下拉列表中选择“table”，则整个网页中所有表格的默认效果全都是该 CSS 样式所设置的效果。“高级”为特定的组合标签定义层叠样式表，使用 ID 作为属性，以保证文档具有唯一可用的值。高级样式是一种特殊类型的样式。

（2）名称。在“选择器类型”选项下面是一个变化的栏目，随“选择器类型”的选择而变化。

如果在“选择器类型”中选择“类”，则该处显示“名称”，在其后直接填入类的名称即可。要特别注意，对于自定义样式，名称前必须有圆点（·）。如果在“选择器类型”中选择“标签”，则该处显示“标签”，在此处输入或选择 HTML 标记。如果在“选择器类型”中选择“高级”，此处则变为“选择器”，其下拉列表中共有 4 个选项，即 a：link、a：visited、a：hover、a：active。a：link 设置对象在未被访问前的样式表属性；a：visited 设置对象在链接地址已被访问过时的样式表属性；a：hover 设置对象在其鼠标悬停时的样式表属性；a：active 设置对象在被用户激活（在鼠标单击与释放之间发生的事件）时的样式表属性。

（3）定义在。“定义在该文档”只作用在当前文档，其优点是创建完成后就直接应用到当前文档。“新建样式表文件”创建出一个独立的外部 CSS 样式表文件，多个文档可以链接到外部 CSS 样式表文件，其优点是只要修改外部的 CSS 样式表文件，所有链接到该样式表文件的文档格式都会自动发生改变。

3.4.3 外部层叠样式表的链接

样式表可以实现网页的各种不同风格。如何将他人建立好的样式表引入到自己的网页中呢？如何使用 Internet 上大量的编写好的样式表文件呢？这就是外部样式表的链接。若要链接外部 CSS 样式表，打开“CSS 样式”面板，可执行下列操作：

（1）选择“窗口→CSS 样式”，也可按 Shift＋F11 快捷键。

（2）在“CSS 样式”面板中，单击“附加样式表”按钮，或单击该面板顶部右边的三角按钮，从弹出的菜单中选择“附加样式表”。

（3）完成对话框设置，然后单击“确定”按钮，如图 3—32 所示。

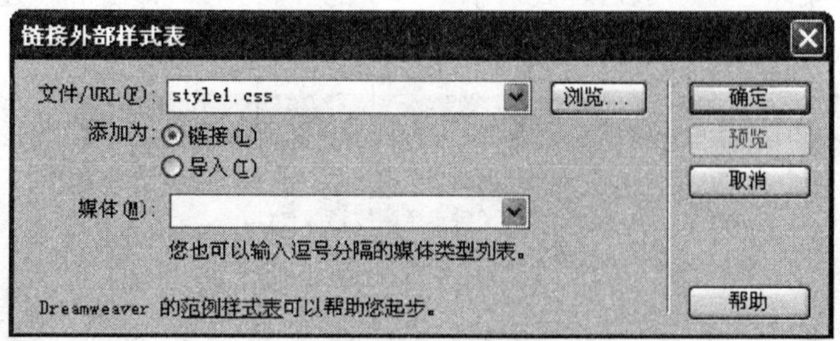

图 3—32 链接外部样式表

【操作实例 3—5】样式表的创建。

步骤 1：启动 Dreamweaver，进入起始页，单击“新建项目”，HTML 进入 Dreamweaver 工作界面。

步骤 2：输入文字，选择“文本→CSS 样式→新建”调出样式对话框，选择器的类型为“类”，在名称框里输入样式名如“.cs1”，在“定义在”栏中选择“(新建样式表文件)”，设置如图 3—33 所示，单击“确定”按钮。

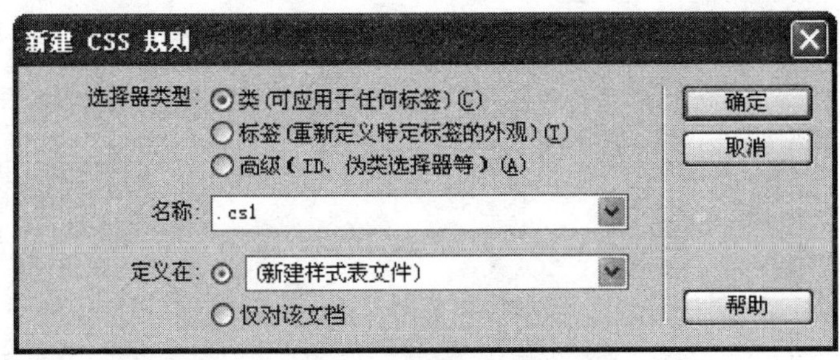

图 3—33　链接外部样式表

步骤 3：进入 CSS 样式定义对话框，设置该样式，如图 3—34 所示。

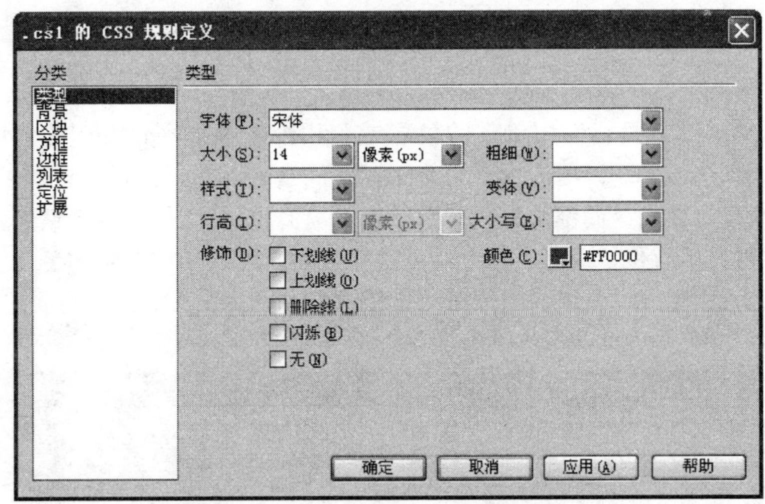

图 3—34　CSS 样式定义对话框

步骤 4：在文档中选中文字，在属性栏的样式一栏中选择 .cs1 的样式。

3.4.4　设置 CSS 样式

新建 CSS 样式的最后一步就是设置 CSS 样式，也就是 CSS 规则定义，通过设置 CSS 样式，具体定义字体、字号、行高等类型，以及背景、边框等项目。在 CSS 规则定义中具体包括类型、背景、区块、方框、边框、列表、定位、扩展 8 类。

1. 设置 CSS 规则的“类型”

CSS 规则的“类型”设置包括 8 项：字体、大小、粗细、样式、变体、行高、大小写、修饰、颜色，分别用于设置字体名称、字号大小、字体的加粗程度、字体样式（斜体、偏斜体）、变体、两行之间的距离、英文的大小写设定、各种修饰（下划线、上划线、删除线、闪烁）。其中最为重要的是行高的设定，在 Dreamweaver 的属性面板中没有设置行高的选项，初学者往往不知道在哪设置行高，其实行高的设置是通过 CSS 样式设置实现的。粗细值设为“400”时相当于正常字体，而设置为“700”时相当于粗体，如图 3—35 所示。

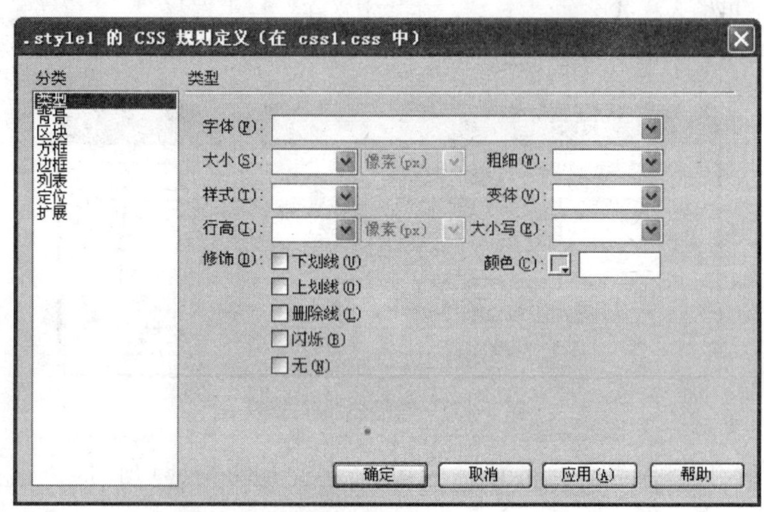

图 3—35　CSS 规则定义中的“类型”设置

2. 设置 CSS 规则的“背景”

在 HTML 中，背景只能使用单一的色彩或利用图像水平垂直方向的平铺。使用 CSS 后，有了更加灵活的设置。该项的主要功能是设置网页的背景，包括背景颜色，背景图像，重复（包括不重复、横向纵向都重复、横向重复、纵向重复），附件（包括图像滚动、图像固定），水平位置，垂直位置进行了设定。设定完成后，网页中的背景颜色、背景图像将以此设定值变更。其中附件设置中的图像滚动是相对整个网页窗口的滚动与固定，如图 3—36 所示。

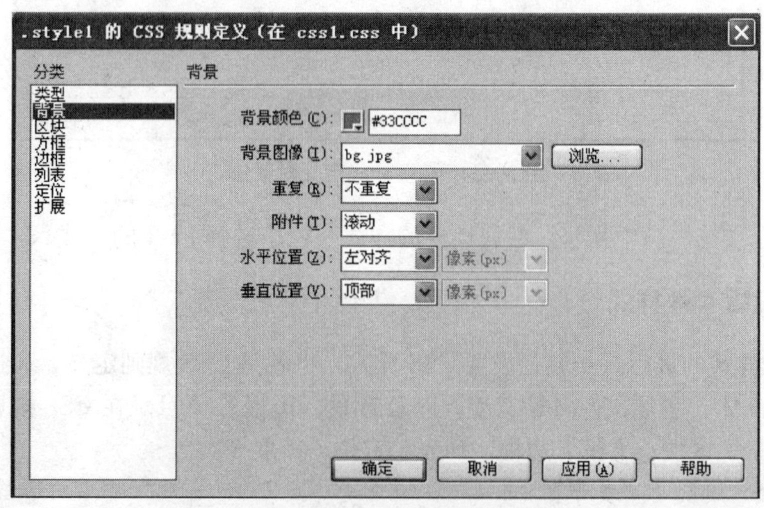

图 3—36　CSS 规则定义中的“背景”设置

3. 设置 CSS 规则的“区块”

这是一组对 CSS+DIV 版面设置中的区块进行设置的选项，包括单词间距、字母间距、垂直对齐、文本对齐、文字缩进、空格、显示 7 项设置。其中“空格”确定如何处理元素中的空格，在其右侧选择“正常”为收缩空格；“保留”为保留所有空白，包括空格、制表符和回车；“不换行”指仅遇到 br 标签时文本才换行；“显示”指定是否以及如何显示元素，如图 3—37 所示。

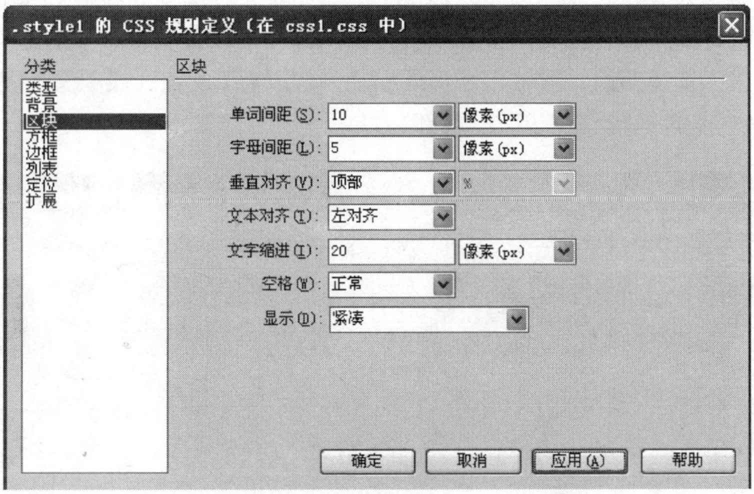

图 3—37　CSS 规则定义中的“区块”设置

4. 设置 CSS 规则的“方框”

“方框”用来定义各种距离，如间距、边距等都在这里设定，包括宽、高、填充、边界等。其中“浮动”选项可以将元素移动到页面范围之外；“清除”选项定义不允许层出现应用样式的元素的某个侧边；“填充”定义应用样式的元素内容和元素边界之间的空白大小；“边界”定义应用样式的元素边界和其他元素之间的空白大小，如图 3—38 所示。

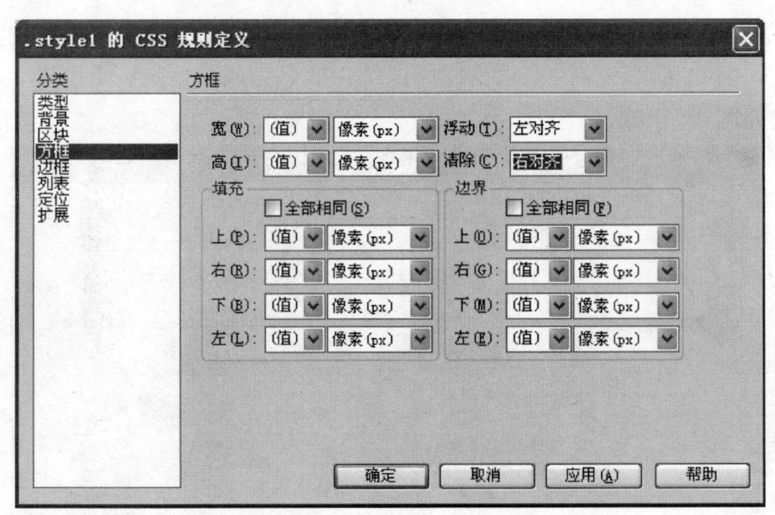

图 3—38　CSS 规则定义中的“方框”设置

5. 设置 CSS 规则的“边框”

“边框”样式设置可以给对象添加边框，设置边框的颜色、粗细、样式，可分别加上、下、左、右的边框。例如，只加一个下边框，且设为虚线边框，这样可以在所选元素下显示一条虚线。“边框”设置包括样式、宽度、颜色三个内容，可以分别对上、右、下、左 4 个边框进行设置。

6. 设置 CSS 规则的“列表”

CSS 规则的“列表”包括 3 个部分：类型、项目符号图像、位置，如图 3—39 所示。“类型”设置项目符号或编号的外观。“项目符号图像”可以为项目符号指定自定义图像。单击“浏览”按钮可选择图像，或输入图像的路径。“位置”设置列表项文本是否换行和缩进（外部）以及文本是否换行到左边距（内部）。

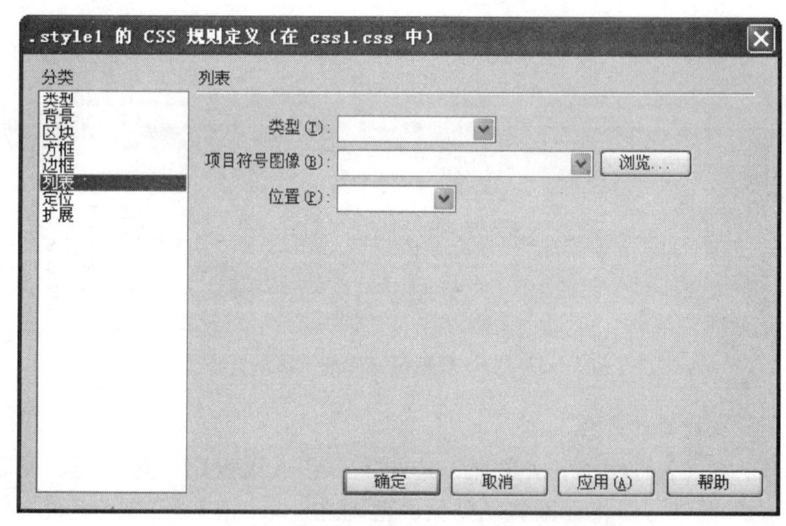

图 3—39　CSS 规则定义中的“列表”设置

7. 设置 CSS 规则的“定位”

“定位”是用于“层”设置的一个选项，由于在 Dreamweaver 中提供了更方便的可视化的层制作功能，因此在实际应用中很少使用定位功能，它还包括上、下、左、右 4 个方位的置入和裁切，如图 3—40 所示。

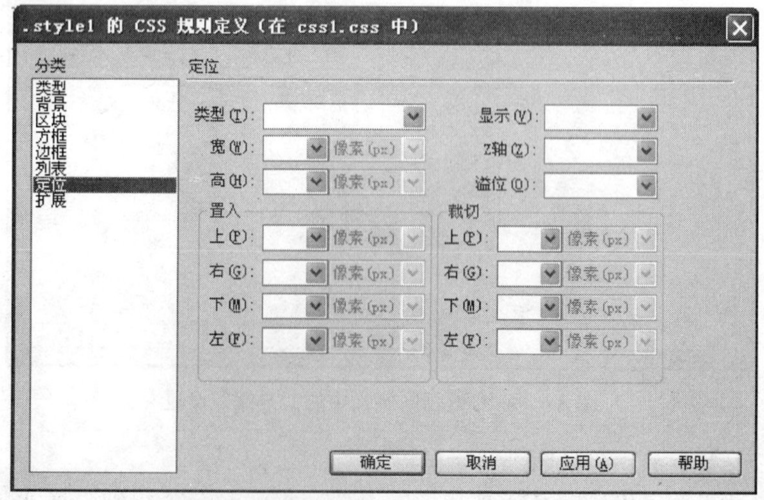

图 3—40　CSS 规则定义中的“定位”设置

8. 设置 CSS 规则的“扩展”

CSS 规则的“扩展”用来实现一些扩展功能，主要包括 3 种效果：分页、光标和过滤器。分页就是指打印网页的内容时在指定位置停止，换页后继续打印在下一页纸上。“分页”通过样式来为网页添加分页符号，允许用户指定在某元素之前或之后分页；“光标”通过样式改变鼠标形状，鼠标放置于被此项设置修饰的区域上时，形状会发生改变，如 Hand（手）、CrossHair（交叉十字）等；“滤镜”是指使用 CSS 语言实现各种滤镜效果，Dreamweaver 在下拉列表框中提供了如 Alpha（透明效果）、Blru（模糊效果）等多种滤镜效果，如图 3—41 所示。

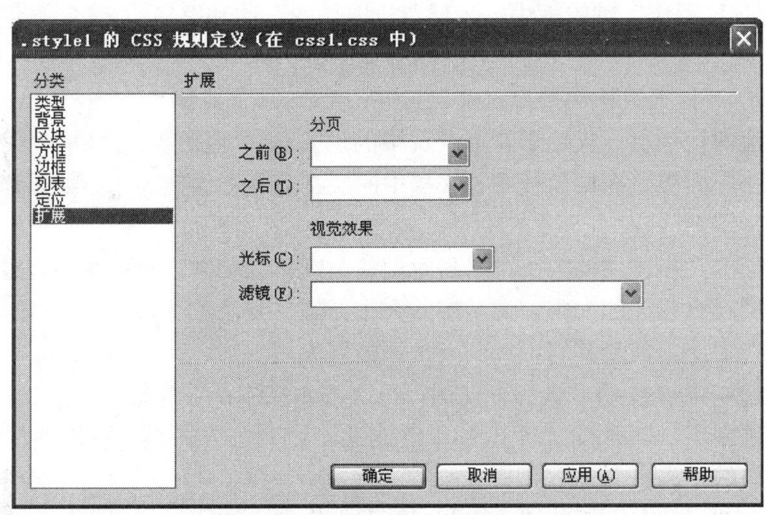

图 3—41　CSS 规则定义中的“扩展”设置

在网页制作过程中，一般要先根据需要进行 CSS 样式设置，然后再用 CSS 样式对文本进行设置。

3.4.5　层的创建和编辑

1. 层的创建

层的创建可以通过以下两种方法：

方法一：在“插入”面板中选择“布局”。单击“层”按钮，此时光标在页面中显示为一个小十字，拖动鼠标，拉出一个矩形框，创建一个图层。

方法二：在菜单中选择“插入”。将插入点定位于网页编辑窗口中，选择主菜单“插入”，单击“布局”选项，在下拉菜单中单击“层”按钮，此时插入的层在网页中的位置的尺寸是默认的。

2. 嵌套层

所谓嵌套层是指包含在其他层中的层。嵌套层能够确保该层永远位于其父层的上方。创建嵌套层，首先将插入点放置在已创建的层中，然后选择主菜单“插入”下的“布局”选项，在下拉菜单中单击“层”按钮即可插入嵌套层。

3. 层的编辑

(1) 层的“属性”面板。在层的“属性”面板中可以设置层的各项属性，主要属性设置方法如下：

① 在“层编号”编辑框中设置当前层的名称。

② 在“左”和“上”编辑框中设置层相对于页面或其父层左上角的位置。在“宽”和“高”编辑框中设置层的宽度与高度。在“Z 轴”编辑框中设置层的层次属性值。

③ 在“可见性”下拉列表框中设置层的可见性。使用脚本语言（如 JavaScript）可以控制层的动态显示和隐藏。其中 Default 代表不指明层的可见性；Inherit（继承）代表可以继承其父级层的可见性；Visible（可见）代表可以隐藏层及其包含的内容，无论其父级层是否可见；Hidden（隐藏）代表可以隐藏层及其包含的内容，无论其父级层是否可见。

④ 在“背景层图像”编辑框中输入层背景图像的名称和路径，“背景颜色”设置层的背景颜色。

⑤ 在“类”下拉列表框中选择已经设置好的 CSS 样式或新建 CSS 样式。

（2）显示层面板。层面板用于管理网页中的层。选择主菜单“窗口”下的“层”选项，即可显示或隐藏层面板。在层面板中，文档中的层都显示在层列表中，如果存在嵌套层，则以树状结构显示层的嵌套。

（3）调整层的大小。层的大小可以随意调整。既可以单独调整一个层，也可以同时调整多个层，使它们具有相同的大小。调整层的大小，操作方法如下：

方法一：选中层，拖动其周围控制点来调整层大小。

方法二：选中层，按 Ctrl 键和方向键，每次增大或缩小 1 像素。

方法三：选中层，同时按 Ctrl＋Shift 快捷键，然后按方向键，可以使层的大小每次改变一个网格单位的距离。

方法四：在“属性”面板的“宽”和“高”编辑框中输入层的精确尺寸进行调整。

方法五：调整多个层的大小，可在网页编辑窗口中选中这些层，选择主菜单“修改”下的“对齐”选项，在下拉菜单中单击“设成宽度相同”或“设成高度相同”菜单，以最后一个选中层的大小为标准，调整其他层，使它们具有相同的宽度或高度。也可在“属性”面板的“宽”和“高”文本框中输入宽度和高度值，该值将应用于所有被选中的层。

（4）移动层。层的位置可以任意移动，其操作方法有以下 3 种：

方法一：选中层，拖动层的边框。

方法二：选中层，用小键盘上的方向键调整，每次移动 1 像素。

方法三：选中层，按 Shift 键和方向键，可以快速移动层，每次移动一个网格单位的距离。

（5）对齐层。进行对齐层操作时，先选中层，再选择主菜单“修改”下的“对齐”命令，然后在其子菜单中选择对齐方式。对齐方式主要有左对齐、右对齐、对齐上缘、对齐下缘。

（6）改变层的重叠顺序。要在层面板中改变层的重叠顺序，操作方法如下：

① 单击菜单“窗口”下的“层”命令，打开层面板。

② 选择层并向上或向下拖动层。在“Z 轴”输入框中，单击层的 Z 值，并输入新值。当输入比现有值大的数值时，该层将向上移动；当输入比现有值小的数值时，该层将向下移动。

3.5 模板操作

3.5.1 模板概述

仔细观察创意各异的网站，都有一个共同的特征，除了首页外，其他各个子页面的结构、风格基本相同，不同的只是其中的文字、图片等内容。再仔细观察浩如烟海的网站，发现每个网站有几十甚至几百、上千个子页面，畏难情绪顿生。其实，不要怕，不要急，这很容易理解，生活中处处有这样的例子。例如，一本书中的每一章，除了第一页外，其他各页在布局、页眉、页脚、行距等方面完全相同。

聪明的人不难发现，做一个网站，只需要把首页做好，然后再完成一个子页面，其他页面则用子页面"克隆"即可。这个"克隆"好比制作面包的模具，可以批量生成网站的子页面，这便是网页的模板。

1. 网页模板的定义

网页模板就是为了快速生成网站的各页面，而制作的网页框架，使用网页编辑软件输入各个页面需要的内容，生成各个子页面，其扩展名为 dwt。制作完成后，系统自动在站点中生成 Templates 文件夹。使用时要注意，不要将模板文件移出模板文件夹，也不要将其他非模板文件存入模板文件夹中。

2. 网页模板的本质

模板的本质就是在一个普通的网页上定义哪里可以编辑，哪里不可以编辑，可以编辑的地方在用模板生成的子页面上可以随意添加内容、更改内容，不可以编辑的地方则作为各自页面的公共部分存在。现在以书为例介绍，模板就好像一本书的整体风格样式，也就是样章，而书中每一页的内容、图片则是可编辑区，内容各不相同，可以随意更改；而页眉、页脚则相当于不可编辑区，不能随意更改。如果要更改页眉、页脚，必须在模板中进行更改，而模板一旦更改，整个网站中所有用模板生成的页面都将改变。

3. 使用网页模板创建网页的原因

很多初学者对网页模板十分漠视，但是必须走近网页模板、了解网页模板，才能爱上模板，并且在网站制作的漫漫职场中长相伴、永相随。为什么不直接编写网页，而使用模板创建网页呢？使用网页模板有哪些优点呢？

（1）可以快速制作网站。不管是几十个，还是几百个，鼠标轻点，弹指之间，所有子页面全部搞定，剩余的工作只需要用户自行录入内容即可。使用网页模板大大提高了网页的制作速度。以前，需要花费专业网页设计师一两个月制作的网站，而现在使用模板可以在短短一两周内完成整个网站的制作。

（2）可以快速修改网站。用模板制作的子页面，当需要对整体风格进行修改时，不必"页页"躬亲，只需要修改模板，各个子页面将自动更新。

（3）降低制作成本。制作时间缩短了，制作人员减少了，制作效率提升了，制作成本随之降低了。

（4）可以借鉴成熟经验。目前 Internet 上有大量的免费模板，可以供自由使用，每一个模板无不是专业人士呕心沥血、几经推敲的得意之作，大可放心地拿来使用。

3.5.2　创建模板

使用模板前需先创建模板。创建模板最常见的方法是先设计好一个普通页面，再将页面另存为模板。

1. 模板中的几个区域的概念

可编辑区域是基于模板的文档中的未锁定区域，它是模板用户可以编辑的部分。制作模板时可以将模板的任何区域指定为可编辑区。要让模板生效，至少应该包含一个可编辑区域；否则，将无法编辑基于该模板的页面。

重复区域是文档中设置为重复的布局部分。例如，可以设置重复一个表格行。通常重复部分是可编辑的，这样模板用户可以编辑重复元素中的内容，同时使设计本身处于模板创作者的控制之下。在基于模板的文档中，模板用户可以根据需要使用重复区域控制选项添加或删除重复区域的副本。在模板中插入的重复区域共有两种类型：重复区域和重复表格。

可选区域是在模板中指定为可选的部分，用于保存有可能在基于模板的文档中出现的内容（如可选文本或图像）。在基于模板的页面上，模板用户控制是否显示内容。

可编辑标签属性可以在模板中解锁标签属性，以便该属性可以在基于模板的页面中编辑。例如，“锁定”在文档中出现的图像，以让模板用户将对齐设置为左对齐、右对齐或居中对齐。

2. 模板创建的三种方法

方法一：直接创建模板。选择“窗口→资源”命令，打开“资源”面板，切换到模板子面板，如图 3—42 所示。

单击模板面板上的“扩展”按钮，在弹出的菜单中选择“新建模板”，此时在浏览窗口出现一个未命名的模板文件，给模板命名，如图 3—43 所示。单击“编辑”按钮，打开模板进行编辑。编辑完成后，保存模板，完成模板建立。

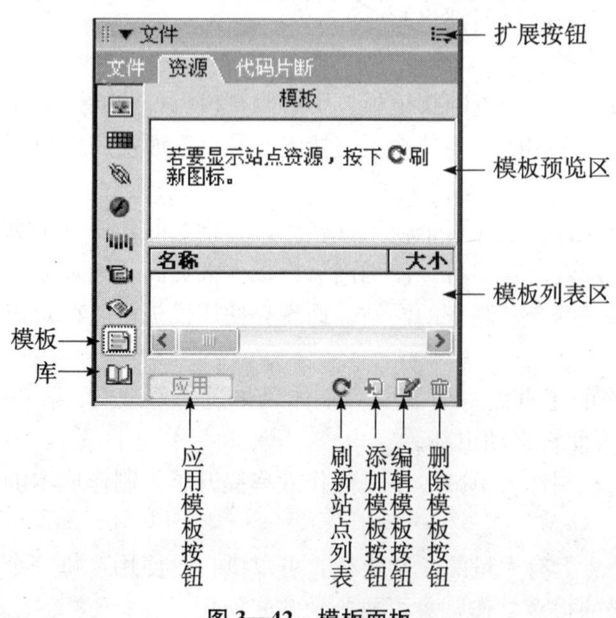

图 3—42　模板面板

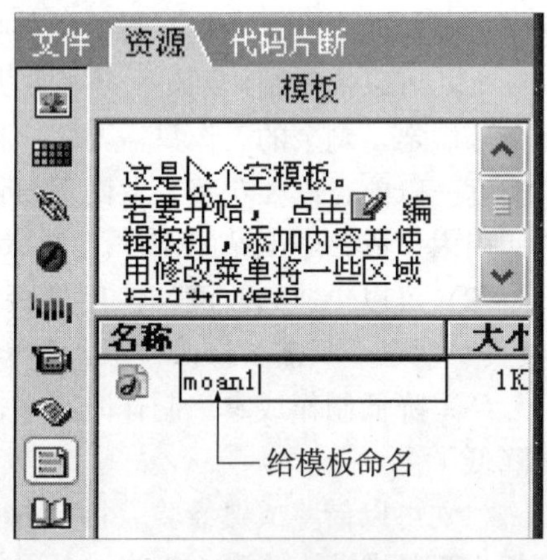

图 3—43　模板命名

方法二：将普通网页另存为模板。打开一个已经制作完成的网页，删除网页中不需要的部分，保留整个网站各页面共同需要的区域。选择“文件→另存为模板”命令将网页另存为模板。在弹出的“另存为模板”对话框中，“站点”下拉列表框用来设置模板保存的站点，“现存的模板”文本框显示了当前站点的所有模板。单击“另存为模板”对话框中的“保存”按钮，把当前网页转换为模板，同时将模板另存到选择的站点，如图 3—44 所示。

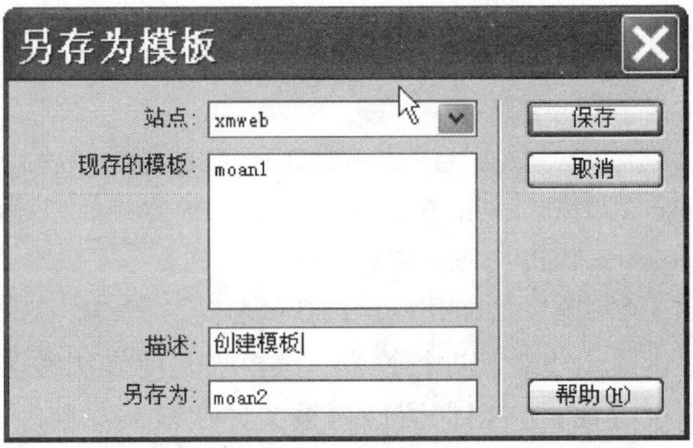

图 3—44　模板另存为

单击“保存”按钮，保存模板。系统将自动在根目录下创建 Template 文件夹，并将创建的模板文件保存在该文件夹中。在保存模板时，如果模板中没有定义任何可编辑区域，系统将显示警告信息。可以先单击“确定”按钮，以后再定义可编辑区域。

方法三：从文件菜单新建模板。选择“文件→新建”命令，打开“新建文档”对话框，然后在类别中选择“模板页”，并选取相关的模板类型，直接单击“创建”按钮即可，如图 3—45 所示。

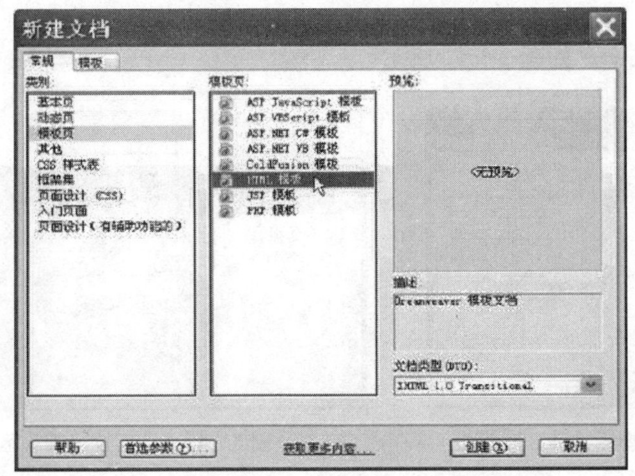

图 3—45　新建模板

3.5.3　编辑模板

编辑模板包括模板各区域的创建、模板参数的设置，以及模板的删除、重命名、修改等操作。其中最常用的是模板可编辑区的创建。

1. 模板的基本操作

打开模板既可以在 Dreamweaver 右侧的“资源”面板中双击模板文件名打开，也可以在“文件”面板中双击文件名打开。

打开模板后，可以像修改普通页面一样进行修改。修改完成后，保存时会弹出“更新模板文件”对话框，单击“更新”按钮后，将对所有模板生成的页面进行自动修改，如图 3—46 所示。

在“资源”面板或“文件”面板中选中模板文件，按键盘上的删除键 Delete，即可删除模板文件。

【操作实例 3—6】 删除模板。在“资源”面板中删除模板，请执行以下操作：

(1) 在“资源”面板（“窗口→资源”）中，选择面板左侧的“模板”类别。

(2) 重命名单击模板的名称以选择该模板。

(3) 单击面板底部的“删除”按钮，然后确认要删除该模板。

一旦删除模板文件，则无法对其进行检索。该模板文件将从站点中删除。对于已删除模板的文档不会与此模板分离；它们保留该模板文件在被删除前所具有的结构和可编辑区域。

【操作实例 3—7】 重命名模板。若要在“资源”面板中重命名模板，请执行以下操作：

(1) 在“资源”面板（“窗口→资源”）中，选择面板左侧的“模板”类别。

(2) 再次单击模板的名称使文本可选，然后输入一个新名称。这种重命名方式与在 Windows 资源管理器中对文件进行重命名的方式相同。

(3) 若要更新站点中所有基于此模板的文档，则单击“更新”按钮。如果不想更新基于此模板的任何文档，则单击“不更新”按钮。

2. 定义模板的可编辑区

选择欲设置为可编辑区域的文本或内容，也可将插入点放在想要插入可编辑区域的地方，执行下列操作之一，如图 3—47 所示。

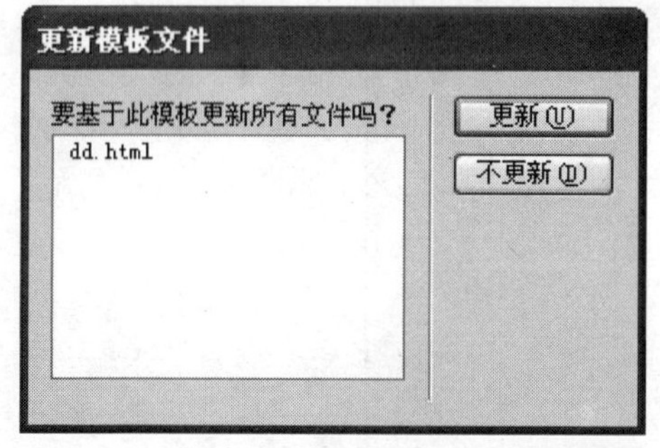

图 3—46 “更新模板文件”对话框

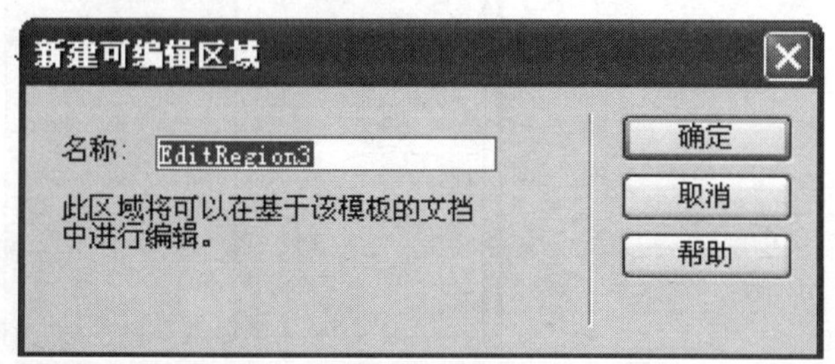

图 3—47 “新建可编辑区域”对话框

方法一：选择“插入→模板对象→可编辑区域”命令。

方法二：用鼠标右键单击选择“模板→新建可编辑区域”命令。

方法三：在“插入”栏的“常用”类别中，单击“模板”按钮上的箭头，然后选择“可编辑区域”。

出现“新建可编辑区域”对话框后在“名称”文本框中为该区域输入唯一的名称。同一模板中的多个可编辑区域不能使用相同的名称。

3. 创建模板的可选区域

若要插入可选区域，则在“文档”窗口中，选择想要设置为可选区域的元素，然后执行下列操作之一：

方法一：选择“插入→模板对象→可选区域”命令。

方法二：用鼠标右键单击所选内容，然后选择“模板→新建可选区域”命令。

方法三：在“插入”栏的“常用”类别中，单击“模板”按钮上的箭头，然后选择“可选区域”命令。

弹出“新建可选区域”对话框，为可选区域指定选项，单击“确定”按钮，如图 3—48 所示。

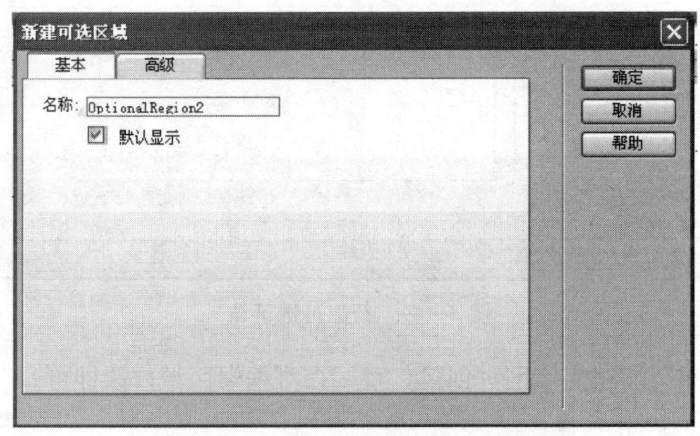

图 3—48 “新建可选区域”对话框

4. 创建模板的重复区

模板用户可以使用重复区域在模板中复制任意次数的指定区域。重复区域不是可编辑区域。若要使重复区域中的内容可编辑（例如，让用户可以在基于模板的文档的表格单元格中输入文本），则必须在重复区域内插入可编辑区域。

若要在模板中插入重复区域，则在“文档”窗口中选择想要设置为重复区域的文本或内容，也可将插入点放在文档中想要插入重复区域的地方，然后执行下列操作之一创建重复区域。

方法一：选择“插入→模板对象→重复区域”命令。

方法二：用鼠标右键单击选择“模板→新建重复区域”命令。

方法三：在“插入”栏的“常用”类别中，单击“模板”按钮上的箭头，然后选择“重复区域”。

弹出“新建重复区域”对话框后，在“名称”文本框中为模板区域输入唯一的名称。单击“确定”按钮，重复区域被插入到模板中，完成重复区域的创建。

3.5.4 使用模板

1. 用模板创建网页

模板创建完成后，就可以使用模板方便地创立网页了。具体方法如下：

(1) 选择“文件→新建”命令，打开“从模板新建”对话框。

（2）单击“模板”选项卡，左侧是已经存在的站点名称，中间则是该站点对应的模板。选择站点名称并选择模板后，右侧将出现模板“预览”窗口，如图 3—49 所示。

图 3—49　新建可选区域

（3）单击“创建”按钮完成网页创建，直接在可编辑区域修改即可。

2. 将模板应用到现有文档

将模板应用到包含现有内容的网页时，Dreamweaver 将尝试将现有内容与模板中的区域进行匹配。如果应用的是现有模板之一的修订版本，则名称可能会匹配。如果将模板应用到一个尚未应用模板的网页页面，则没有可编辑的区域进行比较，会出现不匹配。Dreamweaver 跟踪这些不匹配的情况，这样可以选择将当前页的内容移动到哪些区域，也可以删除这些不匹配的内容。具体步骤如下：

（1）打开要应用模板的网页页面。

（2）选择“修改→模板→应用模板到页”命令，弹出“选择模板”对话框，如图 3—50 所示。

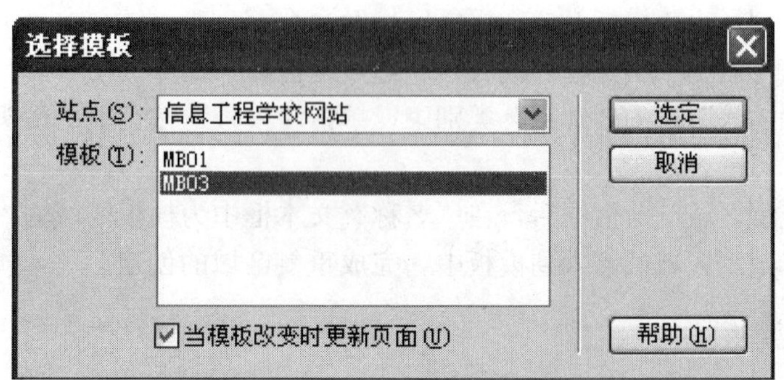

图 3—50　“选择模板”对话框

（3）从列表中选择一个模板并单击“选定”按钮。如果文档中存在不能自动指定到模板区域的内容，将出现“不一致的区域名称”对话框。

（4）如果有未解决的内容，则为该内容选择一个目标，然后单击“确定”按钮。

3. 从模板中分离网页

若要更改基于模板的网页锁定部分的内容，必须将该网页从模板中分离出来。将文档分离之后，整个文档就变成普通的文档，整个页面都可以随意编辑。从模板分离文档的操作步骤如下：

打开想要分离的基于模板的网页。选择“修改→模板→从模板中分离”命令。

文档从模板分离，所有模板代码都被删除，模板的更新操作将不再影响已经分离的页面，分离的页面将不会再继续自动更新。

【操作实例 3—8】 用模板创建网页。

步骤 1：启动 Dreamweaver，进入起始页，单击“新建项目→HTML 命令”，打开工作界面。

步骤 2：建立站点如“qqhre”，在其站点内创建图像文件夹等，设置效果如图 3—51 所示。

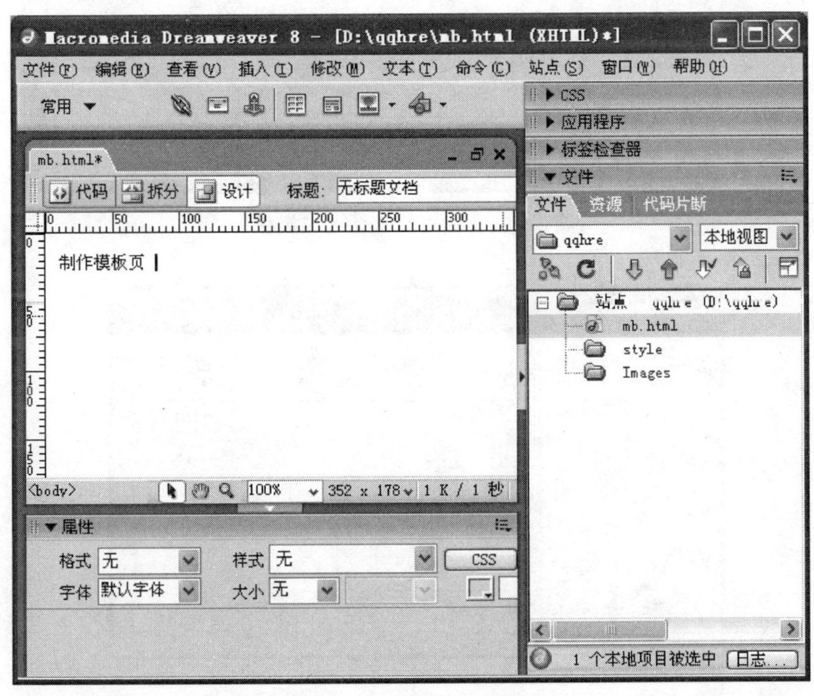

图 3—51　建立模板页

步骤 3：布置模板页的版面，将经常更新的内容设置为可编辑区域，如图 3—52 所示。保存该文档，自动弹出“另存为模板”对话框，在此对话框内将模板命名为“mb”并更新该文档，如图 3—53 所示。

步骤 4：在“文件”菜单下选择“新建文档”命令，在弹出的“从模板新建”对话框内选择“模板”选项卡，然后再选择该站点下的模板，如图 3—54 所示。

步骤 5：由此建立新的模板页，应用到各导航栏目中，在可编辑区编辑网站内容，随时更新，效果如图 3—55 所示。

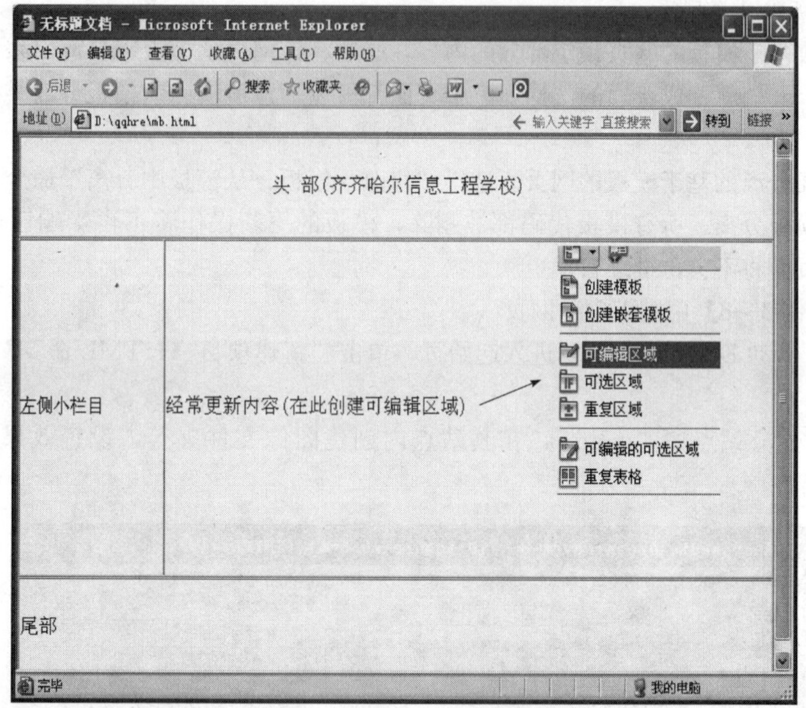

图 3—52 建立可编辑区域模板

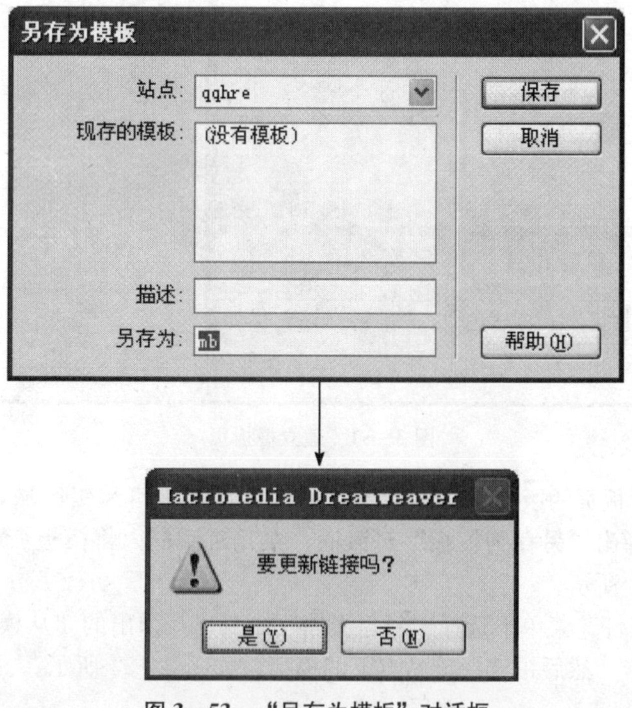

图 3—53 “另存为模板”对话框

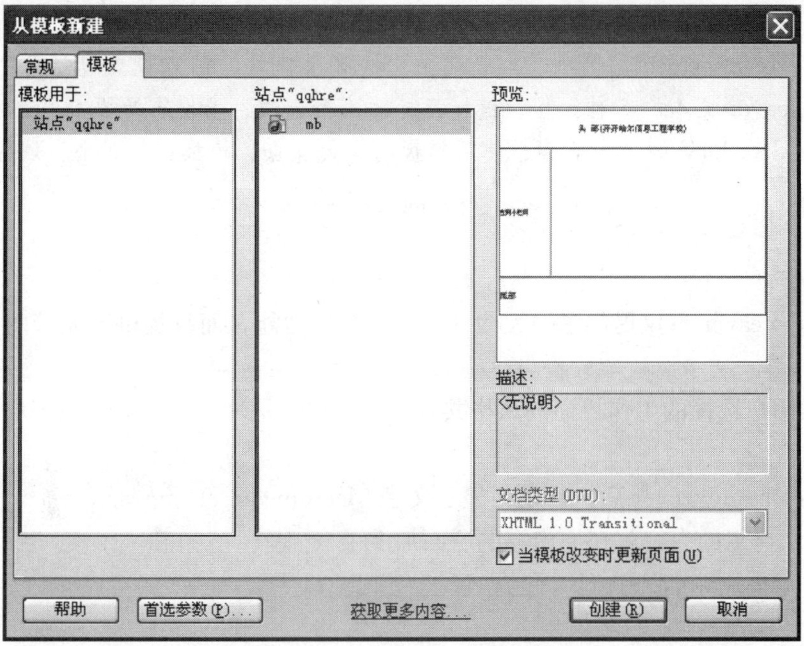

图 3—54 “从模板新建”对话框

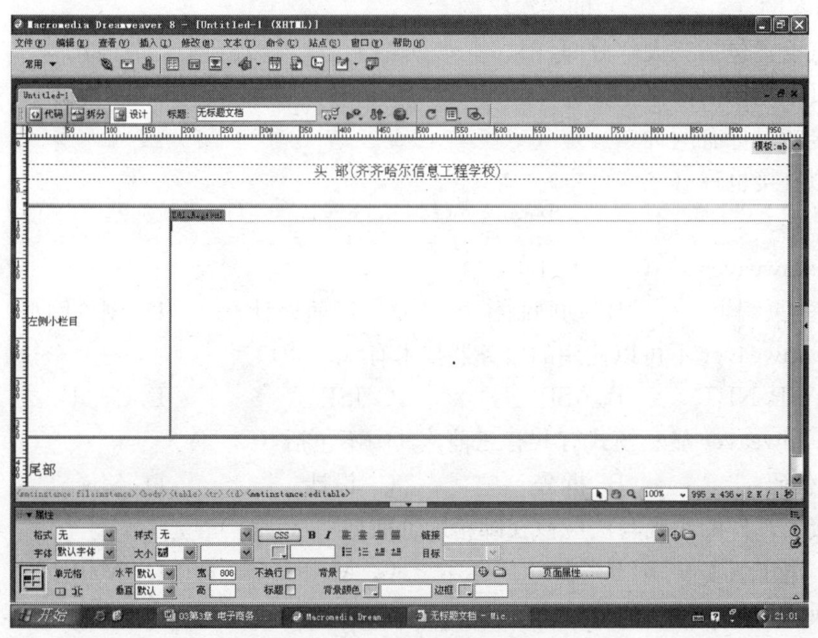

图 3—55 新建的模板页

·本章小结·

本章从 Dreamweaver 入门的基础知识讲起，系统讲授了站点的设置方法、页面属性的设置步骤、表格的基本操作方法、样式和层的使用以及模板的使用。其中重点对表格的创建、表格的编辑、使用表格进行页面布局进行详细的讲解。对电子商务网站建设过程中常用的各项技能按照企业实际需要的流程进行了全方位的讲解。

介绍了 Dreamweaver 的 8 项功能、起始页的 3 个模块、站点设置包括 3 个部分 5 个步骤、Dreamweaver 文本的 6 种操作、链接目标的 4 个选项、表格布局的 4 项注意、CSS 样式表的 3 类、CSS+DIV 的 3 大优势、使用模板的 4 大优点、模板中的 4 个区域的概念。

每课一考

一、填空题

1. Dreamweaver 不仅提供了强大的（　　　　）功能，而且提供了完善的（　　　　）机制。

2. 可供用户选择的工作界面的风格共有两种，它们是（　　　　）视图和（　　　　）视图。

3. 启动 Dreamweaver 后，标题栏显示文字 Macromedia Dreamweaver 8.0，新建或打开一个文档后，显示的内容就在原内容的后面加上了（　　　　）和（　　　　）。

4. 文件菜单用来管理文件，包含（　　　　）、（　　　　）、（　　　　）、（　　　　）、（　　　　）、（　　　　）等。

5. 文档窗口底部的状态栏提供与正创建的文档有关的其他信息。标签选择器显示环绕当前选定内容的（　　　　）的层次结构。

6. 站点设置包括三大部分即（　　　　）、（　　　　）、（　　　　）。

7. 网页中图像的操作主要有 4 种（　　　　）、（　　　　）、（　　　　）、（　　　　）。

8. 链接的目标有两种，一是（　　　　）；二是（　　　　）或（　　　　）。

9. 虚拟链接也称（　　　　）。

二、选择题

1. Dreamweaver 是（　　）工具。

A. 主页编辑　　B. 动画制作　　C. 版面设计　　D. 浏览网页

2. Dreamweaver 不可以使用的服务器技术有（　　）。

A. ASP. NET　　B. ASP　　C. JSP　　D. C++

3. Dreamweaver 显示模式有共有三种，其中不包括（　　）。

A. 代码　　B. 拆分　　C. 设计　　D. 编译

4. 链接到邮件的正确写法应该在邮箱地址前加上（　　）。

A. Mailto:　　B. To　　C. Mail　　D. Mailto

5. 面板的隐藏与显示快捷键为（　　）。

A. F4　　B. F2　　C. F8　　D. F12

6. 打开页面属性设置对话框的快捷键为（　　）。

A. Ctrl+J　　B. Alt+J　　C. Ctrl+M　　D. Alt+M

7. （　　）定义鼠标放在链接上时文本的颜色。

A. 链接　　B. 变换图像链接　　C. 已访问链接　　D. 活动链接

8. 链接的文件在一个未命名的新浏览器窗口中打开应在“目标”下拉菜单中选择（　　）。

A. _blank　　B. _parent　　C. _self　　D. _top

9. 众多相关网页通过（　　）形成了一个整体。

A. 超级链接　　B. 图像　　C. 表格　　D. 表单

10. 空链接在设置时用（　　）代替。

A. ?　　B. !　　C. #　　D. 空格

三、判断题

1. 标准工具栏包含来自“文件”和“编辑”菜单中的一般操作按钮。（　　）

2. 网页标题可以直接在文本框中输入。（　　）

3. “代码”视图是一个用于可视化的页面制作视图，所见即所得的制作方式，与在浏览器中看到的页面内容完全相同。（　　）

4. “代码和设计”视图使你可以在一个窗口中同时看到同一文档的“代码”视图和“设计”视图。（　　）

5. 浮动面板就是浮动于编辑窗口之外，方便使用者在文档和面板之间来回切换的一种工具集合。（　　）

6. 图像地图也称为“热点”。（　　）

7. Dreamweaver 中按 Shift 键后再拖动右下角的黑色小方块，可以等比例调整表格尺寸。（　　）

8. 表格内部嵌套表格时其长度的设定只能使用百分比，不能设定实际像素数。（　　）

9. 由于页面布局中表格的目的是帮助定位，所以表格边框宽度要求设为 1 像素。（　　）

10. CSS 是指层叠样式表。（　　）

四、问答题

1. 简述层的含义。

2. 什么是模板?

五、操作题

1. 登录中国人民大学出版社网站，查看风格，并在 Dreamweaver 中用表格画出其构成框架。

2. 用中国人民大学出版社网站原文字、原图片，照猫画猫原样模拟主页。

第 4 章　网站的标记语言

本章知识结构框图

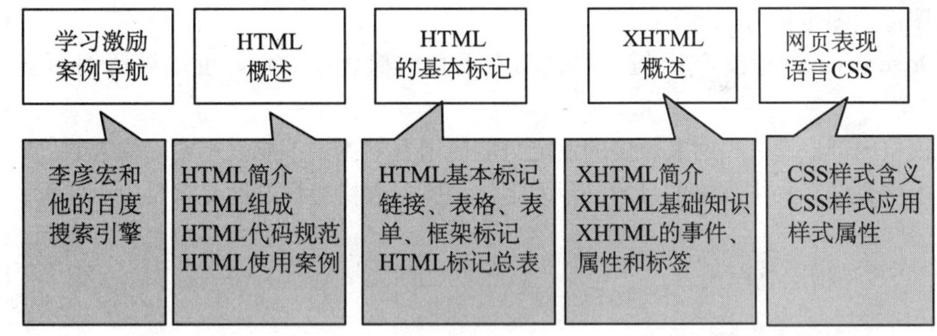

学习激励与案例导航

李彦宏和他的百度搜索引擎

李彦宏，百度 CEO，1991 年毕业于北京大学信息管理专业，随后赴美国布法罗纽约州立大学完成计算机科学硕士学位。在搜索引擎发展初期，李彦宏作为全球最早研究者之一，最先创建了 ESP 技术，并将它成功地应用于 infoseek/go. com 的搜索引擎中。go. com 的图像搜索引擎是他的另一项极具应用价值的技术创新。1999 年底，怀抱“科技改变人们的生活”的梦想，李彦宏回国创办百度。经过多年努力，百度已经成为中国人最常使用的中文网站之一，全球最大的中文搜索引擎，同时也是全球最大的中文网站之一。2005 年 8 月，百度在美国纳斯达克成功上市，成为全球资本市场最受关注的上市公司之一。在李彦宏的领导下，百度不仅拥有全球最优秀的搜索引擎技术团队，同时也拥有国内最优秀的管理，产品设计、开发和维护团队；在商业模式方面，也同样具有开创性，对中国企业分享互联网成果起到了积极的推动作用。目前，百度也是全球跨国公司寻求合作最多的中国公司之一，随着百度日本公司的成立，百度加快

了走向国际化的步伐。

每个上网的人都熟悉百度，简单的页面，专一的主题，却坐上了搜索引擎的业界第一把交椅，让我们走近百度的CEO李彦宏，看看他成长的足迹，想想自己脚下的路吧。努力学习基础知识，牢牢掌握专业技术，为自己的人生奠定基础，为自己的事业做好铺垫。路漫漫其修远兮，吾将上下而求索！年轻的大学生朋友们，为自己的理想而努力，为明天的辉煌而奋斗吧！

4.1 HTML概述

大家常用的Windows操作系统，鼠标轻点，便可完成所有的操作，可是一旦出现了故障，专业人员却要在黑底白字的屏幕上输入命令进行修复，这便是人们常说的DOS。现在的网页制作，虽然可以用Dreamweaver或Frontpage等所见即所得的软件进行编辑制作，不需要输入代码即可完成，但在实际的网站制作中，很多功能的实现需要编写代码。作为网页的“母语”，HTML发挥了至关重要的作用，也是必须掌握的基础语言。

4.1.1 HTML简介

HTML是Hypertext Markup Language的缩写，即超文本标记语言，是WWW的描述语言，是网页的“母语”。HTML文件其实质就是一个添加了标记的普通文本文件，这些标记用来描述其颜色、字体、字号等格式，同时加上声音、图像等多媒体的标记，就形成了HTML超文本标记文件，其扩展名是html或htm。HTML文件通过浏览器来解释执行，因此具有很好的跨平台性，任何一台安装有浏览器的计算机均可显示其效果。

HTML超文本标记语言的特点如下：

(1) HTML不是程序设计语言，如C++、VB等，它只是标记语言，只要掌握各种标记的用法和含义，便能迅速学会HTML，因此HTML十分简便易学。

(2) HTML是网页制作的标准语言，任何网页制作工具，都提供直接以HTML方式制作网页的功能。即便是所见即所得的图形软件，最后生成的都是HTML代码，所以HTML是一种以不变应万变的网页制作方法，并且HTML语言有时候可以实现所见即所得工具所不能实现的功能。

(3) 在设计网页功能时，需要对HTML代码进行手动调整，才能实现指定的功能，达到特殊的效果。

友情提示：目前除了HTML，还有XML、XHTML，但HTML是最基础的知识，是学习其他知识的必备基础，所以大家一定扎实学好HTML。

4.1.2 HTML组成

HTML文件是由HTML标记组成的文本文件，用记事本即可进行编辑、修改。HTML标记可以说明文字、图形、动画、声音、表格、链接等。

人的身体是由头部（Head）和躯干（Body）两大部分组成的，HTML 文件的整体结构也是如此，包括头部（Head）、体部（Body）两大部分，其中头部描述浏览器所需要的信息，而体部则包含所要说明的具体内容。整体网页的组成框架如下：

```
〈html〉
〈head〉
此处是网页的头部
〈/head〉
〈body〉
此处是网页的具体内容
〈/body〉
〈html〉
```

1. Html 标记

〈html〉〈/html〉是 HTML 文件的开始及结束标记，无论多么复杂的 HTML 文档都必须以〈html〉开始，〈/html〉结束。

2. 头标记

〈head〉〈/head〉是 HTML 文件的文件头标记，用于描述网页的标题等信息，通常包含如下信息：

〈title〉标记：〈title〉用于设置网页标题信息，即浏览网页时显示在网站标题上的信息。通常网页的标题信息就是网站的主题，这样的设置更有利于网站宣传。

〈style〉标记。打开用 Dreamweaver 等软件生成的 HTML 文件，会发现在头标记中有大量的〈style〉标记。〈style〉标记用于在文档中嵌入样式表，即常说的内部样式，其功能是对整体页面进行格式化控制。

〈meta〉标记：〈meta〉标记主要用来设置页面关键字，具有控制页面缓存、刷新页面等功能，其实现的功能在页面上是不可见的。

3. 主体标记

〈body〉〈/body〉是网站的主体标记，用于标识网站的体部。其中的内容决定网页页面实际显示的内容。Body 标记的格式如下：

〈body bgcolor = " " text = " " link = " " alink = " " vlink = " " background = " "〉

bgcolor：设置背景色彩。

text：设置非可链接文字的色彩。

link：可链接文字的色彩。

alink：正被点击的可链接文字的色彩。

vlink：已经点击（访问）过的链接文字的色彩。

background：设置页面背景图像。

友情提示：网页中颜色的标识方法一般用十六进制表示，格式为 # rrggbb，rr 表示红色，gg 表示绿色，bb 表示蓝色。也可以使用颜色英文直接表示，如 red、green、blue、black、white、yellow 等。

4.1.3 HTML 代码规范

在编写 HTML 代码时必须遵循以下规范：

- 每一个 HTML 文件由 html 标记开始，由/html 标记结束。
- HTML 不区分大小写，〈/p〉与〈/P〉是同一个标记。
- 在 HTML 文件中所有标记都必须放在“〈 〉”之中。
- HTML 的任何标记都由“〈”和“〉”围起来，如〈P〉、〈I〉。
- 在起始标记的标记名前加“/”便是该标记的终止标记，如〈/I〉，夹在起始标记和终止标记之间的内容受标记的控制。例如，〈I〉齐齐哈尔大学〈/I〉，夹在标记 I 之间的“齐齐哈尔大学”将受标记 I 的控制。标记 I 的作用是将所夹内容显示为斜体。
- HTML 标记有单标记和双标记两种，单标记只有开始没有结束，即有始无终，如〈P〉；双标记既有开始，又有结束，有始有终，如〈title〉〈/title〉，HTML 标记中大部分是双标记。

4.1.4 HTML 使用案例

下面看一个最简单的实例，采用记事本进行编辑（见图 4—1），存盘文件名为 Lx001. html，实际运行效果如图 4—2 所示。

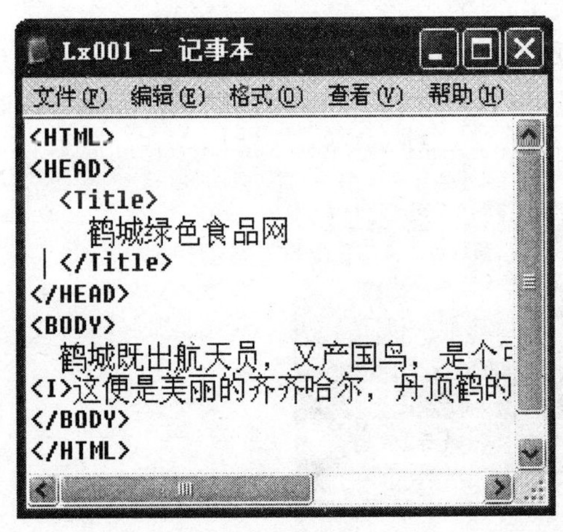

图 4—1 用记事本编辑 HTML 代码

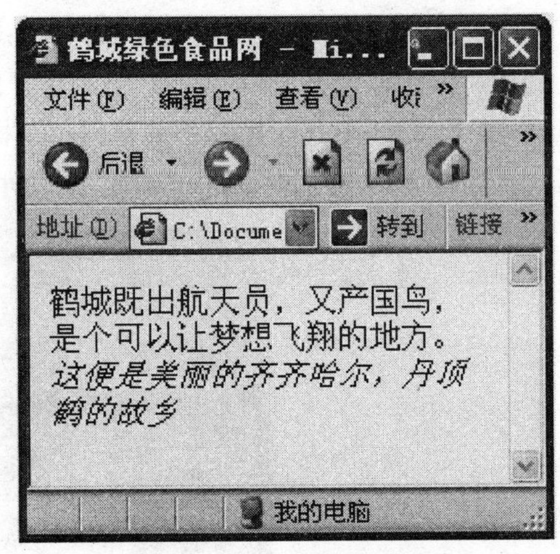

图 4—2 实际运行效果

```
〈html〉
〈head〉
〈title〉
鹤城绿色食品网
〈/title〉
〈/head〉
〈body〉
鹤城既出航天员，又产国鸟，是个可以让梦想飞翔的地方。
```

```
09  〈i〉这便是美丽的齐齐哈尔，丹顶鹤的故乡〈/i〉
10  〈/body〉
11  〈/html〉
```

说明：

(1) 第1和第11行，〈html〉是HTML页面的开始标记，表明本文件是一个HTML文件，此处是HTML文件的开始处；〈/html〉是HTML的结束标记，表明此处是整个HTML文件的结束处。

(2) 第2和第6行，〈head〉是网站头部开始标记，〈/head〉是网站头部结束标记。

(3) 第3～5行，用来定义显示在浏览器标题栏中的内容为“鹤城绿色食品网”。

(4) 第7～10行，即网站的体部，用来定义显示在浏览器窗口中的内容，其中〈body〉是体部标识，〈/body〉是体部标记的结束，〈i〉是斜体标识，〈/i〉是斜体标识的结束。

4.1.5 本节中标记归纳及操作实例

〈html〉〈/html〉，是HTML文件的起始与结束标记；

〈head〉〈/head〉，是HTML文件的头部起始与结束标记；

〈body〉〈/body〉，是HTML文件的体部起始与结束标记；

〈title〉〈/title〉，是HTML文件的标题起始与结束标记；

〈i〉〈/i〉，是斜体标记。

【操作实例4—1】快速轻松学习HTML标记。

利用对照法，即在Dreamweaver中打开网页，然后切换到设计/代码视图，在设计视图随意操作，代码视图立即显示相关代码，这样既可当场理解，又可强化记忆，经过一段时间之后，常用代码即可全部掌握，如图4—3所示。

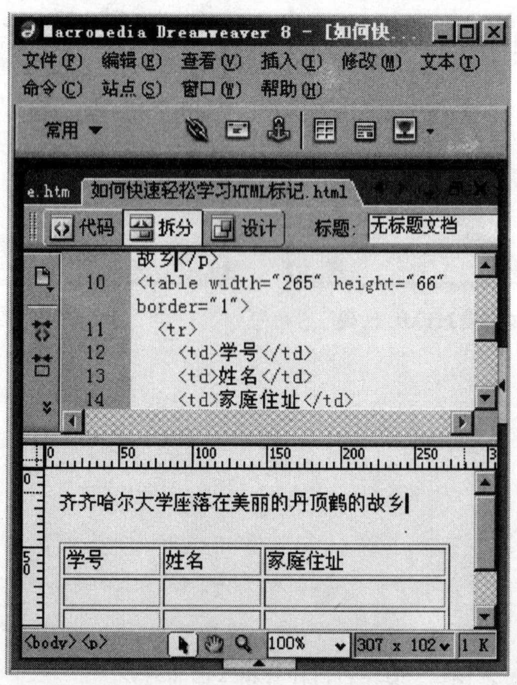

图4—3 对照法学习HTML标记

【操作实例 4—2】 查看网站的 HTML 代码。

查看网页的 HTML 代码的方法很简单，首先打开需要查看代码的网页，然后单击浏览器的“查看”菜单，在出现的下拉菜单中选取“源文件”，即可得到该页面的全部 HTML 代码，如图 4—4 所示。

图 4—4　查看网站的源代码

【操作实例 4—3】 设置背景音乐。

如何让浏览者刚刚进入你的网站，就以一首优美曼妙的歌曲展开你欢迎的双臂？方法很简单，只要在体部加入下列语句即可，文件一般以 Midi 文件最好。

```
〈bgsound src = "音乐文件名"〉
```

如果嵌入 MP3，则应该使用以下代码：

```
〈embed src = bj.mp3 autostart = true 〉〈/embed〉
```

目前，常用的视频文件格式为 AVI，如何在网站中加入 AVI 文件呢？将在下面学习到。

【操作实例 4—4】 嵌入 AVI 视频文件。

在欲加入视频之处，加上如下代码即可：

```
〈embed src = 视频文件名 autostart = true hidden = no〉〈/embed〉
```

如果有一个专卖足球的网站，如何能够做到在百度等搜索工具中搜索“足球”、“卖足球”、“质量最好的足球”呢？

【操作实例 4—5】 设定关键字。

为网站设置关键字，其方法如下：

```
〈meta name = "keyword" contents = "足球,卖足球,质量最好的足球"〉
```

设定整个网站的关键字，关键字间用逗点隔开。

【操作实例 4—6】 编写带有背景音乐、关键字的欢迎页面的 HTML 文件。

编写一个简单的欢迎页面的 HTML 代码，要求有背景音乐，设有关键字，其实现效果如图 4—5 所示。

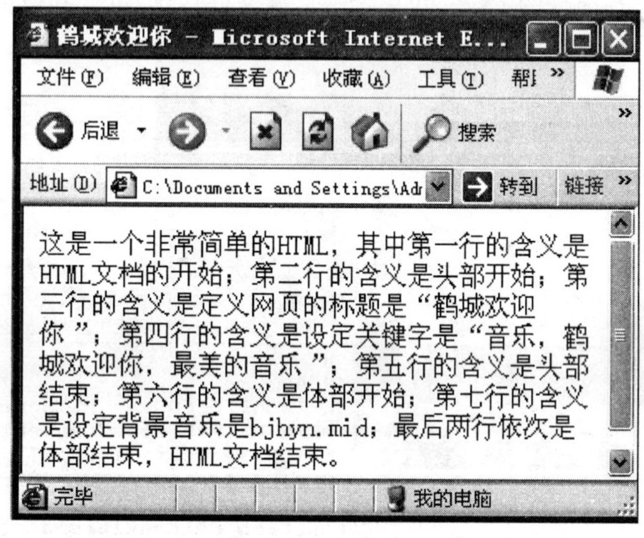

图 4—5　实际显示

```
01    <html>
02    <head>
03    <title> 鹤城欢迎你 </title>
04    <meta name = "keyword" contents = "音乐,鹤城欢迎你,最美的音乐">
05    </head>
06    <body>
07    <bgsound src = "bjhyn.mid">
08  这是一个非常简单的 HTML，其中第一行的含义是 HTML 文档的开始；第二行的含义是头部开始；第三行的含义是定义网页的标题是“鹤城欢迎你”；第四行的含义是设定关键字是“音乐，鹤城欢迎你，最美的音乐”；第五行的含义是头部结束；第六行的含义是体部开始；第七行的含义是设定背景音乐是 bjhyn.mid；最后两行依次是体部结束，HTML 文档结束。
09    </body>
10    </html>
```

4.2　HTML 标记

面对数万的英语单词，顿觉迷茫，但是经验证明只要掌握二千多个核心单词便可完成 90%的英语报刊阅读。HTML 的标记很多，但是常用的标记并不多，只需要掌握核心标记，了解一般标记即可胜任日常工作，对实际工作中出现的生疏标记，也可以通过查阅手册来顺利解决。下面将以实例的方式全面掌握核心标记，熟悉一般标记。

4.2.1　HTML 的基本标记

HTML 中的基本标记以文字标记为主，还有常用的段落标记以及链接标记、多媒体标记，这些都是最常用的标记，也是学起来最容易的标记，要求每一位网站制作人员必须掌握。

1. 常用标记

HTML 中的常用标记如表 4—1 所示。

表 4—1　　HTML 中的常用标记

标 签	描 述
<H1> 到 <H6>	从 <h1> 到 <h6>，<h1> 最大，<h6> 最小。使用标题标签时，该标签会将字体变成粗体字，并且会自成一行
<font size=数值> 文字 </font>	<font size=1>（最小）到 <font size=7>（最大），也可写为：<font size=+1> 文字内容 </font>，其意思是：比预设字大一级。也可以写为：font size=+2（比预设字大二级），或是 font size=-1（比预设字小一级），一般预设多为 3
<font color="#6 位十六进制数值"> 文字颜色 </font>	设定文字颜色，如 <font color="#00ff00"> 绿 </font>，<font color="#000000"> 黑 </font>
<font face="字型名称"> 文字 </font>	设定文字字体
<b> 加粗文字 </b>	将文字加粗
<i> 斜体文字 </i>	将文字变为斜体
<U> 下划线文字 </U>	将文字加下划线
<P>	分段标记
 	换行标记
Hr	显示一条水平分割线
IMG	图像标记

2. 基本标记详解

<H1> 至 <H6>，是专门用于标题设置的标记。

<Font> 标记是专门的字体设置标记，包括 color 设置文字颜色，face 设置字体，size 设置字体大小。

<B>、<I>、<U>，学过 Word 的同学一定不能忘记在 Word 的工具栏上也有这三个标记，B 代表粗体，I 代表斜体，U 代表下划线，在 HTML 标记中，这三个标记与 Word 的功能完全相同。

<P>、
，其中的 P 相当于分段，而 br 则是换行。这两个标记是段落中最常用的标记。

3. 用法举例

<font face="黑体" color="#00ff00" size=3>：设置字体为黑体，字色为绿色，字大小为 3 级。

<a href="http://www.qqhre.com"> 齐齐哈尔信息工程学校 </a>：链接到齐齐哈尔信息工程学校（网址为：http：//www.qqhre.com）网站。

<a href="login.htm"> 齐齐哈尔信息工程学校 </a>：链接到本网站当前目录下的 login.htm 文件。

<img src="images/logo.jpg">：显示 images 目录下的 logo.jpg 图片。

4.2.2　链接标记

HTML之所以称为超文本标记语言，是因为它支持文档的超链接。超链接是指从一个网页指向一个目标的连接关系，这个目标可以是另一个网页，也可以是相同网页上的不同位置，还可以是一个图片、电子邮件地址、文件，甚至是一个应用程序。而在一个网页中用来超链接的对象，可以是一段文本或者是一个图片。当浏览者单击已经链接的文字或图片后，链接目标将显示在浏览器上，并且根据目标的类型来打开或运行，可以很方便地在不同文档以及同一文档的各段落之间跳转。

HTML中的链接包括两部分：锚标和目标点。锚标就是链接的源点，当鼠标移到锚标处时会变成小手形状。此时，用户通过单击鼠标就可以到达链接的目的。

HTML是通过链接标签〈A〉来实现超链接的。链接标签〈A〉是成对标签，首标签〈A〉和尾标签〈/A〉之间的内容就是锚标。〈A〉标签有一个不可省略的属性href，用于指定链接目标点的位置。

1. 链接标记格式

〈a href = "URL" name = "书签的名称" traget = "网页的放置位置"〉... 链接文字或图片 ... 〈/a〉

2. 链接标记说明

(1) 〈a〉〈/a〉标记为双标签。

(2) URL网络资源参数可为以下内容：

- 网页：〈a href = "网页文件名"〉提示说明文字〈/a〉
- 网站：〈a href = "链接网址"〉提示说明文字〈/a〉
- 下载文件：〈a href = "欲下载文件名"〉提示说明文字〈/a〉
- 书签跳转：标记记号的格式为〈a name = "记号名"〉... 目标点 ... 〈/a〉，引用记号的格式为〈a href = "URL#记号名"〉... 链接文字 ... 〈/a〉。
- 发送电子邮件的链接：mailto：邮箱地址。

(3) name属性：用来设定书签的名称。

(4) target属性：设定网页的放置位置。

target = "framename"：这只运用于框架网页中，若被设定则连接结果显示于“框窗名称”中，框窗名称是事先由框架标记所命名的。

target = "_self"：将连接的网页内容在本窗口中显示（内定值）。

target = "_blank"或target = "new"：将连接的网页内容在新的窗口中显示。

target = "_top"：将框架中连接的网页内容显示在没有框架的窗口中（即除去了框架）。

target = "_parent"：将连接的网页内容当成文件的上一级网页。

3. 用法举例

(1) 链接到网址：

〈a href = "http://www.qqhre.com"〉齐齐哈尔信息工程学校〈/a〉

(2) 链接到下载文件：

〈a href = "wnwb.zip"〉万能五笔下载〈/a〉

（3）链接到电子邮件：

mailto：CuiLH666@126. com

（4）链接到网页：

〈a href = "index. htm"〉 首页 〈/a〉

4. 2. 3 表格标记

1. HTML 中表格产生的过程

HTML 表格用〈table〉表示。一个表格可以分成很多行，用〈tr〉表示；每行又可以分成很多单元格，用〈td〉表示。举个例子来说，如果要做一个 3 栏 2 列的表格，在 Word 中，只要设定表格为 3 栏、2 列就可以；而在网页中则要分成好几个步骤。第一步，利用〈TABLE〉〈/TABLE〉标签告诉计算机“我要做一个表格”；第二步，利用一组〈TR〉〈/TR〉标签先做一行，然后在行中利用三组〈TD〉〈/TD〉标签再分出三列；第三步，重复第二步，再做一行，然后再分三列，得到一个 3 栏 2 列的表格，如图 4—6 所示。

```
〈table border = "1"〉
〈tr〉
〈td〉 姓名 〈/td〉
〈td〉 年龄 〈/td〉
〈/tr〉
〈tr〉
〈td〉 高阳 〈/td〉
〈td〉 32 〈/td〉
〈/tr〉
〈tr〉
〈td〉 张鹏 〈/td〉
〈td〉 33 〈/td〉
〈/tr〉
〈/table〉
```

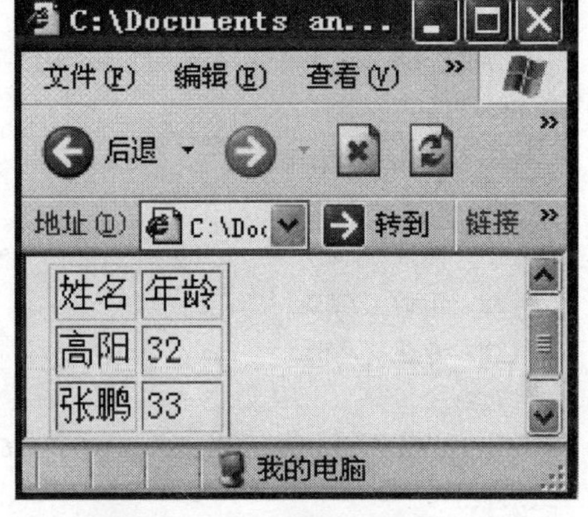

图 4—6 表格产生过程示例

其中，〈table border = "1"〉中的 border 是指表格线的宽度。

2. HTML 中表格标记详解

HTML 中表格标记详细解释如表 4—2、表 4—3 所示。

表 4—2　　表格标记

标 签	描 述
〈table〉... 〈/table〉	定义表格开始和结束
〈th〉... 〈/th〉	定义表头单元格。表格中的文字以黑体显示，也可以不用此标签，〈th〉标签必须放在〈tr〉标签内
〈tr〉... 〈/tr〉	定义一行，行标记可以建立多组由〈td〉或〈th〉标签所定义的单元格
〈td〉... 〈/td〉	定义列标记，一组〈td〉标记建立一列，〈td〉标签必须放在〈tr〉标签内

表 4—3　〈table〉标签的属性

属 性	描 述	属 性	描 述
Width	表格的宽度	Bordercolor	表格边框颜色
Height	表格的高度	bordercolorlight	表格边框明亮部分的颜色
Align	表格对齐方式	bordercolordark	表格边框昏暗部分的颜色
Background	表格的背景图片	Cellspacing	单元格之间的间距
Bgcolor	表格的背景颜色	Cellpadding	单元格内容与单元格边界之间的空白距离的大小
Border	表格边框的宽度（以像素为单位）		

3. 表格用法举例（如图 4—7 所示）

```
〈HTML〉
〈HEAD〉
〈TITLE〉表格行的控制〈/TITLE〉
〈/HEAD〉
〈BODY〉
〈TABLE border = 1 align = " center" width = " 80 % "
height = "150"〉
〈TR ALIGN = "CENTER"〉
〈TH〉姓名〈/TH〉
〈TH〉性别〈/TH〉
〈TH〉年龄〈/TH〉
〈TH〉专业〈/TH〉
〈/TR〉
〈TR ALIGN = CENTER bordercolor = "#336600" bgcolor =
"#C1FFC1"〉
〈TD〉张春才〈/TD〉
〈TD〉女〈/TD〉
〈TD〉33〈/TD〉
〈TD〉教师〈/TD〉
〈/TR〉
〈TR align = center height = 50 bordercolor = navy bgcolor = "#86B8E1" valign = bottom bordercolor-
light = "#E1F0FD" bordercolordark = "#002346"〉
〈TD〉崔越杭〈/TD〉
〈TD〉女〈/TD〉
〈TD〉9〈/TD〉
〈TD〉学 生〈/TD〉
〈/TR〉
〈/TABLE〉
〈/BODY〉
〈/HTML〉
```

图 4—7　表格用法举例

4.2.4 表单的格式

1. 表单标记概述

如果没有设置为自动登录，谁都不会直接进入腾讯 QQ 软件；登录网易邮箱需要输入用户名和密码，阿里巴巴网站也需要会员登录。所有这些，无论用什么软件制作网页，其功能的实现都是通过“表单”实现的。表单可以收集用户信息和反馈意见，是网站管理者与浏览者之间沟通的桥梁，如调查表、留言簿、登录框等。

2. 表单的组成

一个表单有三个基本组成部分：

（1）表单标记。〈HMTL〉〈/HTML〉标记是 HTML 文本的开始与结束标记，夹在其中的所有内容都是 HTML 文本的内容。与此完全相同，表单标记就是整个表单全部内容的起始与结束标记。

（2）表单域。表单域是表单内部的主要内容，包含文本框、密码框、隐藏域、多行文本框、复选框、单选框、下拉选择框和文件上传框等。

（3）表单按钮。主要包括提交按钮、复位按钮和一般按钮。

友情提示：在 HTML 的所有标记中，动态网站编程涉及最多的就是表单，而且实际多是手动输入代码，而非生成代码，所以大家一定要掌握好这一部分内容。

3. 表单标记的格式

表单标记的格式如下：

```
〈form action="单击确定后执行的网页" method="提交方法"〉
〈input type="" name=""〉
```

说明：

（1）用户填入表单的信息总是需要程序来进行处理的，表单里的 action 就指明了处理表单信息的文件。例如：action="admin.asp"，当用户单击“确定”按钮后，将转向 admin.asp 程序继续执行。

（2）method 是指发送表单信息的方式，有两种选择 get 和 post。get 的方式是将表单控件的名字和值附加在网址后面发送（可以在地址栏里看到）。而 post 则将表单的内容通过打包发送，在地址栏看不到表单提交的信息。如果把表单发送信息比喻成从齐齐哈尔送往北京的一袋特产，那么 get 就相当于依靠熟人捎到北京，而 post 则相当于打包邮寄到北京。

（3）〈input type=""〉标记。〈input type=""〉标记用来定义一个输入框，常见的 QQ 用户登录的 QQ 账号、QQ 密码都属于输入框。此标记必须放在〈form〉〈/form〉标记中。type 属性决定输入框的类型。〈input〉标记中的属性如表 4—4 所示。

表 4—4　　input 标记属性

属　性	用　途
〈input align="　"〉	用于设置表单的位置，左（left）、右（right）、居中（middle）、上（top）、下（bottom）

续前表

属性	用途
〈input name＝"　"〉	设置输入框名称
〈input type＝"　"〉	输入数据类型，常见的数据类型有：. text：单行文本；. textarea：多行文本；. password：数据为密码，用星号表示；. checkbox：复选框；. radio：单选按钮；. submit：提交按钮；. reset：清除表单数据；. button：普通按钮；. file：插入文件；. hidden：隐藏按钮；. image：插入图像
〈input value＝"　"〉	用于设置输入默认值
〈input src＝"　"〉	设置图像文件的地址
〈input checked〉	选择框的默认选项
〈input size＝"　"〉	设定最大输入字符数
〈input onclick＝"　"〉	表示在单击后调用的子程序
〈input onselect＝"　"〉	表示当前项被选择时调用的子程序

文本框标记〈input type＝"text"size＝"" maxlength＝"" name＝" "〉，其功能是供用户输入提交的内容，如输入用户名、密码、验证码等。“text”表示这是单行文本框；size 表示输入区字符宽度；maxlength 表示最多允许输入的字符数；name 表示文本框名称。例如：

```
〈input type＝"text"size＝16 maxlength＝12 name＝"UserName"〉
```

密码框〈input type＝"password"〉。在登录邮箱输入密码时，文本框中显示的是星号，这便是密码框，密码框中各标记属性的含义与文本框完全相同。例如：

```
〈input type＝"password"size＝8 name＝"PWS"〉
```

4. 表单及表单域常用标记

表单标记共有 10 个，其功能见表 4—5。

表 4—5　　表单标记

标　　记	含　　义
〈form〉	表单标记，用于定义表单开始与结束
〈input〉	定义输入域
〈textarea〉	定义文本域，即多行的输入控件
〈label〉	定义表单内标签
〈fieldset〉	定义域
〈legend〉	定义域的标题
〈select〉	定义选择列表
〈optgroup〉	定义选项组
〈option〉	定义下拉列表中的选项
〈button〉	定义按钮

【操作实例 4—7】如图 4—8 所示，实现一个输入用户名的表单控件。

```
〈html〉
〈head〉
〈title〉表单用法举例〈/title〉
〈/head〉
〈body〉
```

```
〈form action = "yourname. asp" method = "get"〉
请输入你的姓名：〈br〉
〈input type = "text" name = "yourname"〉
〈br〉
〈input type = "submit" value = "提交"〉
〈/form〉
〈/body〉
〈/html〉
```

如图 4—9 所示，实现单选按钮的表单显示。

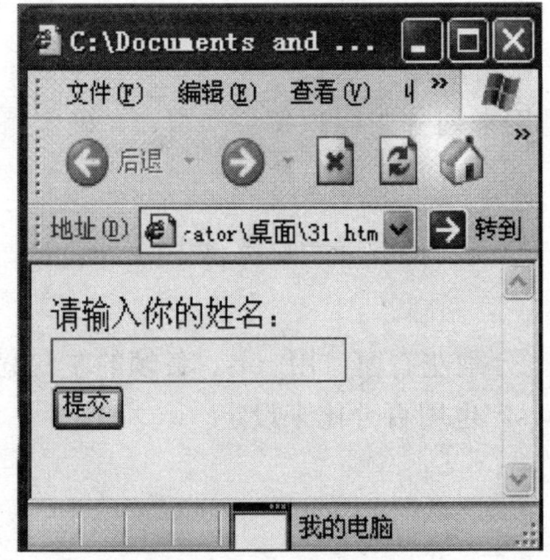

图 4—8　表单用法例 1

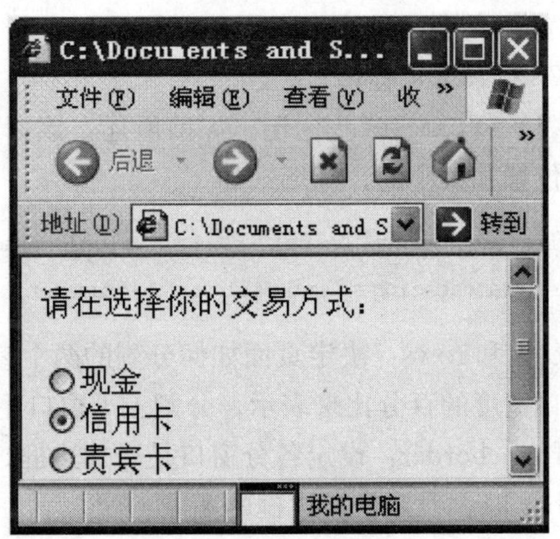

图 4—9　表单用法

```
〈html〉
〈head〉
〈title〉在线交易〈/title〉
〈/head〉
〈body〉
请选择你的交易方式：〈br〉
〈form〉action=" select. asp" method = " post"〉
〈input type = "radio" name = "fruit" value = "Apple"〉现金〈br〉
〈input type = "radio" name = "fruit" value = "Orange" checked〉信用卡〈br〉
〈input type = "radio" name = "fruit" value = "Mango"〉贵宾卡〈br〉
〈input type = "submit" value = "提交"〉
〈/form〉
〈/body〉
〈/html〉
```

4.2.5　框架标记

框架也称多窗口网页，是指在同一浏览器中显示多个相互隔离的网页，网页画面被分成几个区块，每个区块显示一个网页。利用框架可以在一个网页中浏览多个页面，还可以对网站建立总索引，单击索引区域中的超链接，与此对应的网页就会显示在另外一个区域中，非常直观。

1. 框架的组成

建立网页的框架结构，只要使用标记〈frameset〉和〈frame〉设置即可，而所有框架标记都要放在一个总的 html 文件中，这个文件只记录了该框架是如何划分的，而不会显示任何其他资料，所以不必放入〈body〉标记。〈frameset〉标记用来划分窗口，〈frame〉标记用来标识每一个窗口。〈frameset〉在多窗口页面中的地位就相当于〈body〉在普通单窗口页面中的地位，在页面中用〈frameset〉…〈/frameset〉标识页面主体部分的起止位置。同时，〈frameset〉标记决定了怎样划分窗口，以及每个窗口的位置和大小。

2. 框架常用标记

(1)〈frameset〉标记。如前所述，该标记是用来划分与标识每一个窗口，确定每个窗口的位置和大小的。其形式如下：

```
〈frameset cols = "value1" rows = "value2" frameborder = yes | no border = "value3" bordercolor = "color" framespacing = "value4"〉 ... 〈/frameset〉
```

cols 和 rows：决定页面如何分割的两个参数。分割左右窗口用 cols，各帧的左右宽度用占窗口宽度的百分比来表示。分割上下窗口用 rows，也用百分比来设定。

frameborder：设定各分窗口是否加边框。

border：设定窗口边框的宽度。

bordercolor：设定边框的颜色。

framespacing：设定框架与框架间的保留空白的距离，默认值是 0。

(2)〈frame〉标记。把窗口分割好后，各窗口的属性是用 HTML 的〈frame〉标记来定义的，所以〈frameset〉标记中必须包含〈frame〉标记，用以定义各子窗口的属性。

```
〈frame name = "value1"" src = "URL" marginwidth = "value2" marginheight = "value3" scrolling = "value4" frameborder = "value5" noresize framespacing = "value6" bordercolor = "color"〉
```

src：设定窗口中要显示的网页文件名称，每个窗口必须对应一个网页文档，这里可以使用绝对路径或相对路径。

name：设定窗口的名称，这样才能指定框架来做连接，必须设置并可任意命名。

frameborder：设定框架的边框，其值只有 0 和 1，0 表示不要边框，1 表示显示边框，也可使用 yes 或 no。

framespacing：设定框架与框架间的保留空白的距离。

bordercolor：设定框架的边框颜色。

scrolling：设定是否要显示卷轴，yes 表示要显示卷轴，no 表示不显示，auto 是视情况显示。

noresize：设定不让浏览者改变边框的大小。没有设定此参数，浏览者则可以很随意地拉动框架，改变其大小。

marginhight：设定框架高度部分边缘所保留的空白空间。

marginwidth：设定框架宽度部分边缘所保留的空白空间。

【操作实例 4—8】各种框架网页布局示例。

目前，采用框架布局的网页很多，但最常用的布局方式的 HTML 代码基本是固定不变的，本例示范了常用的框架布局代码。

1\. 代码如下：

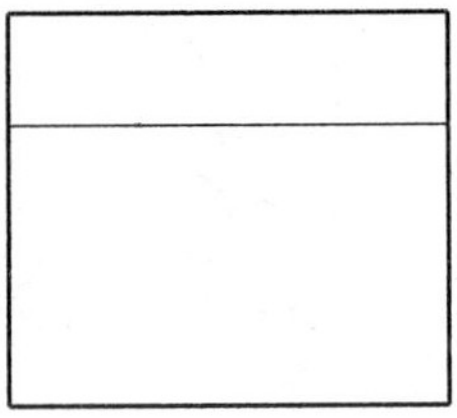

```
〈frameset rows = "65, * "〉
        〈frame name = "top" src = "menu. html"〉
        〈frame name = "bottom" src = "conn. html"〉
〈/frameset〉
```

2\. 代码如下：

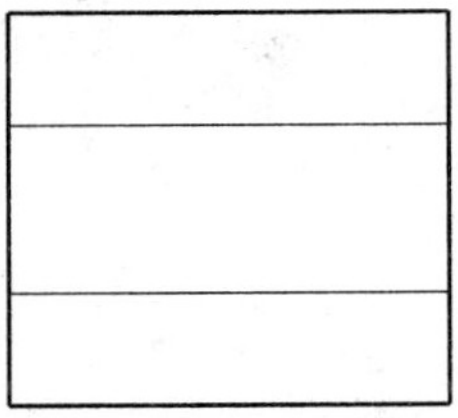

```
〈frameset rows = "65, * ,65"〉
        〈frame name = "top" src = "menu. html"〉
        〈frame name = "middle" src = "conn. html"〉
        〈frame name = "bottom" src = "bott. html"〉
〈/frameset〉
```

3\. 代码如下：

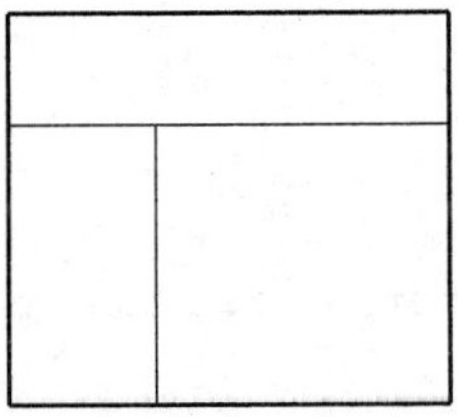

```
〈frameset cols = "160, * "〉
〈frameset rows = "65, * "〉
〈frame name = "upper _ left" src = "menu. html"〉
〈frame name = "lower _ left" src = "conn. html"〉
〈/framcsct〉
〈frame name = "right" src = "bott. html"〉
    〈/frameset〉
```

4\. 代码如下：

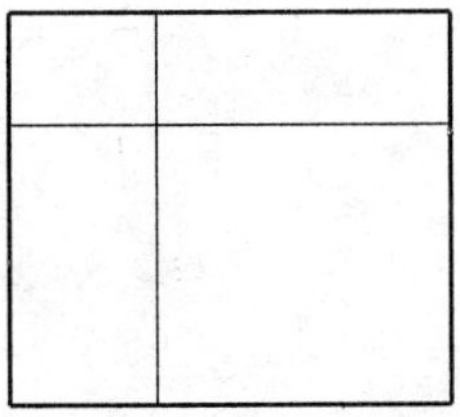

```
〈frameset rows = "65, * "〉
        〈frame name = "top" src = "menu. html"〉
        〈frameset cols = "150, * "〉
        〈frame name = "lower _ left" src = "left. html"〉
        〈frame name = "lower _ right" src = "right. html"〉
        〈/frameset〉
        〈/frameset〉
```

网站中有许多特殊功能，其实它们的实现都是最简单的 HTML 代码，且语句十分简单，操作实例 4—9 是显示 HTML 代码技巧的实例。

【操作实例 4—9】HTML 代码技巧实例。常用代码摘录如下：

● 彻底屏蔽鼠标右键，代码如下：

```
oncontextmenu = "window. event. returnValue = false"
```

● 用于表格，代码如下：

〈table oncontextmenu = return(false)〉〈td〉no〈/td〉〈/table〉

● 取消选取、防止复制，代码如下：

〈body onselectstart = "return false"〉

● 不准粘贴，代码如下：

〈body onpaste = "return false"〉

● 防止复制，代码如下：

〈body oncopy = "return false;"oncut = "return false;"〉

● IE 地址栏前换成自己的图标，代码如下：

〈link rel = "Shortcut Icon" href = "favicon. ico"/〉

● 在收藏夹中显示出自己的图标，代码如下：

〈link rel = "Bookmark" href = "favicon. ico"/〉

● 关闭输入法，代码如下：

〈input style = "ime-mode:disabled"/〉

● 网页将不能被另存为，代码如下：

〈noscript〉〈iframe src = "/blog/ * . html〉"; 〈/iframe〉〈/noscript〉

● 显示操作面板，代码如下：

〈embed src = "aladdin. mid" width = "140" height = "35" autostart = true controls = "middleconsole"〉

● 不显示操作面板，代码如下：

〈embed src = "aladdin. mid" hidden = true autostart = true loop = true〉

● 移动文字，代码如下：

〈marquee〉要移动的文字〈/marquee〉
移动的方向：〈direction = * * * * 〉 * * * * 可选值为 left，right
移动的方式：〈bihavior = * * * * 〉 * * * * 可选值为 scroll ，side，alternate
循环次数：〈loop = 循环次数〉，若未指定则循环不止
循环速度：〈scrollamount = 数值〉

● 电子邮件链接，代码如下：

〈a href = "mailto:Cuilh666@126. com"〉作者信箱〈/a〉

> 学习提示：我们不必记下这些代码，使用时只需到本书配套网站上复制下来，再粘贴到自己的 HTML 源代码中即可。

【操作实例 4—10】 HTML 代码阅读。以下是一个学校网站二级页面的简单 HTML 代码片段，请详细解读。

```
〈head〉
〈title〉电子商务网站建设教学网〈/title〉
〈/head〉
〈body〉
〈table width = "778" height = "79" border = "0"〉
〈tr〉
〈td〉〈img src = "/images/xxgk _ 01. jpg" width = "800" height = "149"〉〈/td〉
〈/tr〉
〈/table〉
〈table width = "804" height = "39" border = "0"〉
〈tr〉
〈td width = "798" height = "39"〉首页 | 〈a href = "/xxjj/jj. htm"〉学校简介〈/a〉 | 〈a href = "/mtbd/
mtbd. htm"〉媒体报导〈/a〉 | 专业设置 | 机构设置 | 领导班子 | 荣誉展厅 | 地理位置
〈/td〉
〈/tr〉
〈/table〉
〈table width = "806" height = "307" border = "0"〉
〈tr〉
〈td width = "179" height = "307" valign = "top"〉〈table width = "98 % " height = "206" border = "0" 〉
〈tr〉
〈td height = "57" bgcolor = "＃FFFFCC"〉〈img src = "/images/xxgk _ 04. jpg" width = "179" height = "57"〉
〈/td〉
〈/tr〉
〈tr〉
〈td height = "30" bgcolor = "＃FFFFCC"〉务实：务必实实在在地办学〈/td〉
〈/tr〉
〈tr〉
〈td bgcolor = "＃FFFFCC"〉从严：一切从严规范管理〈/td〉
〈/tr〉
〈tr〉
〈td height = "26" bgcolor = "＃FFFFCC"〉超越：超越大学生技能水平〈/td〉
〈/tr〉
〈tr〉
32. 〈td bgcolor = "＃FFFFCC"〉质量：教学质量是学校的生命〈/td〉
〈/tr〉
〈tr〉
〈td bgcolor = "＃FFFFCC"〉技能：技能是学生立足之本〈/td〉
〈/tr〉
〈tr〉
〈td bgcolor = "＃FFFFCC"〉理论：理论够用技能实用〈/td〉
〈/tr〉
〈/table〉〈/td〉
〈td width = "617" valign = "top"〉 〈/td〉
```

```
〈/tr〉
〈/table〉
〈table width = "778" height = "79" border = "0" 〉
〈tr〉
〈td〉   〈/td〉
〈/tr〉
〈/table〉
〈/body〉
〈/html〉
```

4.2.6 HTML 标记总表

本节以表格的方式（见表 4—6）给出了 HTML 所有标记，供大家在网站建设中查阅与参考。

表 4—6　　HTML 标记总表

标记	使用程度	含义	标记	使用程度	含义
文件标记					
〈HTML〉	必用	HTML 文档标记	〈TITLE〉	必用	标题
〈HEAD〉	必用	头部	〈BODY〉	必用	体部
排版标记					
〈! -- 注解 -- 〉	常用	说明标记	〈PRE〉	不常用	预设格式
〈P〉	常用	段落标记	〈DIV〉	常用	定位标记
〈BR〉	常用	换行标记	〈NOBR〉	不常用	不换行
〈HR〉	常用	水平线	〈WBR〉	不常用	建议换行
〈CENTER〉	常用	居中			
字体标记					
〈STRONG〉	不常用	加重语气	〈BIG〉	不常用	字体加大
〈B〉	常用	粗体标记	〈SMALL〉	不常用	字体缩小
〈EM〉	不常用	强调标记	〈STRIKE〉	不常用	加删除线
〈I〉	常用	斜体标记	〈CODE〉	不常用	程式码
〈TT〉	不常用	等宽字体	〈KBD〉	不常用	键盘字
〈U〉	常用	加下划线	〈SAMP〉	不常用	范例
〈H1〉	不常用	1 级标题标记	〈VAR〉	不常用	变量
〈H2〉	不常用	2 级标题标记	〈CITE〉	不常用	斜体标记
〈H3〉	不常用	3 级标题标记	〈BLOCKQUOTE〉	不常用	向右缩排
〈H4〉	不常用	4 级标题标记	〈DFN〉	不常用	述语定义
〈H5〉	不常用	5 级标题标记	〈ADDRESS〉	不常用	地址标记
〈H6〉	不常用	6 级标题标记	〈SUB〉	不常用	下标字
〈FONT〉	常用	字体标记	〈SUP〉	不常用	上标字
〈BASEFONT〉	不常用	基准字体标记			
清单标记					
〈OL〉	不常用	顺序清单	〈DIR〉	不常用	目录清单
〈UL〉	不常用	无序清单	〈DL〉	不常用	定义清单
〈LI〉	不常用	清单项目	〈DT〉	不常用	定义条目

续前表

标记	使用程度	含义	标记	使用程度	含义
〈MENU〉	不常用	选项清单	〈DD〉	不常用	定义内容
表格标记					
〈TABLE〉	常用	表格标记	〈TD〉	常用	表格栏
〈CAPTION〉	不常用	表格标题	〈TH〉	不常用	表格标头
〈TR〉	常用	表格列			
表单标记					
〈FORM〉	常用	表单标记	〈SELECT〉	常用	选择标记
〈TEXTAREA〉	常用	文字框	〈OPTION〉	常用	选项
〈INPUT〉	常用	输入标记			
图形、链接、框架标记					
〈IMG〉	常用	图形标记	〈FRAME〉	常用	窗口设定
〈A〉	常用	链接标记	〈IFRAME〉	常用	页内框架
〈BASE〉	不常用	基准标记	〈NOFRAMES〉	不常用	不支持框架
〈FRAMESET〉	常用	框架设定			
多媒体及其他					
〈MAP〉	不常用	影像地图名	〈BGSOUND〉	不常用	背景声音
〈AREA〉	不常用	链接区域	〈EMBED〉	不常用	多媒体
〈MARQUEE〉	不常用	走马灯	〈LINK〉	不常用	关系定义
〈BLINK〉	不常用	闪烁文字	〈STYLE〉	不常用	式样表
不常用	页内寻找器	〈span〉	不常用	自订标记	
〈META〉	不常用	开头说明			

4.3 XHTML 概述

网页是以〈html〉开头，并以〈/html〉结尾，分别代表网页文件的开始和结束。网页的〈head〉、〈/head〉和〈body〉、〈/body〉两部分分别代表了网页的"头"和"身体"。网页的"头"里面有一个〈title〉、〈/title〉。网页的标题将显示在浏览器上方的标题栏中。而网页的〈body〉与〈/body〉标签中间的内容将作为正文显示在浏览器中。网页的头(head)是为浏览器（还有搜索引擎等软件）写的，不会显示在页面上；而身体是为网站的用户写的、浏览器将要显示的内容。编写这些网页内容的代码遵循的原则是 HTML（HyperText Markup Language）的语言结构。那么 XHTML 又是什么呢?

4.3.1 XHTML 简介

1. XHTML 的介绍

所谓 XHTML（The Extensible HyperText Markup Language）是可扩展超文本标记语言的缩写。出现 XHTML 目的就是要替代 HTML。虽然 XHTML 和 HTML 4.01 几乎相同，但是 XHTML 的代码更严密，是更整洁的 HTML 版本。XHTML 的定义如同将 HTML 视为 XML（从代码的结构上）。XHTML 也是 W3C（World Wide Web Consortium）理事会或万维网联盟的推荐标准。

由于某些需要，XHTML 将以前版本的 HTML 能够实现的功能交给了 CSS，从而实现表现与样式的分离，这是 Web 未来发展的潮流。

2. 为什么学习 XHTML

XHTML 是 HTML 和 XML 的组合。XHTML 将 XML 的语法和所有 HTML 4.01 的元素结合起来。这里说到的 XML（Extensible Markup Language）是可扩展标记语言的缩写。并未遵循语法规则的 HTML 代码在浏览器中依然能够正确地显示。

【操作实例 4—11】错误代码示例如表 4—7 所示。

表 4—7　　程序代码及解释

程序代码	对应解释
01　〈html〉	声明 HTML 网页开始
02　〈head〉	声明网页头部分开始
03　〈title〉XHTML 学习网〈/title〉	声明标题内容
04	此处缺少头标签的结束标记〈/head〉
05　〈body〉	声明网页主体部分开始
06　〈h1〉没有遵循语法规则的代码也能正常显示	缺少标题标签的结束标记〈/h1〉
07　〈/body〉	声明网页主体部分结束
08	此处缺少 HTML 网页结束标记〈/html〉

可见，通过 HTML 和 XML 的结合，发挥它们各自的长处，就获得了实用的可扩展超文本标记语言——XHTML。等到其他浏览器都升级支持 XML 时，XHTML 能够被所有支持 XML 的设备读取，现在 XHTML 给了一个加工 HTML 文档的机会，让这些文档能够在所有的浏览器中查看，并且有良好的向后兼容性。

3. XHTML 对比 HTML

开始阶段可以通过书写严密的 HTML 代码来为 XHTML 的学习做准备。XHTML 与 HTML 的区别并不是很大，因此熟悉 HTML 4.01 标准代码对学习 XHTML 非常有意义。补充一点，现在就应该开始习惯使用小写标签书写 HTML 代码，不要漏掉结束标签。XHTML 与 HTML 最主要的区别参考操作实例 4—12。

【操作实例 4—12】XHTML 与 HTML 区别。

（1）XHTML 元素必须合理嵌套，见表 4—8。

表 4—8　　程序代码及解释

程序代码	对应解释
01　〈b〉〈i〉元素可以不使用正确的相互嵌套〈/b〉〈/i〉	01　在 HTML 中一些元素可以不使用正确的相互嵌套
02　〈b〉〈i〉XHTML 中所有元素必须合理地相互嵌套〈/i〉〈/b〉	02　在 XHTML 中所有元素必须合理地相互嵌套
03　〈ul〉	03～11　在列表嵌套的时候经常会犯一个错误，就是忘记了在列表中插入一个新列表必须嵌在〈li〉标记中
04　〈li〉吉林省〈/li〉	
05　〈li〉黑龙江省	
06　〈ul〉	

续前表

程序代码	对应解释
07　〈li〉哈尔滨市〈/li〉	
08　〈li〉齐齐哈尔市〈/li〉	
09　〈/ul〉	
10　〈li〉辽宁省〈/li〉	
11　〈/ul〉	
12　〈ul〉	12～21　在这段正确的代码示例中，〈/ul〉后面加入了〈/li〉标签即第 19 行的〈/li〉
13　〈li〉吉林省〈/li〉	
14　〈li〉黑龙江省	
15　〈ul〉	
16　〈li〉哈尔滨市〈/li〉	
17　〈li〉齐齐哈尔市〈/li〉	
18　〈/ul〉	
19　〈/li〉	
20　〈li〉辽宁省〈/li〉	
21　〈/ul〉	

(2) XHTML 文档形式上必须规范。所有的 XHTML 元素必须被嵌在〈html〉根元素中，其他元素可以有自己的子元素。位于父元素之内的子元素必须成对出现且使用正确的嵌套。文档的基本构架见表 4—9。

表 4—9　　程序代码及解释

程序代码	对应解释
01　〈html〉	声明 HTML 网页开始
02　〈head〉	声明网页头部分开始
03　〈title〉…〈/title〉	声明标题内容
04　〈/head〉	声明网页头部分结束
05　〈body〉	声明网页主体部分开始
06　…	网页的主体内容
07　〈/body〉	声明网页主体部分结束
08　〈/html〉	声明 HTML 网页结束

(3) XHTML 标签必须使用小写。因为 XHTML 文档是 XML 的应用产物，XML 是区分大小写的，所以〈br〉和〈BR〉会被认为是两种不同的标签，见表 4—10。

表 4—10　　程序代码及解释

程序代码	对应解释
01　〈BODY〉	不允许用大写字母声明
02　〈P〉这是错误的代码〈/P〉	不允许用大写字母声明
03　〈/BODY〉	不允许用大写字母声明
04　〈body〉	正确的标签书写
05　〈p〉这是正确的代码〈/p〉	正确的标签书写
06　〈/body〉	正确的标签书写

（4）所有的 XHTML 元素都必须有始有终。非空元素必须得有结束标签，空标签同样也得关闭，可以在开始标签后加上“/〉”，见表 4—11。

表 4—11　　程序代码及解释

程 序 代 码	对 应 解 释
01　〈P〉这是错误的换段标签书写〈/P〉	不允许用大写字母声明
02　〈p〉这是正确的换段标签书写〈/p〉	正确的标签书写
03　这是错误的换行标签〈br〉	错误的换行标签
04　这是正确的换行标签〈br /〉	正确的换行标签
05　这是错误的水平线标签〈hr〉	错误的水平线标签
06　这是正确的水平线标签〈hr /〉	正确的水平线标签
07　这是错误的图片标签〈img src = "html. gif" alt = "代替文本"〉	错误的图片标签
08　这是正确的图片标签〈img src = " xhtml. gif" alt = "代替文本" /〉	正确的图片标签

应用提示：重要的是 XHTML 必须与目前的浏览器兼容，应该为类似〈br/〉和〈hr/〉这样的标签在“/”前加上额外的空格。

4. 3. 2　XHTML 基础知识

1. XHTML 的语法结构

XHTML 要求书写整洁的 HTML 语法，更多的 XHTML 语法规则参考操作实例 4—13。XHTML 语法规则如下：

（1）XHTML 的属性名称必须小写，见表 4—12。

表 4—12　　程序代码及解释

程 序 代 码	对 应 解 释
01　〈table WIDTH = "100 % "〉	表格标签的宽属性用大写，错误
02　〈table width = "100 % "〉	表格标签的宽属性用小写，正确

（2）XHTML 的属性值使用双引号，见表 4—13。

表 4—13　　程序代码及解释

程 序 代 码	对 应 解 释
01　〈table width = 100 % 〉	表格标签的宽属性值未加双引号，错误
02　〈table width = "100 % "〉	表格标签的宽属性值加双引号，正确

（3）XHTML 不允许简写属性，见表 4—14。

表 4—14　　程序代码及解释

程 序 代 码	对 应 解 释
01　〈input checked〉	简写属性，错误
02　〈input checked = "checked" /〉	完整属性，正确

在 HTML 中可以简写的属性及其在 XHTML 中正确书写的列表见表 4—15。

表 4—15　　HTML 中可以简写的属性与 XHTML 的对比

简写的属性	XHTML 中正确书写
01　mpact	compact = "compact"
02　checked	checked = "checked"
03　declare	declare = "declare"
04　readonly	readonly = "readonly"
05　disabled	disabled = "disabled"
06　selected	selected = "selected"
07　defer	defer = "defer"
08　ismap	ismap = "ismap"
09　nohref	nohref = "nohref"
10　noshade	noshade = "noshade"
11　nowrap	nowrap = "nowrap"
12　multiple	multiple = "multiple"
13　noresize	noresize = "noresize"

(4) XHTML 标签中用 id 属性来替换 name 属性。对于 a、applet、frame、iframe、img 和 map 元素，HTML 中定义了 name 属性，而在 XHTML 中是不能这样做的，应该用 id 来代替，见表 4—16。

表 4—16　　程序代码及解释

程 序 代 码	对 应 解 释
01　〈img src = "picture. gif" name = "picture1" /〉	应用 name 属性，错误
02　〈img src = "picture. gif" id = "picture1" /〉	应用 id 属性，正确

应用提示：针对版本比较低的浏览器，应该同时使用 name 和 id 属性，并使它们两个的值相同，如〈img src = "picture. gif" id = "picture1" name = "picture1"/〉。

(5) lang 属性可以应用于几乎所有的 XHTML 元素，它能指定元素中内容的使用语言。如果要在元素中使用 lang 属性，就必须加上“xml:”，语法格式如下：

〈div lang = "no" xml:lang = "no"〉 Hello World! 〈/div〉

(6) XHTML DTD 用来定义必要的元素。所有 XHTML 文档都必须有 DOCTYPE（文档类型）声明。文档内必须含有 html、head、body 元素，而且 title 元素必须出现在 head 元素内。典型 XHTML 文档样本见表 4—17。

表 4—17　　程序代码及解释

程 序 代 码	对 应 解 释
01　〈! DOCTYPE Doctype goes here〉	声明文档类型
02　〈html xmlns = "http://www. w3. org/1999/xhtml"〉	声明 HTML 网页开始
03　〈head〉	声明头部内容开始
04　〈title〉 标题 〈/title〉	声明标题内容
05　〈/head〉	声明头部内容结束

续前表

程 序 代 码	对 应 解 释
06 〈body〉	声明主体内容开始
07 〈/body〉	声明主体内容结束
08 〈/html〉	声明 HTML 网页结束

应用提示：DOCTYPE 声明并不是 XHTML 文档自身的一部分，它也不属于 XHTML 元素，不需要关闭标签。xmlns = "http://www.w3.org/1999/xhtml"是一个固定的值，即使文档里没有包含它，w3.org 的校验器也会自动加上。

2. XHTML 的 DTD

XHTML 标准制定了 3 种文档类型定义，使用最普遍的是 XHTML 过渡型类型，必须得有〈!DOCTYPE〉。XHTML 文档主要由 3 个方面构成：DOCTYPE（文档声明）、Head（头部）和 Body（主体）。文档声明必须出现在 XHTML 文档的首行，是基本的文档结构，其余部分看上去就像 HTML 语法结构。简单的 XHTML 文档代码见操作实例 4—14。

【操作实例 4—13】 简单的 XHTML 代码示例见表 4—18。

表 4—18 **程序代码及解释**

程 序 代 码	对 应 解 释
01 〈!DOCTYPE html PUBLIC "-//W3C//DTD XHTML 1.0 Strict//EN" "http://www.w3.org/TR/xhtml1/DTD/xhtml1-strict.dtd"〉	声明文档类型
02 〈html〉	声明 HTML 网页开始
03 〈head〉	声明头部内容开始
04 〈title〉 … 〈/title〉	声明标题内容
05 〈/head〉	声明头部内容结束
06 〈body〉 … 〈/body〉	声明主体内容
07 〈/html〉	声明 HTML 网页结束

三类文档类型定义：DTD 具体指定了页面中的语法，DTD 被用做指定文档中使用的标签以及元素集的规则，如 HTML；XHTML 指定在 SGML（Standard Generalized Markup Language，标准通用标记语言）中的文档类型或“DTD”；XHTML DTD 所描述的 XHTML 标签精确，计算机易读性好，语法和文理都合适。XHTML 1.0 指定当前的三类 XHTML 文档类型：严密型、过渡型和框架型。

(1) XHTML 1.0 严密型。如果要从以前混乱的观念中解脱出来，并需要真正整洁的代码，就使用 DTD，并将它与样式表一起使用，代码如下：

```
〈!DOCTYPE html PUBLIC "-//W3C//DTD XHTML 1.0 Strict//EN"" http://www.w3.org/TR/xhtml1/DTD/xhtml1-strict.dtd"〉
```

(2) XHTML 1.0 过渡型。使用 DTD 可以发挥一些 HTML 的优势或者支持那些不支持样式表的浏览器，代码如下：

```
〈!DOCTYPE html PUBLIC "-//W3C//DTD XHTML 1.0 Transitional//EN ""http://www.w3.org/TR/xhtml1/DTD/
```

xhtml1-transitional. dtd"〉

(3) XHTML 1.0 框架型。HTML 的框架就使用 DTD，代码如下：

〈! DOCTYPE html PUBLIC "-//W3C//DTD XHTML 1.0 Frameset//EN ""http://www.w3.org/TR/xhtml1/DTD/xhtml1-frameset.dtd"〉

3. HTML 转换成 XHTML

要将一个 HTML 网站转换成 XHTML，首先应该熟悉前面所提到的 XHTML 语法，然后依照下面的步骤来做。

(1) 添加 DOCTYPE 定义。想要让 HTML 页都成为有效的 XHTML 就必须有 DOCTYPE 声明。需要注意的是，比较新的浏览器（如 IE7）会对文档里的 DOCTYPE 有不同的处理。如果浏览器读到一个含有 DOCTYPE 声明的文档，它或许能"正确"处理文档。然而不使用 DOCTYPE 的 XHTML 就有可能导致显示内容的下滑或看上去的效果与设想中的不同。因此在每个页面的首行都要添加 DOCTYPE 声明。

(2) 小写标签和属性名称。由于 XHTML 区分大小写并只接收小写 HTML 标签和属性，查找所有大写标签或属性并替换成小写标签或属性的工作就开始了。但在代码书写中如果已经习惯使用小写属性名称，那么实际工作量并不大。

(3) 为所有属性值加上引号。W3C 表示 XHTML 1.0 中所有属性值都必须用引号括起来，所以每个页面都需要检查；以后应该避免出现这类问题。

(4) 检查空标签：〈hr〉、〈br〉和〈img〉。在 XHTML 中不允许有空标签。如〈hr〉和〈br〉应该用〈hr /〉和〈br /〉来替换。用〈br/〉标签会在浏览器中出现错误，使用〈br /〉来解决这个问题（br 后多加个空格）。

其他标签（如〈img〉标签）会出现像上面一样的问题。不要用〈/img〉来关闭〈img〉标签，可以在标签的末尾使用"/〉"来解决。

4.4 XHTML 属性和事件

4.4.1 XHTML 属性

XHTML 可含有属性。各标签所特有的属性都在下面标签的描述中。这里所列的是所有标签的核心属性、语言属性和键盘属性。

1. 核心属性

核心属性在 base、head、html、meta、param、script、style 和 title 元素中无效，代码如下：

class——元素类别

id——唯一 ID

style——内样式

title——提示

2. 语言属性

语言属性在 base、br、frame、frameset、hr、iframe、param 和 script 元素中无效，代码

如下：

dirg——设置文序

lang——语言代码

3. 键盘属性

键盘属性代码如下：

accesskey——设置键盘快捷访问 wyc；

tabindexy——设置元素的定位键命令

4.4.2 XHTML 事件

XHTML 4.0 的新特征让其能在浏览器中使用 HTML 事件触发，像用户单击 HTML 元素时就能开始一个 JavaScript 一样。下面是通过插入 HTML 标签中的属性来定义事件行为。

1. 窗口事件

窗口事件只在 body 和 frameset 元素中才有效，代码如下：

onload——装载时

onunload——卸载时

2. 表单元素事件

该事件仅在表单元素中才有效，代码如下：

onchange——当元素有改变时脚本会执行

onsubmit——当表单提交时执行

onreset——当表单重置时执行

onselect——元素被选中时执行

onblur——元素失去焦点时执行

onfocus——元素得到焦点时执行

3. 键盘事件

键盘事件在 base、bdo、br、frame、frameset、head、html、iframe、meta、param、script、style 和 title 元素中都无效，代码如下：

onkeydown——当键按下时做什么

onkeypress——当键按下然后释放时做什么

onkeyup——当键释放时做什么

4. 鼠标事件

鼠标事件在 base、bdo、br、frame、frameset、head、html、iframe、meta、param、script、style 和 title 元素中都无效，代码如下：

onclick——单击事件

ondblclick——双击事件

onmousedown——按下事件

onmousemove——移动事件

onmouseout——鼠标移开元素事件

onmouseover——鼠标在元素上面事件

onmouseup——鼠标释放事件

4.5 XHTML 标签

4.5.1 XHTML 的常用标签

1. 标题标签〈h1〉到〈h6〉

定义标题，使用标签〈h1〉到〈h6〉，对应的终止标签分别为〈/h1〉到〈/h6〉，其中〈h1〉到〈h6〉字号顺序减小，重要性也逐渐降低。通常浏览器将在标题的上面和下面自动各空出一行距离，语法格式如下：

〈hn align="left | center | right"〉标题文字〈/hn〉

说明： hn 设置标题文字的大小，n 取 1 到 6 的整数值，取 1 时文字最大，取 6 时文字最小。align 用来设置段落文字在网页上的对齐方式：left（左对齐）、center（居中对齐）或 right（右对齐）。默认为 left。

2. 段落标签〈p〉

定义段落使用〈p〉和〈/p〉，在〈p〉和〈/p〉之间的内容会被识别为一个段落，这个标签类似通常所说的一个“自然段”。与标题类似，浏览器也会在段落的开始之前和结束之后各加一行空白，语法格式如下：

〈p align="left | center | right"〉文字〈/p〉

3. 换行标签〈br /〉

当另起一行书写文字却又不希望另起一个自然段时，就可以应用〈br /〉标签。〈br /〉标签也是一个空标签，需要加上一个“/”以符合 XHTML 的要求，语法格式如下：

文字〈br /〉

4. 水平分割线标签〈hr /〉

实现水平分割线的标签是〈hr/〉。与〈br/〉标签一样，〈hr/〉也是一个空标签，为了遵守 XHTML 的规则，需要加上一个“/”，语法格式如下：

〈hr align="left | center | right" size="横线粗细" width="横线长度" color="横线颜色" noshade="noshade" /〉

说明： noshade 用来设置线条为平面显示（没有三维效果），默认时有阴影或立体效果。

5. 注释〈! ----〉

合理利用上面介绍的 4 个标签可以使浏览网页的用户觉得网页的层次清晰，而注释也可以在阅读网页源代码时感觉层次清晰。在〈! -- 和 --〉之间的内容就是注释，它们将不会在网页上显示。

【操作实例 4—14】 XHTML 常用标签综合实例。此操作实例综合了 XHTML 常用标签，程序说明见表 4—19。

表 4—19　　XHTML 常用标签及应用

程序代码	对应解释
01　〈html〉	声明 HTML 网页开始
02　〈head〉	声明头部开始
03　〈title〉这个网页的标题〈/title〉	标题标签
04　〈/head〉	声明头部结束
05　〈body〉	声明主体开始
06　〈h1〉一号标题〈/h1〉〈! -- 字号最大 -- 〉	一号标题标签字号最大
07　〈h2〉二号标题〈/h2〉〈! -- 字号比一号小 -- 〉	二号标题标签字号比一号小
08　〈h3〉三号标题〈/h3〉〈! -- 字号比二号标题小 -- 〉	三号标题标签字号比二号小
09　〈h4〉四号标题〈/h4〉〈! -- 字号比三号标题小 -- 〉	四号标题标签字号比三号小
10　〈h5〉五号标题〈/h5〉〈! -- 字号比四号标题小 -- 〉	五号标题标签字号比四号小
11　〈h6〉六号标题〈/h6〉〈! -- 字号最小 -- 〉	六号标题标签字号最小
12　〈hr /〉〈! -- 水平分割线,注意"/" -- 〉	水平线标签
13　〈p〉此处为换落内容〈/p〉	换落标签
14　〈br /〉换行	换行标签
15　〈/body〉	声明主体结束
16　〈/html〉	声明 HTML 网页结束

6. 文字格式标签

〈b〉标签使得包含在它之中的内容变成粗体显示。这种定义文字显示方式的标签叫做文字格式标签（文字样式标签）。与粗体标签〈b〉类似的还有斜体标签〈i〉。在 XHTML 标准中不推荐使用〈b〉，而使用〈strong〉；同样，不推荐使用〈i〉，而使用〈em〉。

【操作实例 4—15】文字格式标签。此操作实例演示了文字格式标签的使用，见表 4—20。

表 4—20　　文本格式标签及应用

程序代码	对应解释
01　〈b〉不推荐使用〈/b〉	文体加粗标签，不推荐使用
02　〈strong〉推荐使用〈/strong〉	文体加粗标签，推荐使用
03　〈i〉推荐使用〈/i〉	文体斜体标签，不推荐使用
04　〈em〉推荐使用〈/em〉	文体斜体标签，推荐使用
05　〈sup〉上标标签〈/sup〉	表示主体上标标签
06　〈sub〉下标标签〈/sub〉	表示主体下标标签

7. 特殊字符（字符实体）

在 XHTML 中“〈”和“〉”是比较特殊的字符，因为它们用于识别标签，而且在标签中的“〈”和“〉”不会出现在页面上。如果想让浏览器显示这些特殊字符，可以使用字符实体，如小于号“〈”在 XHTML 代码中写做“<”。

【**操作实例 4—16**】特殊字符书写。特殊字符的书写代码见表 4—21。

表 4—21　　特殊字符

字　符	对应解释
01　<	浏览显示为“〈”
02　>	浏览显示为“〉”
03	浏览显示为空格
04　&	浏览显示为“&”
05　"	浏览显示为双引号
06　©	浏览显示为版权
07　®	浏览显示为注册符

8. 超级链接标签〈a〉

毫不夸张地说，超级链接把整个互联网连接起来，超级链接几乎可以指向互联网上的任何资源！利用 XHTML 建立超级链接的语法非常简单，只需要一对〈a〉〈/a〉标签即可，语法格式如下：

〈a href = "这个超级链接将要指向的网址"〉页面上将要显示的文字或者图片等〈/a〉

其中，〈a〉标签中的 href 属性是这个超级链接所要指向的地址，它可以是一般的网址，也可以是邮件的地址。

创建一个指向邮件地址的超级链接代码如下：

〈a href = "mailto:xxx@xxx.com"〉联系我们〈/a〉//邮箱超级链接

浏览网页，单击新创建的链接，如果系统安装了 Outlook 之类的邮件管理软件，就会打开一个给 xxx@xxx.com 邮箱发送邮件的界面。

〈a〉和〈/a〉之间的内容（元素）将作为超级链接显示在网页上。href 属性值为一般网址（绝对路径）时，“http：//”是不可以省略的，否则浏览器将把它作为相对路径来识别。绝对路径与相对路径的区别不在 XHTML 的范围之内，如果不了解这个概念，请查阅相关书籍。

页内跳转超级链接（锚记）在页面内有大量内容时，可以让用户很快地找到所需要的信息。通常情况下都是在一些说明性的网页内做目录使用。在浏览网站时，它可以让内容回到页面的顶端或者当前网页内的任何一个位置。它的语法格式如下：

〈h1〉XHTML——超级链接〈a id = "biaoti"〉〈/a〉〈/h1〉

而超级链接本身的代码如下：

〈a href = "＃biaoti"〉回到标题〈/a〉〈h1〉

9. 列表标签

(1) 无序列表〈ul〉。无序列表的标签是〈ul〉〈/ul〉，而每一个列表项目则用〈li〉标签表示。无序列表代码见表 4—22。

表 4—22　　程序代码及解释

程 序 代 码	对 应 解 释
01　〈ul〉	无序标签开始
02　〈li〉聊斋志异〈/li〉	无序标签中的列表项目 1
03　〈li〉红楼梦〈/li〉	无序标签中的列表项目 2
04　〈li〉西游记〈/li〉	无序标签中的列表项目 3
05　〈/ul〉	无序标签结束

（2）有序列表〈ol〉。有序列表的标签是〈ol〉〈/ol〉，列表项目仍然是〈li〉。无序列表代码见表 4—23。

表 4—23　　程序代码及解释

程 序 代 码	对 应 解 释
01　〈ol〉	有序标签开始
02　〈li〉聊斋志异〈/li〉	有序标签中的列表项目 1
03　〈li〉红楼梦〈/li〉	有序标签中的列表项目 2
04　〈li〉西游记〈/li〉	有序标签中的列表项目 3
05　〈/ol〉	有序标签结束

通过此操作实例可以看到无序列表与有序列表在外观上的不同就是在每个项目前面是小圆点还是数字。而在含义上，ul 表示的是并列关系，ol 则表示有先后顺序关系。

10. 图片标签〈img〉

〈img〉标签用于在网页里插入图片。〈img〉标签有一个必需的属性“src”，它的属性值就是图片的地址，语法格式如下：

```
〈img src = "图片文件名" alt = "替换文本" width = "图片宽度" height = "图片高度" border = "边框宽度" hspace = "水平方向空白" vspace = "垂直方向空白" align = "left | center | right" /〉
```

说明：〈img〉也是一个空标签，需要在结尾加上一个“/”以符合 XHTML 的要求。属性 alt 叫做替换属性，当图片由于某种原因而无法显示时，alt 的属性值就会代替图片出现；而当图片正常显示时，只要把鼠标停在图片上就会看到 alt 的属性值。

例如，用图片作为超级链接，代码如下：

```
〈a href = "http://www.qqhre.com/"〉〈img src = "logo.gif" alt = "技术支持"/〉〈/a〉
```

浏览网页，图片变成了超级链接，点击图片就会进入信息工程学校的主页。

4.5.2　XHTML 的其他标签

1. 表格标签〈table〉

表格是 XHTML 中处境尴尬的一个标签。表格应该被用来展示数据，而不是用于网页布局。

在 CSS 流行之前，table 被广泛应用于定位。在 XHTML 中，table 不被推荐用来定位，W3C 希望 CSS 可以取代〈table〉在定位方面的地位。不过事实上由于利用 CSS 布局常常需要大量的手写代码工作（常用的网页设计软件如 Dreamweaver 并不能完美支持 div 的显示），〈table〉仍被许多网站用于首页布局。例如，Google的More products页面就利用table来定位。不过还是推荐使用CSS来定位网页，因为这是Web发展的方向。

〈table〉标签可以有border属性。如果不设置border属性的值，在默认情况下，浏览器将不显示表格的边框。用表格显示很多数据，还需要加入caption（标题）、thead、tbody等。〈table〉标签代码见表4—24。

表4—24　　程序代码及解释

程序代码	对应解释
01　〈table border="1"〉	边框为1的表格开始
02　〈tr〉	表格中的行标签开始
03　〈td〉一个格子〈/td〉	表格中的单元格标签
04　〈td〉一个格子〈/td〉	表格中的单元格标签
05　〈/tr〉	表格中的行标签结束
06　〈/table〉	边框为1的表格结束

上面的代码中，一共有1对〈tr〉，对应着一行；而〈tr〉（行）又有两个〈td〉（单元格），于是就成了一个1行2列的表格。这样的表格用来列出数据的信息，但是用来定位的表格通常要复杂一些。再次强调不推荐用table来定位，所以这里仅简单地介绍了〈table〉。

2. 框架结构标签〈frameset〉

框架结构可以让几个网页同时显示在浏览器的一个页面内，不推荐使用它来设计网站。框架允许在一个浏览器窗口内打开两个至多个页面。也可以这样理解，〈frameset〉其实就是一个大〈table〉，只不过整个页面是〈table〉的主体，而每一个单元格的内容都是一个独立的网页。框架集标签的语法格式如下：

```
〈frameset rows="横向框架数"|cols="纵向框架数" border="边框宽度" bordercolor="边框颜色"
frameborder="是否有边框" framespacing="窗格间的空白"/〉
```

（1）给框架结构分栏（“cols”和“rows”属性）。既然框架结构可以被理解为一个网页为单元格的表格，那么就一定要分栏。其中cols属性将页面分为几列，而rows属性则将页面分为几行，见表4—25。

表4—25　　程序代码及解释

程序代码	对应解释
01　〈html〉	声明HTML网页开始
02　〈frameset rows="25%,75%"〉	框架集标签开始
03　〈frame src="1.html"/〉	框架标签1
04　〈frame src="2.html"/〉	框架标签2
05　〈/frameset〉	框架集标签结束
06　〈/html〉	声明HTML网页结束

其中“rows="25%，75%"”表示该页面共分为两行，它有两个属性值，分别为页面

高度的25%和75%。

(2) 框架标签〈frame〉。上面的实例中已经用到了〈frame〉标签，它的src属性就是这个框架里将要显示的内容。框架标签的语法格式如下：

```
〈frame src="源文件名" id="框架名" border="边框宽度" bordercolor="边框颜色" frameborder="是否有边框" framespacing="窗格间的空白" marginwidth="框架内容与左右边框的空白" marginheight="框架内容与上下边框的空白" scrolling="滚动条" noresize="noresize" /〉
```

说明：语句中的两个框架可以通过拖曳来改变大小比例，如果希望它们大小固定可以使用“noresize=" noresize"”属性。

注意：〈frame〉标签是空标签，需要加上一个“/”以符合XHTML的要求。

(3)〈noframe〉标签。该标签只有当浏览器不支持框架结构时才会起作用，现在几乎所有浏览器都支持框架结构。

3. 表单标签〈form〉

表单是用户提交信息的重要渠道。表单以一个〈form〉标签开始，如用户注册网站会员，投票都需要表单来实现。仅仅依靠XHTML是无法处理这些表单的，需要使用ASP、PHP、JSP和ASP.NET的网页后台技术。下面介绍常见的表单组成元素。

(1) 表单内的〈input〉标签。表单元素都用到了〈input〉标签，决定了它们类型不同的是〈input〉标签的属性“type”的属性值。〈input〉标签也是一个空标签，没有终止标签。在标签的后面加上一个“/”以符合XHTML的要求。

① 文本框的语法格式如下：

```
〈form〉姓名：〈input type="text" name=" text "/〉〈br/〉〈/form〉
```

② 密码框的语法格式如下：

```
〈form〉姓名：〈input type="password" name=" password "/〉〈br/〉〈/form〉
```

③ 复选框的语法格式如下：

```
〈form〉爱好〈input type="checkbox" name="checkbox"/〉〈br/〉〈/form〉
```

④ 单选框的语法格式如下：

```
〈form〉〈input type=" radio " name=" radio "/〉男〈/form〉
```

⑤ 普通按钮的语法格式如下：

```
〈form〉按钮：〈input type="button" name=" button "/〉〈br/〉〈/form〉
```

⑥ 重置按钮的语法格式如下：

```
〈form〉重置：〈input type="reset" name=" reset "/〉〈br/〉〈/form〉
```

⑦ 提交按钮的语法格式如下：

```
〈form〉提交：〈input type="submit" name=" submit "/〉〈br/〉〈/form〉
```

⑧ 图片域的语法格式如下：

```
〈form〉图片：〈input type="image" name="image"/〉〈br/〉〈/form〉
```

⑨ 文件域的语法格式如下：

```
〈form〉文件：〈input type = " file " name = " file "/〉〈br/〉〈/form〉
```

⑩ 隐藏域的语法格式如下：

```
〈form〉隐藏：〈input type = " hidden " name = " hidden "/〉〈br/〉〈/form〉
```

（2）文本域的语法格式如下：

```
〈form〉文本域：〈textarea name = "textarea"〉〈/textarea〉〈/form〉
```

（3）下拉框的语法格式如下：

```
〈form〉下拉框：
  〈select name = "select"〉
    〈option〉选项 1〈/option〉
    〈option〉选项 2〈/option〉
  〈/select〉
〈/form〉
```

〈input〉标签、文本域标签和下拉框标签的浏览效果如图 4—10 所示。

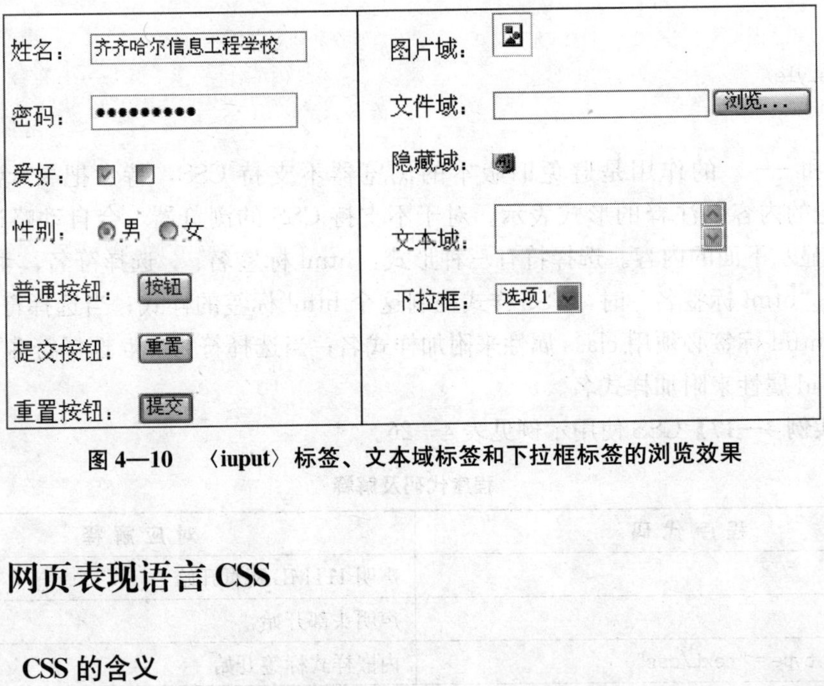

图 4—10　〈iuput〉标签、文本域标签和下拉框标签的浏览效果

4.6 网页表现语言 CSS

4.6.1 CSS 的含义

CSS 是 Cascading Style Sheets（层叠样式表）的简称，用于增强控制网页样式并允许将样式信息与网页内容分离的一种标记语言。引入 CSS 的目的就是把结构与样式分离，减少网页的代码量，加快页面传送速度。它可以有效地实现对页面的布局、颜色和字体等更加精确的控制。

4.6.2 CSS 样式应用

可以使用下面 4 种方法把样式加到网页中。

1. 行内样式

行内样式是在 XHTML 标记中增加一个模式属性 style，而 style 属性的内容就是 CSS 的属性和值，语法格式如下：

```
〈标记 style="属性:属性值;属性:属性值;…"〉
```

2. 内嵌样式

用〈style〉标记实现内嵌样式单，习惯把样式单放到 XHTML 文件的〈head〉…〈/head〉标记内，语法格式如下：

```
〈head〉
    〈style type="text/css"〉
    〈! --
     选择符 1{属性:属性值;属性:属性值;…}/＊注释内容＊/
     选择符 2{属性:属性值;属性:属性值;…}
     …
    --〉
    〈/style〉
〈/head〉
```

〈! -- 和 --〉的作用是避免旧版本的浏览器不支持 CSS，特意把〈style〉…〈/style〉标记的内容以注释的形式表示。对于不支持 CSS 的浏览器，会自动略过注释的内容，而正常显示下面的内容。选择符有三种形式：html 标签名、. 选择符名、＃选择符名。当选择符为“html 标签名”时，CSS 样式控制这个 html 标签的样式；当选择符为“. 选择符名”时，html 标签必须用 class 属性来附加样式名；当选择符为“＃选择符名”时，html 标签必须用 id 属性来附加样式名。

【操作实例 4—17】 CSS 使用示例见表 4—26。

表 4—26　　程序代码及解释

程序代码	对应解释
01　〈html〉	声明 HTML 网页开始
02　〈head〉	声明头部开始
03　〈style type="text/css"〉	内嵌样式标签开始
04　〈! --	注释开始
05　p{color:＃ff0000; }/＊注释内容＊/	创建段落标签的样式
06　.a{color:＃00ff00; }	创建 .a 类的样式
07　＃b{color:0000ff;}	创建＃b 身份认证的样式
08　--〉	注释结束
09　〈/style〉	内嵌样式标签结束

续前表

程序代码	对应解释
10 〈/head〉	声明头部结束
11 〈body〉	声明主体部分开始
12 〈p〉换段内容为红色〈/p〉	段落内的文本变为红色
13 〈div class = ″a″〉此处内容为绿色〈/div〉	class 类内的文本变为绿色
14 〈div id = ″b″〉此处内容为蓝色〈/div〉	id 认证的文本变为蓝色
15 〈/body〉	声明主体部分结束
16 〈/html〉	声明 HTML 网页结束

3. 链接到单个外部样式单文件

如果要应用一个样式或多个样式到多个 XHTML 文件中，就要建立包含样式说明的外部样式单文件（.css 文件），然后在 XHTML 文件中用〈link〉标记链接到这个样式单文件。这里〈link〉标记是 XHTML 文件与 .CSS 文件之间架设的桥梁，语法格式如下：

```
〈link rel = "stylesheet" href = "样式单文件" type = "text/css" /〉
```

说明：〈link〉表示链接样式单文件。rel＝"stylesheet" 属性定义在网页中使用外部样式单。type＝" text/css" 属性定义文件的类型是样式单文本。

4. 导入多个外部样式单文件

在内嵌样式单文件的〈style〉…〈/style〉标记中插入多个外部样式单文件，语法格式如下：

```
〈head〉
    〈style type = "text/css"〉
    〈! --
     @import url("外部样式单文件 1");
     @import url("外部样式单文件 2");
     其他样式
    -- 〉
    〈/style〉
〈/head〉
```

说明：所有的@import url 声明必须放在样式单的开始部分，其他样式在其后。@import url 语句后面的“;”号不能省略。

4.6.3 样式的属性

样式是由属性和属性值组成的，CSS 样式有很多属性，下面是常用属性，其他属性请参考 CSS 手册。

1. 背景属性

CSS 背景属性允许控制元素的背景颜色，设置一张图片作为背景，设置垂直或水平的重复背景图片，以及图片在页面上的位置，见表 4—27。

表 4—27　　CSS 背景属性

属　性	对应解释
background	设置所有背景属性
background-attachment	设置背景图片是固定的还是滚屏的
background-color	设置背景颜色
background-image	设置一张图片作为背景
background-position	设置背景图片的起始位置
background-repeat	设置背景重复图片

2. 字体属性

字体属性（Font Properties）包括字体名称、字号、字体的粗细等，见表 4—28。

表 4—28　　字体属性

属　性	对应解释
font	快速设置所有字体属性的声明
font-family	字体列表
font-size	设置字体大小
font-size-adjust	指定首选字体高度
font-stretch	当前字体系列的合并或扩展
font-style	设置字体样式
font-variant	让字体显示为小号或正常
font-weight	设置字体的粗细

3. 文本属性

CSS 文字属性允许控制文字的外观，包括改变文字的颜色，增加或者缩短文字的间距，文字的对齐、装饰、第一行文字的缩进等，见表 4—29。

表 4—29　　文本属性

属　性	对应解释
color	设置文字颜色
direction	设置文字的书写方向
letter-spacing	设置字符间距
text-align	在元素中对齐文字
text-decoration	添加文字修饰（下划线等）
text-indent	首行文字缩进
text-shadow	为文本添加阴影
text-transform	控制字母
unicode-bidi	同一页面从不同方向读入的文本显示
white-space	设置元素控件留白
word-spacing	设置单词间距

·本章小结·

本章主要讲授了网页构成的“母语”HTML和XHTML语言，从HTML语言的基础知识讲到HTML的组成，并以实际案例进一步剖析。对HTML的常用标记进行了表格化归纳，并对重点标记进行了实例讲解，对网站编程经常用到的、最关键的四大类标记表格、表单、链接、框架进行了细致的分析，尤其对HTML中表格的产生过程、表单的组成与提交方式、链接的几种方式、框架的构建做了详细的讲解。对不常用的标记则一带而过。

XHTML部分重点阐述了XHTML的基础知识，XHTML属性和事件，以及XHTML的标签及CSS样式。全面讲解XHTML的结构及XHTML与HTML版本的区别，以及如何把HTML网页内容转换为XHTML网页内容，从而使网页内容更接近Web标准。本章最后对XHTML的标签与CSS样式的综合应用进行了探讨。

每课一考

一、填空题

1. HTML是指________语言，是________的描述语言，是网页的________。

2. HTML文档由________和________两大部分组成。

3. HTML标记有________和________两种，〈br〉属于________标记。

4. 设置MP3格式文件作为网页背景音乐的语句是________。

5. 设置关键字的代码是________。

6. method是指发送表单信息的方式，有两种选择________和________。

7. 一个表单有三个基本组成部分：________、________和________。

8. 水平线标记的格式为________。

9. 在特定文字样式标记中斜体字标记是________，粗体字标记是________，上标标记是________，下标标记是________。

10. 字体标记的格式为________，其中字体名属性是________；设置文字大小属性是________。

11. 无序列表标记的格式为________，有序列表标记为________。

12. 超级链接标记的格式是________，电子邮件链接的格式为________。

13. 图像标记的格式为________；在图片标记的格式中，文件的路径属性是________。

14. 表格标记的格式为________，表格中行标记格式为________，表格中单元格的标记格式为________，表格头的标记格式为________。

二、选择题

1. HTML文档的扩展名是（　　）。

A. doc　　B. htm　　C. XLS　　D. ASP

2. 在HTML文件中所有标记都必须放在（　　）之中。

A. 〈 〉　　B. { }　　C. ( )　　D. “ ”

3. font color=""中，颜色原取值应该是（　　）。

A. 二进制　　B. 八进制　　C. 十进制　　D. 十六进制

4. 换行标记是（　　）。

A. 〈Br〉　B. 〈Hr〉　C. 〈P〉　D. 〈a〉

5. 链接到中央电视台网址（www.cctv.com）正确的方法是（　　）。

A. 〈a href = "www.cctv.com"〉中央电视台〈/a〉

B. 〈a href = "http://www.cctv.com"〉中央电视台〈/a〉

C. 〈a = "www.cctv.com"〉中央电视台〈/a〉

D. 〈href = "http://www.cctv.com"〉中央电视台〈/a〉

6. 表格中的一列用（　　）标记表示。

A. TD　B. TR　C. HR　D. Table

7. 以下（　　）是超链接的标记。

A. 〈href〉　B. 〈url〉　C. 〈a〉　D. 〈target〉

8. CSS 表示（　　）。

A. 层　B. 行为　C. 样式表　D. 时间线

9. 能够设置成口令域的是（　　）。

A. 只有单行文本域　B. 只有多行文本域

C. 单行、多行文本域　D. 多行“Textarea”标识

10. 在 XHTML 文本显示状态代码中，〈SUP〉〈/SUP〉表示（　　）。

A. 文本加注下标线　B. 文本加注上标线

C. 文本闪烁　D. 文本或图片居中

三、判断题

1. HTML 不是程序设计语言。（　　）

2. 无论是什么样的网页制作工具，最后生成的网页文件都是 HTML 代码。（　　）

3. action = "admin.asp"，当用户单击“确定”按钮后，将转向 admin.asp 程序继续执行。（　　）

4. 表单可以收集用户的信息和反馈意见，是网站管理者与浏览者之间沟通的桥梁。（　　）

5. 〈HEAD〉HTML 练习〈/HEAD〉将 HTML 页面的标题设置为“HTML 练习”。（　　）

6. HTML 标记符通常不区分大小写。（　　）

7. XHTML 语言描述了文档的结构格式，但是并不能精确地定义文档信息如何显示和排列。（　　）

8. HTML 语言转换成 XHTML 语言，只是语言版本的简单升级。（　　）

9. XHTML 语言的代码可以是大写也可以是小写。（　　）

10. CSS 样式加到网页中可以用标记单行形式加入。（　　）

11. CSS 样式加到网页中可以用外接单一样式单形式加入。（　　）

12. CSS 样式加到网页中可以用多个外部样式单形式加入。（　　）

13. CSS 样式只能控制字体。（　　）

14. 表格是网页排版的唯一形式。（　　）

四、问答题

1. 简述超级链接的含义及其语法格式。

2. 简述 HTML 文档的结构。

五、操作题

登录下列网站了解其类型、功能组成、网站特点。

腾讯网（http：//www. qq. com）

360 安全卫士网（http：//www. 360. cn）

优酷网（http：//www. youku. com）

六、励志题

上网查找马化腾、周鸿祎、古永锵的事迹，写一篇感想，要求透过三人的成长轨迹，制订自己的学习计划。

第 5 章　网站版面设计

本章知识结构框图

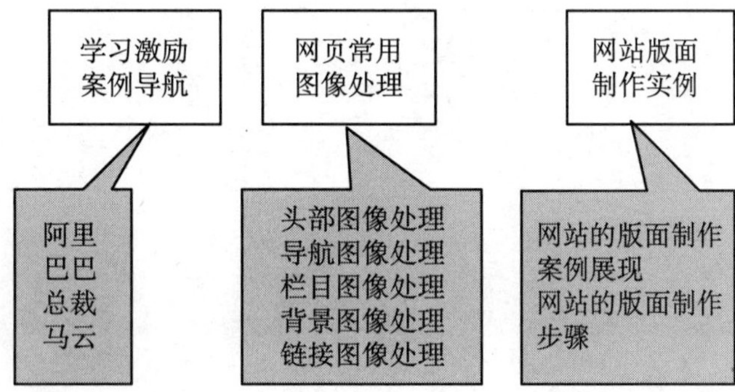

学习激励与案例导航

阿里巴巴总裁马云

马云，阿里巴巴集团主席和首席执行官、软银集团董事、中国雅虎董事局主席、亚太经济合作组织（APEC）工商咨询委员会（ABAC）会员、杭州师范大学阿里巴巴商学院院长、华谊兄弟传媒集团董事。

马云的人生因网络而辉煌，阿里巴巴网站因马云而风靡全球。一个好的项目造就一个成功的人生。从 1995 年一个普通的英语教师到 1999 年创办阿里巴巴；从 2002 年“全年盈利 1 块钱”的目标到 2003 年“一天收入一百万”的蓝图；再到 2004 年“一天盈利一百万”的成就，最后 2005 年“一天纳税一百万”的惊天之语。马云每走一步都坚若磐石，步步为营，招招大获全胜。

马云的成功最关键的一步是定位。比尔·盖茨将事业的目标定位在“微”小的“软”件，在那个年代，足见其智谋。在这互联网如日中天的现代社会，马云敏锐地嗅到了商机，将自己的人生与电子商务网站的发展紧紧相连，从而缔造了财富的神话。

天之骄子的大学生们，正走在求知大道上，正在迎接美好的人生，需要用心规划、用心去经营自己的人生。让我们看看马云是如何规划他的阿里巴巴，如何缔造人生神话的。“莺花犹怕春光老，岂可教人枉度春”珍惜每一寸光阴努力学习吧，时刻用知识武装头脑吧，终究有一天，我们都会像马云一样，豪情万丈，行走在成功的大道上！

5.1 网页常用图像处理

网站页面上有大量的图像，这些图像和文字一起构成了靓丽的网站页面。目前最常用的图像处理软件是 Photoshop。Photoshop 功能强大，能够完成网站各类图像处理。但由于 Photoshop 中工具众多，对初学者而言，初学之时如入云山雾海，不知如何入手，但实际上用到制作网站页面时的功能不多，而且非常容易学习，本节将以案例导航的方式将网站设计常用的图像处理技术一网打尽。

5.1.1 网站头部常用图像处理案例

网站页面头部是整个网站的起始，网站头部直接决定页面的整体效果。制作网站头部最常用的 Photoshop 技术主要有渐变填充、剪贴蒙版、自定义图案、自定义画笔等工具。现以实例方式进行讲解。

【操作实例 5—1】网站头部渐变、添加图层蒙板的使用。

（1）新建一个图像，大小为 760×70 像素，分辨率为 72 ppi，格式为 RGB。

（2）创建一个“新建图层”将其中填充颜色，颜色值设置为＃1C7CD0。

（3）将“素材 1”打开，添加“图层蒙板”，使用“渐变工具”，渐变颜色分别是黑、白、黑，如图 5—1 所示。调节完成后，使用鼠标从左至右拖一曳。

图 5—1 渐变调节图像

（4）继续创建一个新建图层，使用单行选框工具绘制一条白线。

（5）将白线复制 16 个副本，并将第一根和最后一根白线分别摆放在图像的最上方和最下方，效果如图 5—2 所示。

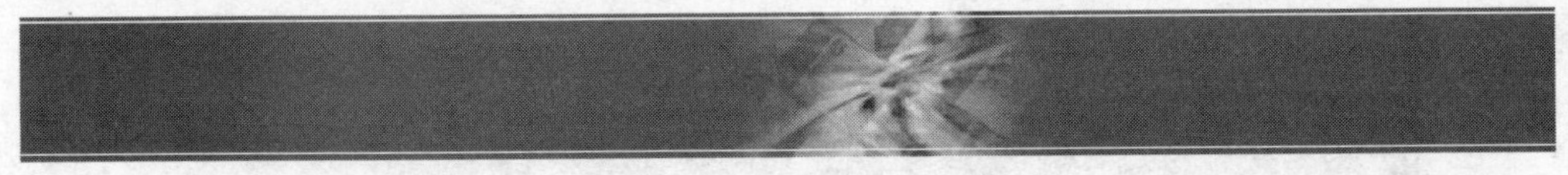

图 5—2 头部渐变制作效果

（6）将所有白线连接，使用移动工具单击属性栏中的“垂直居中分布”，效果如图 5—3 所示。

图 5—3　填加白色线条后的效果

(7) 合并链接图层。在该图层上添加"图层蒙板"，并使用"渐变工具"，设置渐变颜色分别是黑、白、黑，调节完成后，使用鼠标从左至右拖曳，效果如图 5—4 所示。

图 5—4　白色渐变效果

(8) 在图像的右上角输入"中文 ｜ English ｜ 搜索"，字体大小设置为 12 像素，字体设置为宋体。与此类似，输入"中国电脑信息资源共享网"，并将字体大小设置为 20 像素；字体为黑体，并添加效果。

(9) 把已经准备好的 LOGO 放置在图像的左端，最终效果如图 5—5 所示。

图 5—5　最终效果

【操作实例 5—2】网站头部渐变工具的使用。

(1) 新建一个大小为 760×70 像素，分辨率为 72 ppi，格式为 RGB 的图像。

(2) 在文件夹里将"素材 2"打开，放在左端，效果如图 5—6 所示。

图 5—6　打开图片

(3) 创建一个"新建图层"并将颜色填充为＃6B9029。

(4) 添加"图层蒙板"，使用渐变工具设置渐变颜色为黑色到白色。调节完成后，使用鼠标从右至左拖曳，效果如图 5—7 所示。

图 5—7　填加绿色背景

（5）录入相应文字，调整好位置，最终效果如图 5—8 所示。

图 5—8 最终效果

5.1.2 导航常用图像处理案例

【操作实例 5—3】新浪网导航制作实例。

该实例是新浪网首页导航，使用的配色方案是以蓝色为主，用色彩的明度变化体现出立体感，其效果如图 5—9 所示。网站上此类效果的使用频率非常高，如 MSN 中国、人民网、天天基金网等网站都运用了这种效果，如图 5—10 所示。

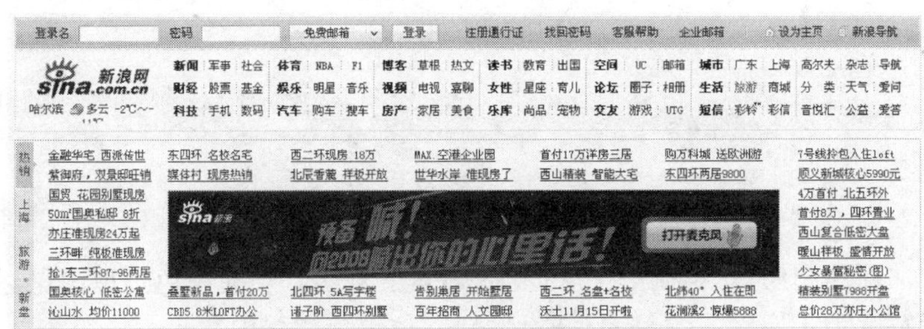

图 5—9 新浪网

图 5—10 MSN 中国、天天基金网

制作步骤如下：

（1）新建一个大小为 1000× 50 像素，分辨率为 72 ppi，格式为 RGB 的图像。

（2）绘制一个 950×30 像素的选区，创建“新建图层”，并在其中填充任意颜色。

（3）使用“图层样式”中的“渐变叠加”将颜色设置为从＃FDDC7B 到＃FDC145。

（4）载入“图层 1”的选区，执行“选择→修改→收缩”，数值设置为 2 像素。

（5）创建“新建图层”。单击鼠标右键，选择“描边”，设置宽度为 1 像素，颜色为白色，位置“居内”，如图 5—11 所示。

（6）创建一个“新建图层”，并输入文字，将字体设置为宋体，字号设置为 12 像素，如图 5—12 所示。

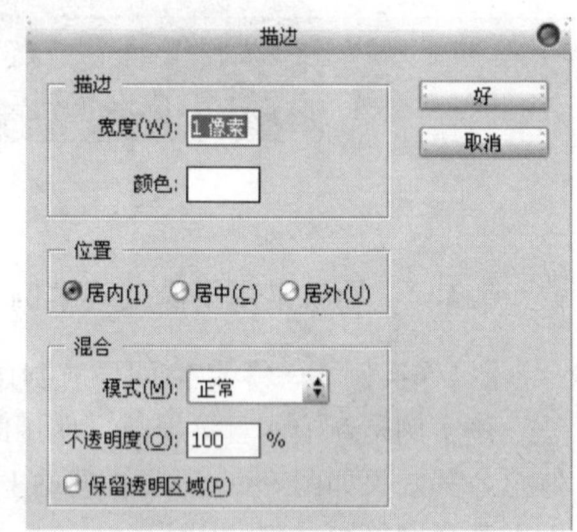

图 5—11　描边

图 5—12　新浪导航

（7）创建“新建图层”，绘制一个 86×18 像素的选区，填充白色，单击鼠标右键，选择“描边”，设置宽度为 1 像素，颜色为＃E7D8A1，位置为“居中”。

（8）创建一个“新建图层”，执行“选择→修改→收缩”，设置数值为 1 像素，单击鼠标右键，选择“描边”，设置宽度为 1 像素，颜色设置为＃C49D5A，位置设置为“居中”。

（9）使用矩形选框工具将多余的部分删除，如图 5—13 所示。

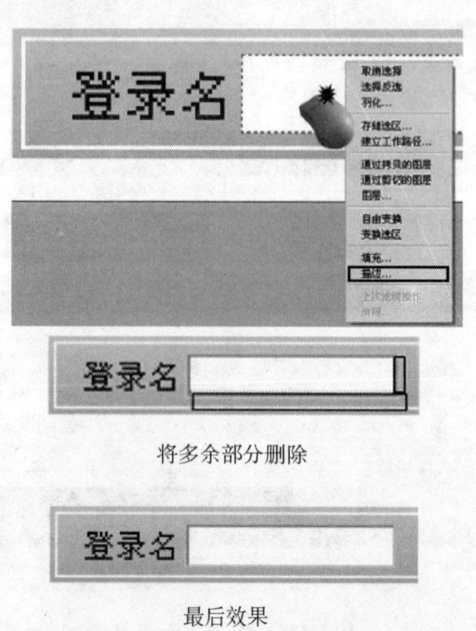

将多余部分删除

最后效果

图 5—13

（10）用同样的方法制作出第二个登录框和“免费邮箱”。

（11）制作分隔符并调整位置，最终效果如图 5—14 所示。

图 5—14　最终效果

【操作实例 5—4】制作常用导航条。

导航是网页中的一个重要组成部分，制作导航是网页制作人员必须掌握的一项技能，各类网站导航的制作大同小异，本实例讲解了最常见的标准导航条的制作方法，抛砖引玉，使读者顺利掌握导航条的制作方法，最终效果如图 5—15 所示。

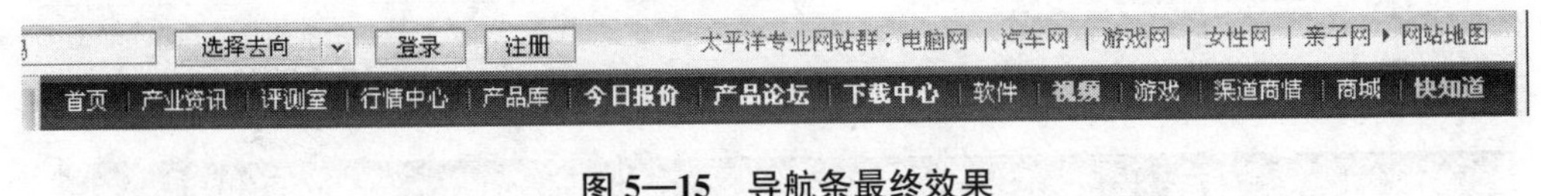

图 5—15　导航条最终效果

制作步骤如下：

（1）新建一个 800×50 像素，分辨率为 72 ppi，RGB 格式的图像。

（2）使用选框工具，绘制 750×30 像素选区。

（3）创建一个“新建图层”，将前景色设为＃1F2360、背景色设为＃5664AD。

（4）使用渐变工具从上至下拖曳，效果如图 5—16 所示。

图 5—16　渐变填充

（5）使用“自由并复制工具”，其快捷键为 Ctrl ＋Alt＋ T。

（6）设置属性栏，其参数如图 5—17 所示。

图 5—17　属性栏

（7）单击鼠标右键，弹出对话框后，选择垂直翻转，效果如图 5—18 所示。

（8）使用“单列选框工具”绘制选区，创建一个“新建图层”，填充颜色为＃000A43。

（9）将该图层复制，向左侧移动 1 像素后“反向”（反向快捷键为 Ctrl＋I）。

（10）将两条竖线图层合并，快捷键为 Ctrl ＋ E，完成分隔符号的制作。

（11）载入“图层 1”的选区，并在图层 2 副本中删除选区中的内容，如图 5—19 所示。

（12）将制作完成的“分隔符号”复制 7 个。

（13）将 7 个分隔符号放置在合适的位置后，输入文字。最终效果如图 5—20 所示。

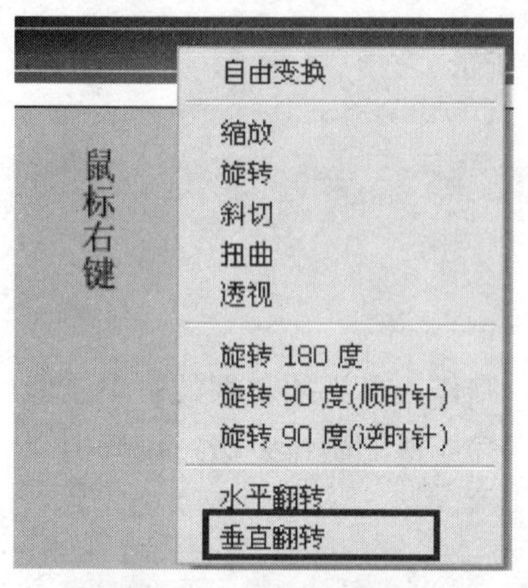

图 5—18　自由变换

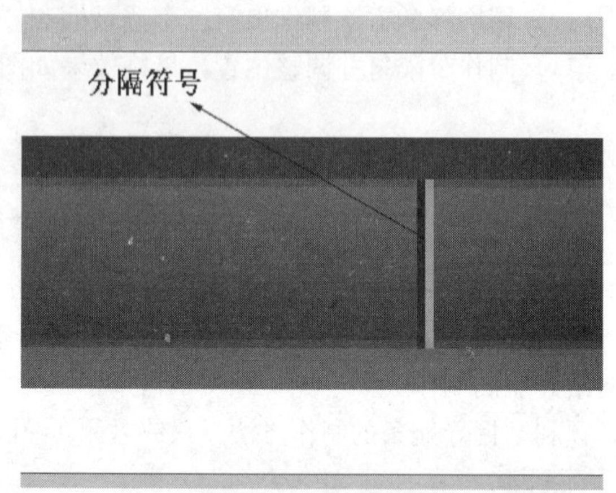

图 5—19　分隔符号

首页 | 产业资讯 | 行情中心 | 产品论坛 | 今日报价 | 沟通渠道 | 下载中心 | 联系我们

图 5—20　最终效果

5.1.3　栏目常用图像处理案例

【操作实例 5—5】常用栏目处理。本例使用的实例是网站上最常见的栏目，其效果如图 5—21 所示。

图 5—21　常用栏目

(1) 新建一个 300×425 像素，分辨率为 72 ppi，RGB 格式的图像。

(2) 创建“新建图层”，使用圆角矩形工具绘制 280×25 像素圆角矩形后用钢笔工具调节至如图 5—22 所示的形状。

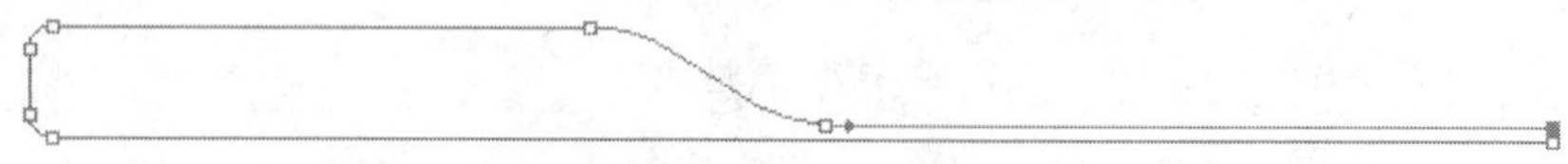

图 5—22　绘制路径

(3) 将路径转换为选区，填充任意颜色。

(4)“添加图层样式”选择“渐变叠加”，前景颜色设置为＃3F47602，背景颜色设置为＃F6A92F，执行“描边”操作，将描边的数值设置为 1 像素，颜色设置为＃C36003，效果如图 5—23 所示。

图 5—23　渐变填充

（5）创建一个“新建图层”，使用矩形选框工具绘制矩形选区，并填充白色，调节“图层混合模式”，选择“柔光”模式，效果如图 5—24 所示。

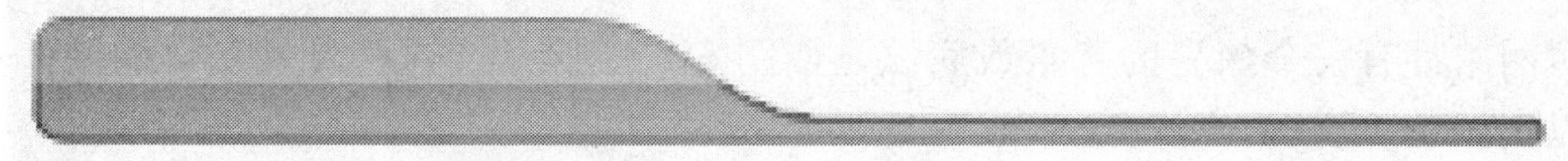

图 5—24　制作完成的效果

（6）输入文字、添加投影、制作渐变效果，如图 5—25 所示。

【操作实例 5—6】 常用图片处理。

（1）新建一个 200× 430 像素，分辨率为 72 ppi，RGB 格式的图像。

（2）创建“新建图层”，填充颜色为＃C1CDE5。使用矩形选框工具绘制矩形，选区大小为 190×35 像素，填充颜色为＃5B82CF。

（3）使用多边形套索工具勾画出所需要的选区。

（4）执行“饱和度”调整明度数值为 26，效果如图 5—26 所示。

图 5—25　应用效果

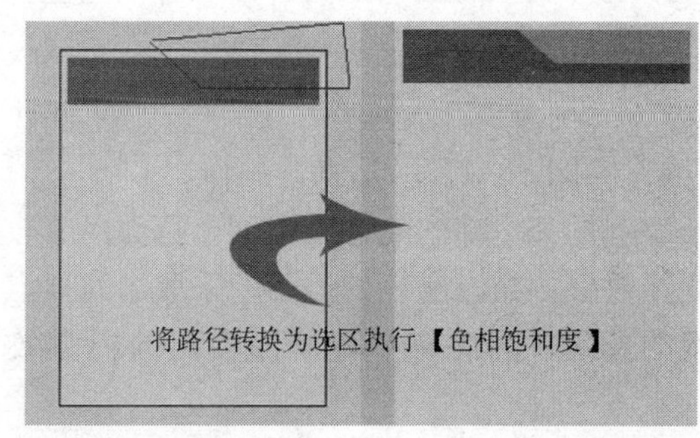

图 5—26　效果

（5）单击菜单栏中“新建图层”，使用矩形选框工具，绘制矩形，选区大小为 190×35 像素。

（6）羽化选区大小为 15 像素，填充颜色为白色。

（7）按 Ctrl＋T 调节大小，效果如图 5—27 所示。

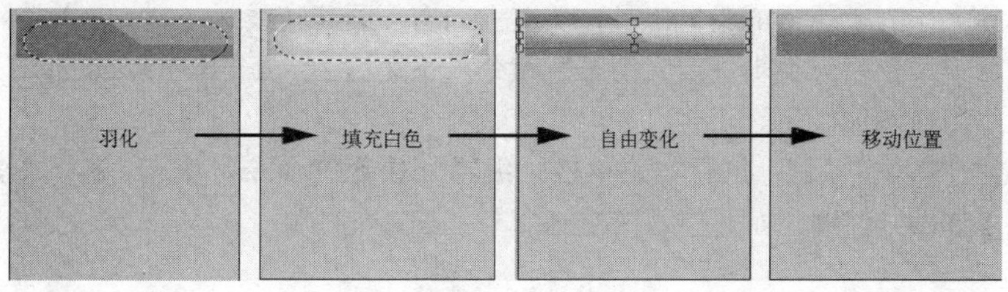

图 5—27　制作高光

（8）填充图片、输入文字，最终效果如图 5—28 所示。

5.1.4　网站背景图像处理案例

许多网站都有一个漂亮的背景或底纹，如图 5—29 所示。这些背景底纹的制作非常简单，现以实例予以讲解。

图 5—28　最终效果

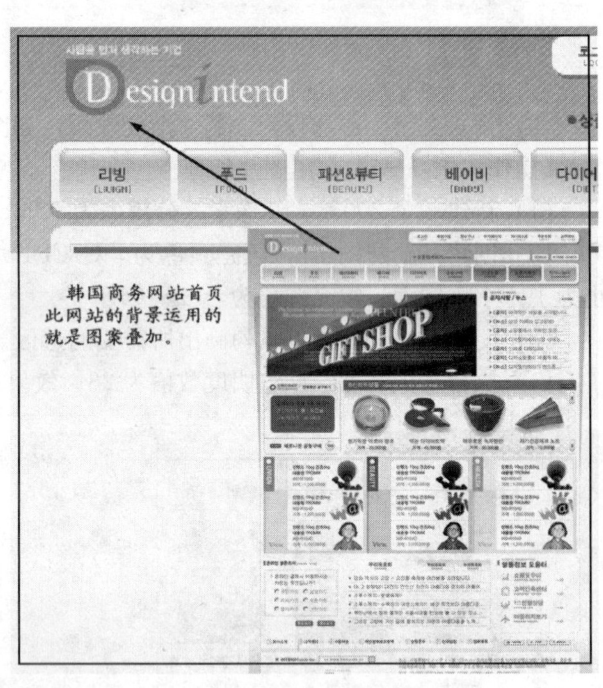

图 5—29　底纹在网站中的应用

【操作实例 5—7】网站背景制作。

本实例是一个韩国商务网，这个页面由于较好地运用了渐变色彩，从而使画面产生视觉上的立体效果。在渐变色的运用上采取中间亮点，而不是其他网站页面常用的自上而下、由深变淡的模式，因此有一种画面突出的视觉效果，简单的渐变色创造了意想不到的惊艳效果。

制作步骤如下：

（1）新建一个 900× 1300 像素，分辨率为 72 ppi，格式为 RGB 的图像。

（2）创建“新建图层”，将前景色设为＃D3BB8B，背景色为白色。

（3）使用渐变工具选择“前景到背景”从上至下拖曳鼠标，效果如图 5—30 所示。

（4）新建一个 4×4 像素，分辨率为 72 ppi，格式为 RGB 的透明图像。

（5）选择大小为 1 像素的铅笔工具，从左上到右下画一直线。

（6）执行“菜单栏→编辑→定义图案”命令，快捷键为 Alt＋E＋D，如图 5—31 所示。

（7）关闭当前图像。

（8）创建“新建图层”，执行“菜单栏→编辑→填充”命令，填充 4×4 像素自定义图案，最终效果如图 5—32 所示。

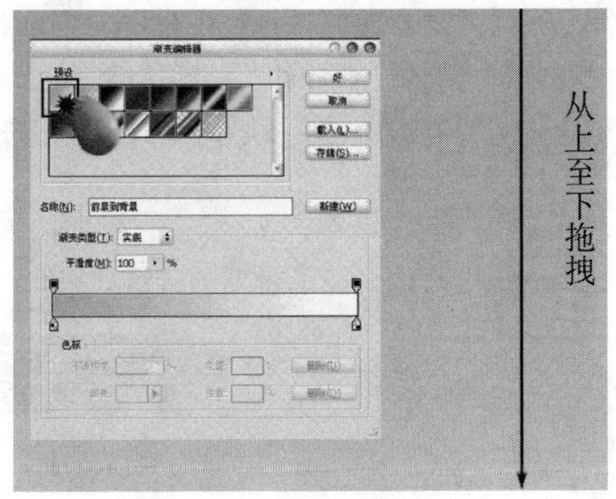

图 5—30　渐变填充

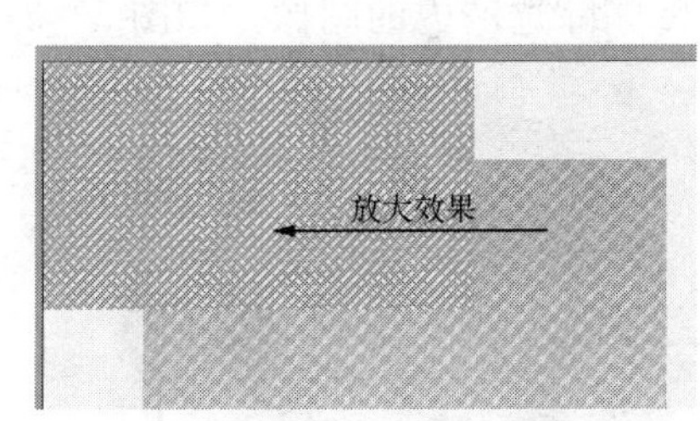

图 5—31　图片放大效果

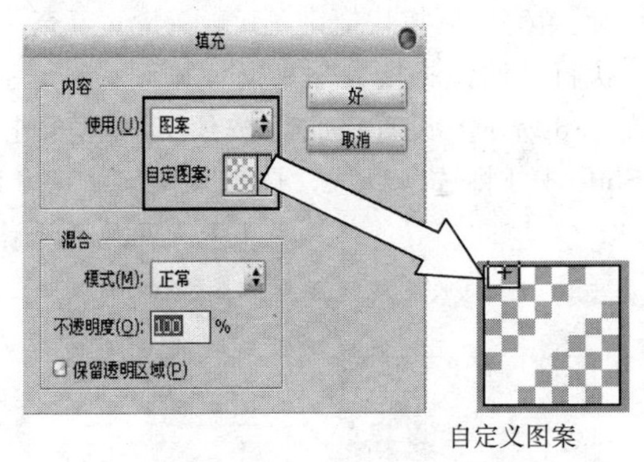

图 5—32　填充自定义图案

5.1.5　链接常用图像处理案例

【操作实例 5—8】网站链接常用图像处理。

(1) 执行“文件→新建”命令，快捷键为 Ctrl＋N，弹出“新建”对话框，单击“确定”按钮新建图像文件，具体设置如图 5—33 所示。

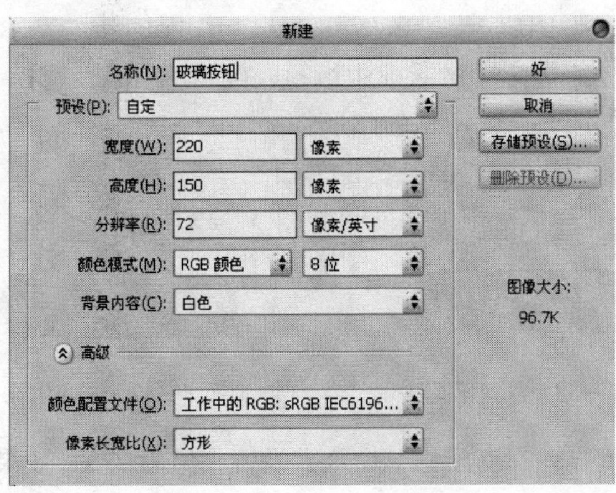

图 5—33　“新建”对话框

（2）选择工具箱的圆角矩形工具，在工具选项栏中设置半径为100像素，设置完毕后使用圆角矩形工具在图像中绘制如图5—34所示的闭合路径。

（3）单击“图层”面板上的创建图层按钮，新建“图层1”，将路径转换为选区，将前景色设置为黑色，按快捷键Alt+Delete填充选区。

（4）执行“选择→修改→变换选区”命令，按住Shift键向内拖曳，缩小选区，缩小完毕后将选区向下移动，按住Enter键确认变换，得到的选区如图5—35所示。

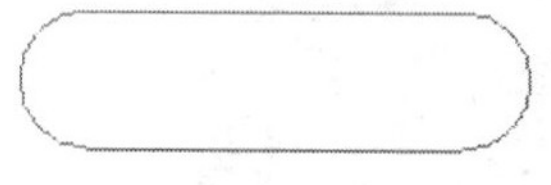

图5—34 闭合路径

图5—35 缩小选区

（5）单击“图层”面板上的创建新图层按钮，新建“图层2”，将前景色值设置为#00FFFF，设置完毕后按快捷键Alt+Delete填充，然后按快捷键Ctrl+D取消选区。

（6）执行“滤镜→模糊→高斯模糊”命令，弹出“高斯模糊”对话框，具体参数的设置如图5—36所示。设置完成后按住Ctrl键单击“图层1”缩览图制作选区，按快捷键Ctrl + Shift + I将选区反选，选择“图层2”按Delete删除选区内的图像，如图5—37所示。

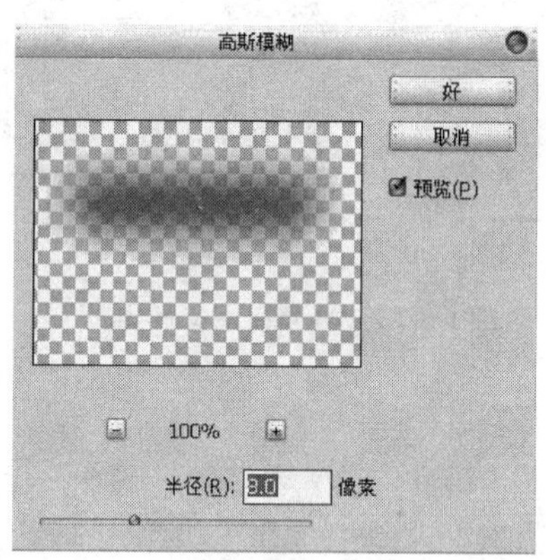

图5—36 高斯模糊

图5—37 反选

（7）按住Ctrl键单击“图层1”缩览图，载入“图层1”选区，执行“选择→修改→收缩”命令，在弹出的“收缩选区”对话框中填写收缩值为4px，选择“矩形选框工具”，设置“选区中剪去”得到如图5—38所示的图形。

（8）创建一个“新建图层”，将前景色设为白色，选择渐变工具，设置由“前景色到透明”，在选区内由上至下拖曳填充渐变，效果如图5—39所示。

图5—38 从选区剪去

图5—39 渐变填充

（9）执行“滤镜→模糊→高斯模糊”命令，设置数值为2px，效果如图5—40所示。

(10) 输入文字制作投影，最终效果如图 5—41 所示。

图 5—40　高斯模糊　　　　**图 5—41　最终效果**

【操作实例 5—9】 链接常用文字。

(1) 新建一个大小为 300×300 像素，分辨率为 72 ppi，RGB 格式的图像；使用圆角矩形工具制作一个绿色的矩形，大小设置为 80×30 像素。

(2) 添加图层样式，具体数值的设置如图 5—42 所示，最后效果如图 5—43 所示。

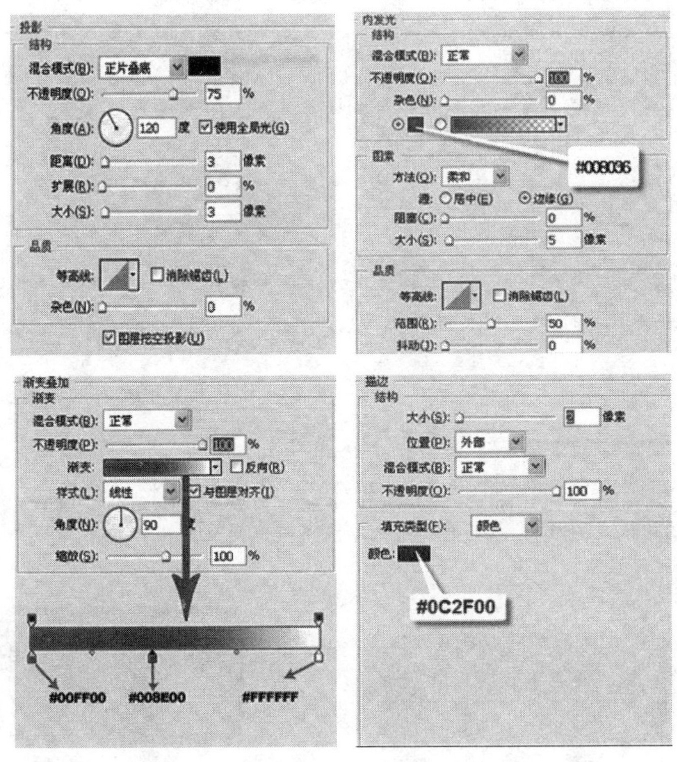

图 5—42　添加效果

(3) 按住 Ctrl 键单击按钮层载入图层选区，使用矩形选框工具设置，如图 5—44 所示。

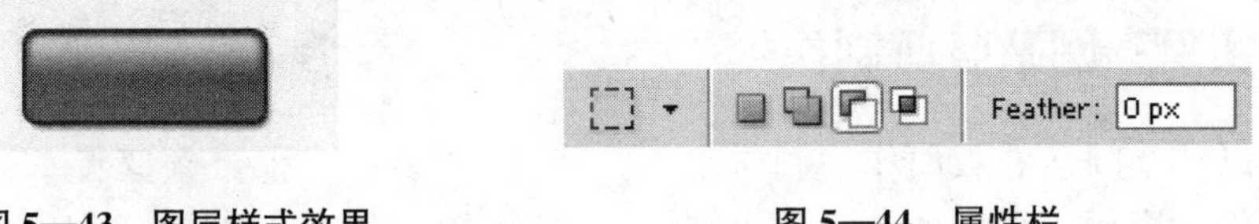

图 5—43　图层样式效果　　　　**图 5—44　属性栏**

(4) 使用矩形选框工具把选区移动到左部，如图 5—45 所示。

(5) 创建一个“新建图层”，填充颜色为＃FCFF00，效果如图 5—46 所示。

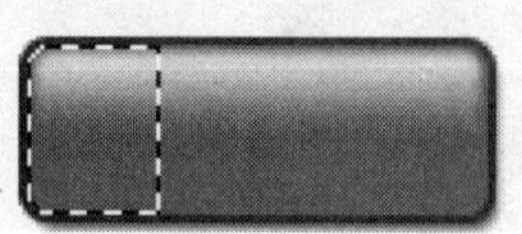

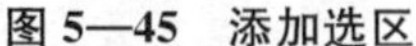
图 5—45　添加选区

图 5—46　填充颜色

（6）在新建的层中添加图层样式，参数的设置如图 5—47 所示。

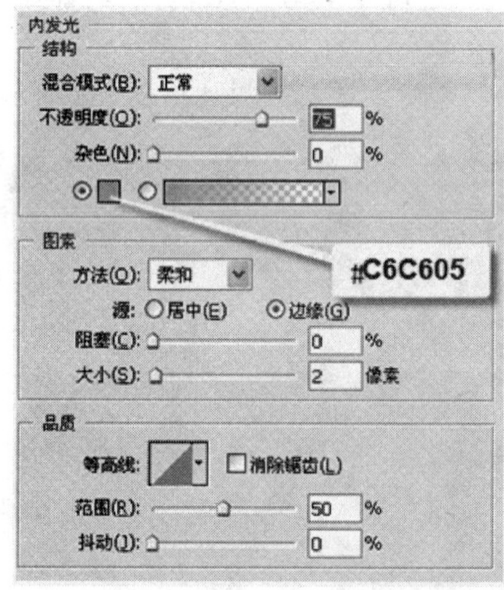

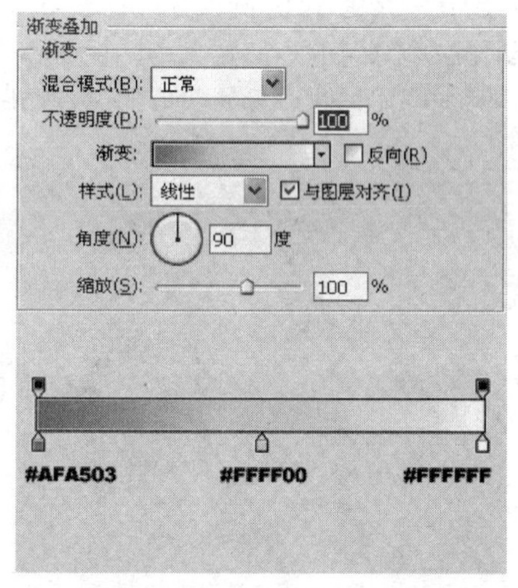

图 5—47　参数设置

（7）创建“新建图层”，图像放大后使用铅笔工具绘制图形，如图 5—48 所示。

（8）添加文字，字体设置为 Trebuchet MS 英文字体加粗，将大小设置为 14pt、白色，效果如图 5—49 所示。

图 5—48　添加图案

图 5—49　输入文字

5.2　实例：网站版面制作

本节将以整个网站的版面作为制作案例，经过 50 多个步骤带领读者掌握网站版面的整体设计工作。案例所采用的版面在色彩上大量运用了橙色和绿色，以灰色作为衬托，使画面更为活跃，同时在顶部导航栏和其他按钮上做了圆形处理，整体效果如图 5—50 所示。操作步骤如下：

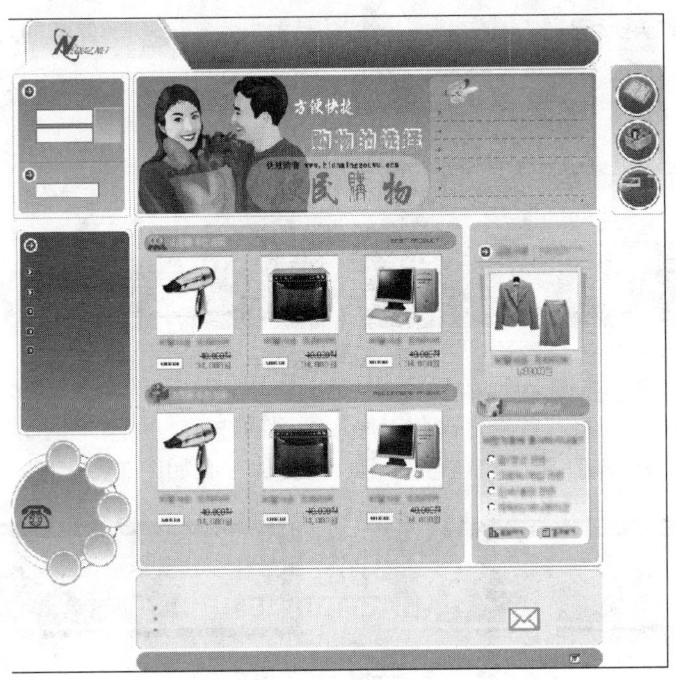

图 5—50　购物网

步骤 1：创建一个 980×952 像素、分辨率为 72 ppi、格式为 RGB、背景为白色的图像。

步骤 2：按 Alt+V+E 组合键新建参考线，取向为水平，位置为 25px；再建一条新参考线取向为垂直，位置为 25 像素。

步骤 3：创建新组并命名为“头部导航”，创建一个“新建图层”，并命名为“外边”。

步骤 4：使用“矩形选框工具”设置固定大小为 666×60 像素，执行“平滑选区”，数值为 20 像素，并填充白色，按 Alt+E+S 组合键描边，大小为 1 像素，颜色为＃C8C8C8，将图形调整到中间位置，效果如图 5—51 所示。

图 5—51　描边

步骤 5：将前景颜色设置为＃ 83DF00，背景颜色设置为＃ 33AA00，执行“收缩选区”，数值为 4 像素，选择“渐变工具”，将渐变预设调整为“前景到背景”，创建一个新图层并命名为“渐变”，在选区内从上至下拖曳进行渐变填充，效果如图 5—52 所示。

图 5—52　渐变填充

步骤 6：使用“矩形选框工具”制作一个固定大小为 270×75 像素的选区。创建一个新图层并命名为“白色矩形”，填充白色，并按“Ctrl + Shift + 左大括号”将图层置为底层，效果如图 5—53 所示。

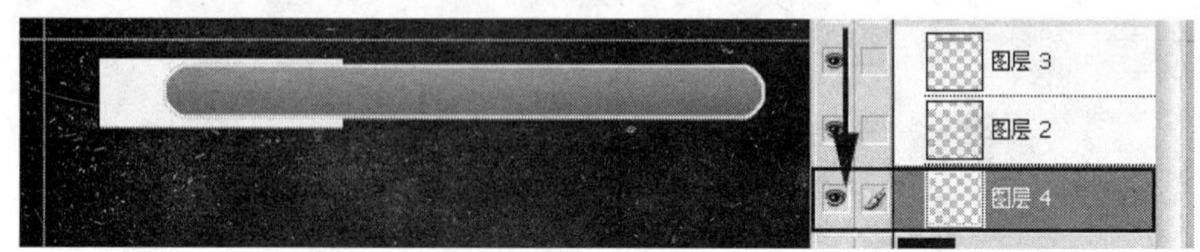

图 5—53 填充白色

步骤 7：调整位置，将其载入“白色矩形”图层的选区，执行平滑选区数值为 10px，执行“反选”，并将左上角用“橡皮擦工具”擦除，具体步骤如图 5—54 所示。

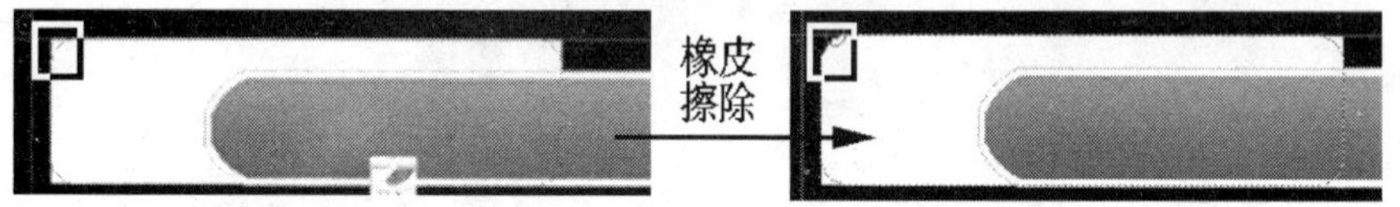

图 5—54 橡皮擦

步骤 8：将选区“反选”，创建一个“新建图层”并命名为“圆角斜矩形”，填充白色，将图层置为顶层，效果如图 5—55 所示。

图 5—55 调节图层

步骤 9：使用“多边形套索工具”制作选区，删除选区中的内容，效果如图 5—56 所示。

图 5—56 删除选区内容

步骤 10：创建一个“新建图层”将图层命名为“阴影”，使用“多边形套索工具”制作选区，羽化数值为 1 像素，填充颜色为＃D4D4D4，调节图层不透明度数值为 50%，将图层移至“渐变图层”上方，如图 5—57 所示。

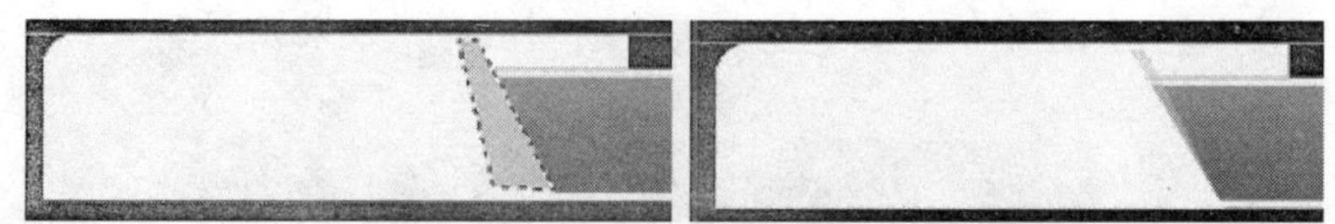

图 5—57 添加投影

步骤 11：将前景颜色设置为＃EBEBEB，背景颜色设置为白色，载入“圆角矩形图层”选区，收缩选区数值为 4 像素，再创建一个“新建图层”将图层命名为“渐变 2”，渐变填充，并在素材库中找到标识添加进去。

步骤 12：选择“铅笔工具”，调节画笔笔尖形状并设置直径为 1 像素，间距为 400%，创建一个“新建图层”并命名为“分隔符”，制作分隔符号，制作步骤参照上节实例，如图 5—58 所示。

图 5—58　添加分隔符

步骤 13：复制“分隔符图层”5 个，将图层平均分布合并。

步骤 14：完成网站的头部导航，其最后效果如图 5—59 所示。

步骤 15：制作网站登录框，创建新组并命名为“登录框”，创建一个“新建图层”并命名为“描边”。

步骤 16：制作一个固定大小为 168×200 像素矩形选区，平滑选区数值为 2 像素，并描边，描边大小为 1 像素，颜色为＃D4D4D4。

步骤 17：收缩选区数值为 8 像素，平滑选区数值为 4 像素，创建一个“新建图层”并命名为“渐变”，将前景色设为＃FF9600，背景色设为＃FFD200，渐变填充。

步骤 18：制作两个小按钮和一个分隔符，并放置到合适的位置，效果如图 5—60 所示。

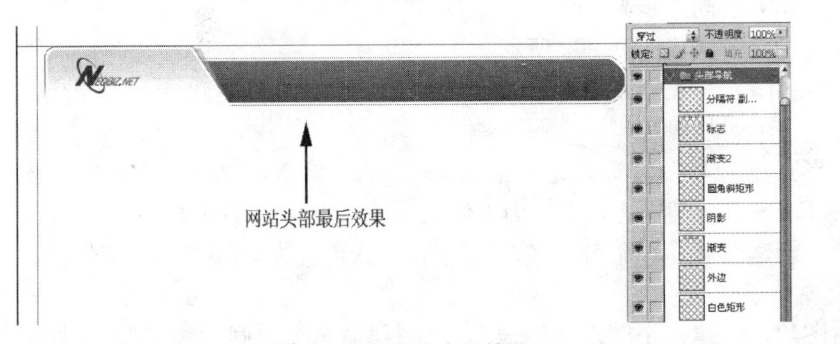

图 5—59　网站应用效果

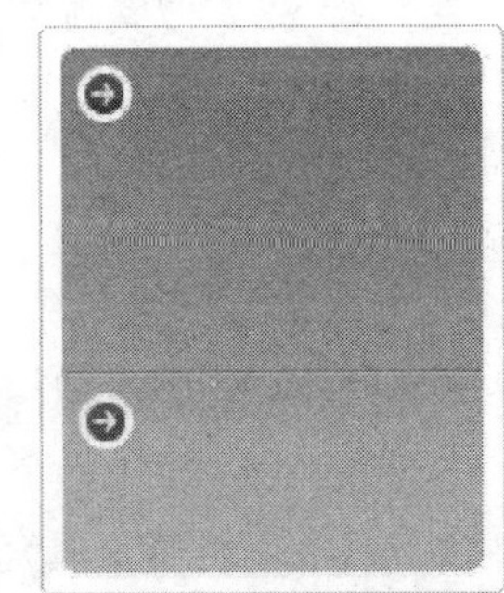

图 5—60　最后效果

步骤 19：创建一个“新建图层”，命名为“登录框”，选择“矩形选框工具”设置固定大小为 82×21 像素，填充白色并描边，描边大小为 1 像素，颜色为＃BE822B，位置为“居中”，复制一个调整位置。

步骤 20：创建一个“新建图层”并命名为“注册框”，选择“矩形选框工具”，设置固定大小为 92×21 像素，填充白色并描边，描边大小为 1 像素，颜色设置为＃BE822B，位置设置为“居中”，调整位置至适合处。

步骤 21：制作提交按钮。首先创建一个“新建图层”并命名为“提交按钮”，选择“矩形选框工具”设置固定大小为 39×49 像素，并将前景色设置为＃FFAE00，背景色设置为＃FFD100，渐变填充。再创建一个“新建图层”并命名为“描边”，将描边大小设置为 1 像素，颜色设置为＃FFEA00，位置设置为“居中”，制作矩形选区，调节色相饱和度，具体步骤如图 5—61 所示。

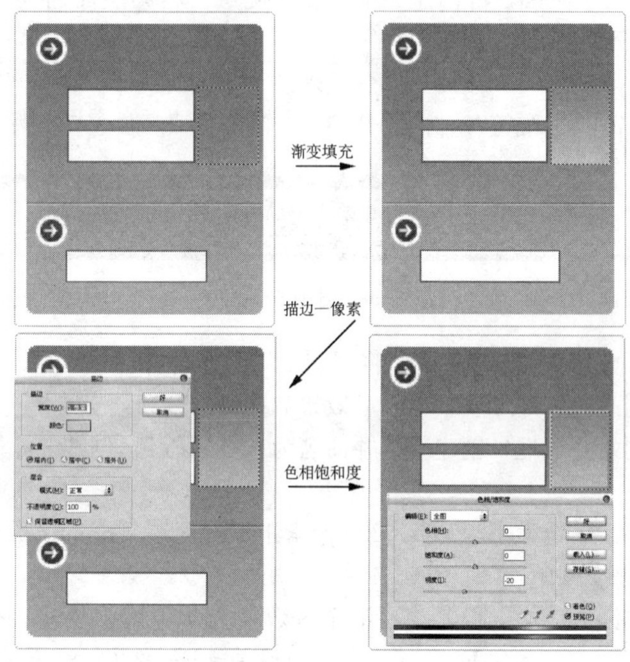

图 5—61　提交按钮

步骤 22：搜索按钮制作方法同“步骤 21”。

步骤 23：添加文字，最终效果如图 5—62 所示。

步骤 24：FLASH 的制作。首先创建新组并命名为“FLASH”，再创建一个“新建图层”并命名为“描边”。

步骤 25：选择“矩形选框工具”设置固定大小为 657×200 像素，执行平滑选区 5 像素，填充白色。按 Alt+E+S 组合键描边，大小为 1 像素，颜色为＃ D4D4D4。

步骤 26：创建一个“新建图层”并命名为“渐变”，将前景色设为＃FF9600，背景色设为＃FFD200，渐变填充。

步骤 27：导入素材图片，创建一个“新建图层”，将图层命名为“圆角矩形”。选择矩形选框工具设置固定大小为 260×75 像素 ，执行平滑选区数值为 25 像素，填充白色，调节不透明度为 40％，同时调整位置，最终效果如图 5—63 所示。

图 5—62　最终效果

图 5—63　FLASH

步骤 28：“热链接 1”的制作。首先创建新组将组命名为“最新产品”，再创建一个“新建图层”并命名为“底色”。

步骤 29：选择“矩形选框工具”设置固定大小为 230×180 像素，执行平滑选区数值为 5 像素，填充白色，调节不透明度为 20%，调整位置。

步骤 30：创建一个“新建图层”并命名为“底纹”，再使用铅笔工具绘制虚线，效果如图 5—64 所示。

步骤 31：“热链接 2”的制作。首先创建新组并命名为“按钮”，再创建一个“新建图层”并命名为“底色”。

步骤 32：选择“矩形选框工具”，设置固定大小为 77×207 像素，执行平滑选区数值为 5 像素，填充白色。按 Alt＋E＋S 组合键描边，大小为 1 像素，颜色为＃ D4D4D4。

步骤 33：创建一个“新建图层”并命名为“渐变”，收缩选区数值为 2 像素，并将前景色设为＃ D4D4D4、背景色设为白色，渐变填充。

步骤 34：创建一个“新建图层”并命名为“按钮”，制作一个 60×60 像素的正圆形选区，填充白色。

步骤 35：按 Alt＋E＋S 组合键描边，大小为 1 像素，颜色为＃ D4D4D4，收缩选区为 4 像素，渐变填充，将前景色设置为＃88E00A，背景色设置为＃ 3BAD0A。

步骤 36：复制两个“按钮图层”，调用素材图片，调节位置，效果如图 5—65 所示。

图 5—64　FLASH

图 5—65　FLASH

步骤 37：栏目的制作。首先创建新组，将组命名为“栏目”，再创建一个“新建图层”并命名为“描边”。

步骤 38：选择“矩形选框工具”，设置固定大小为 657×480 像素，平滑选区数值为 5 像素，填充白色，按 Alt＋E＋S 组合键描边，大小为 1 像素，颜色为＃ D4D4D4。

步骤 39：选择“矩形选框工具”设置固定大小为 475×470 像素，平滑选区为 5 像素，填充颜色为＃E5E1D4。

步骤 40：选择“矩形选框工具”设置固定大小为 180×470 像素，平滑选区为 5 像素，填充颜色为＃E5E1D4，效果如图 5—66 所示。

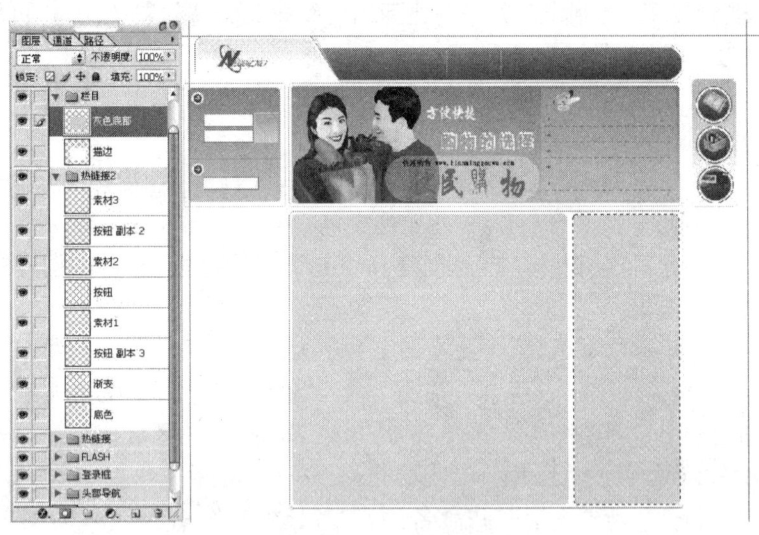

图 5—66 栏目

步骤 41：粘贴图片，并输入标识文本，效果如图 5—67 所示。

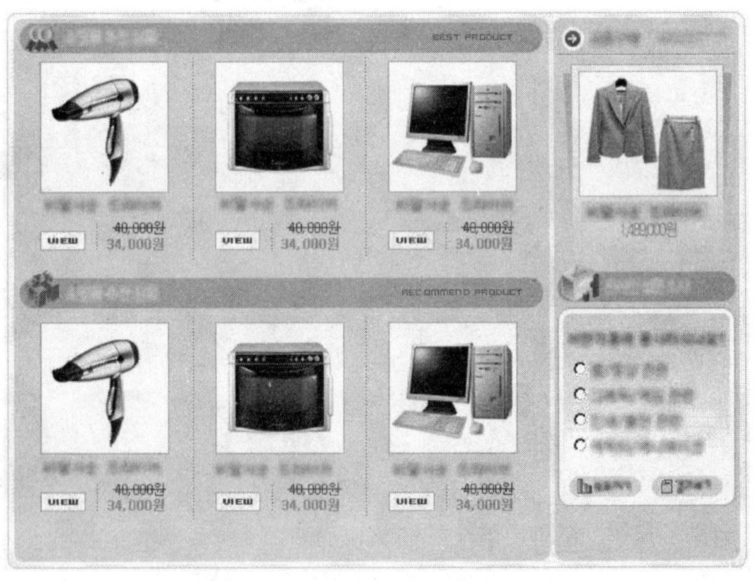

图 5—67 填充图片

步骤 42：“热链接 3”的制作。首先创建新组并命名为“热链接 3”，再创建一个“新建图层”并命名为“底色”。

步骤 43：选择“矩形选框工具”设置固定大小为 168×285 像素，平滑选区为 5 像素，填充白色，按 Alt+E+S 组合键描边，大小为 1 像素，颜色为＃ D4D4D4。

步骤 44：创建一个“新建图层”并命名为“渐变”，收缩选区为 4 像素，将前景色设置为＃ 36AC00，背景色设置为＃ 88E00A，渐变填充。

步骤 45：创建一个“新建图层”并命名为“底纹”，使用铅笔工具绘制虚线，效果如图 5—68 所示。

步骤 46：“热链接”4 的制作，首先创建新组并命名为“热链接 4”，再创建一个“新建图层”并命名为“圆”。

步骤 47：选择“椭圆形选框工具”设置固定大小为 145×145 像素，填充白色，按 Alt+E+S 组合键描边，大小为 1 像素，颜色为＃ D4D4D4。

步骤 48：创建一个“新建图层”并命名为“圆线”，扩大选区 10 像素，按 Alt+E+S 组合键描边，大小为 1 像素，颜色为＃ 474747。

步骤 49：创建一个“新建图层”并命名为“圆线”，添加“图层蒙板”，将前景色设置为默认，选择渐变工具拖曳，制作过程如图 5—69 所示。

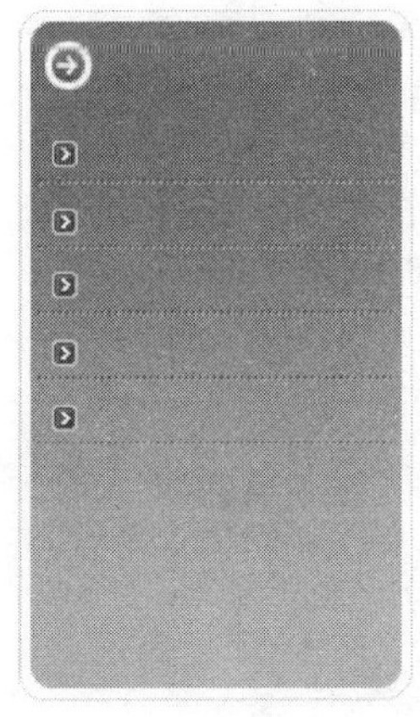

图 5—68　填充图片

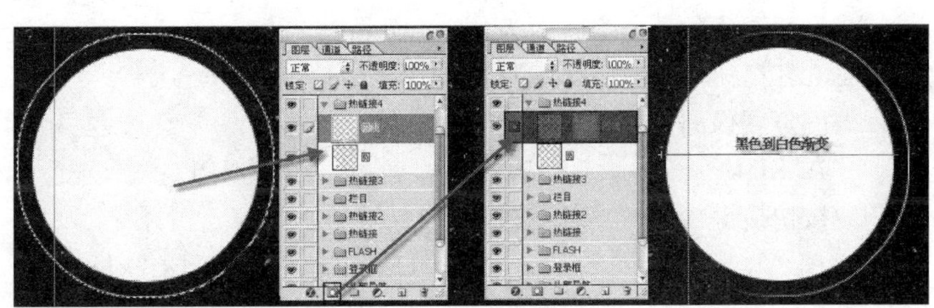

图 5—69　渐变步骤

步骤 50：创建一个“新建图层”并命名为“渐变”，做一个“圆”图层的选区、收缩选区 4px，将前景颜色设置为＃ FF9800、背景颜色设置为＃ FFD200，渐变填充。

步骤 51：创建一个“新建图层”并命名为“小圆”，设置固定大小为 50×50 像素，填充白色，按 Alt+E+S 组合键描边，大小为 1 像素，颜色为＃ D4D4D4，并收缩选区 4 像素，将前景颜色设置为＃ D4D4D4，背景颜色设置为白色渐变填充。再复制 4 个“小圆”图层调整位置添加图案，效果如图 5—70 所示。

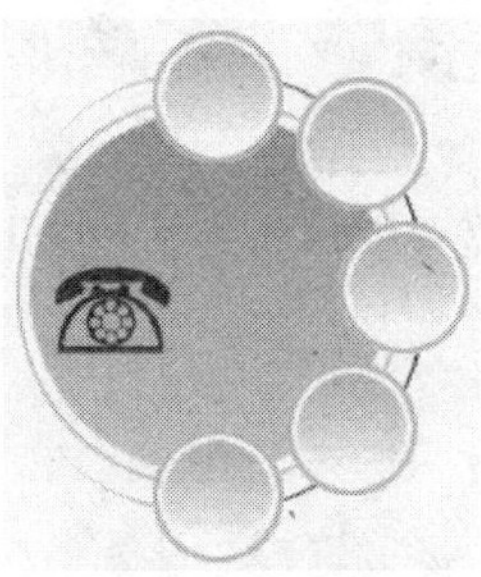

图 5—70　填充图片

步骤 52：页面尾部的做法同上，网站最后效果如本节开始部分图 5—50 所示。

·本章小结·

网站中使用最多的是文字和图片，图片的质量直接决定了网站页面效果。本章以案例方式对网站页面经常用到的图像处理办法进行了详细讲解，本章的第一部分通过多个案例全面学习了网页图像处理技术，重点讲解了常用的操作方法、网站页面图像处理的技术等要点；第二部分则通过一个完整的网站实例制作的过程，全面讲解网页图像的综合应用技术。

每课一考

一、填空

1. 目前最常用的网页图像处理软件是________。

2. 制作网站头部最常用的 Photoshop 技术主要有________、________、________、________等工具。

3. 在网站页面设计上，如果需要制作不规则选区，则使用________工具。

4. 描边的快捷键是________。

二、选择

1. 网页图像的分辨率一般为（　　）ppi。

A. 12　　B. 72　　C. 1 200　　D. 720

2. 网页图像的常用色彩模式为（　　）。

A. RGB　　B. CMYK　　C. JPEG　　D. BlACK

3. 按快捷键（　　）填充选区。

A. Alt＋Delete　　B. Shift＋Delete　　C. Ctrl＋Delete　　D. Fn＋Delete

4. 按快捷键（　　）取消选区。

A. Alt＋D　　B. Shift＋D　　C. Ctrl＋D　　D. Fn＋D

5. 按（　　）快捷键新建参考线。

A. Alt＋V＋E　　B. Shift＋V＋E　　C. Ctrl＋V＋E　　D. Fn＋V＋E

三、能力拓展题

用 Photoshop 制作阿里巴巴网站的版面，要求最终效果尽可能与阿里巴巴网站一致。

四、操作题

1. 假设你要为一个企业做一个与 IT 产品销售相关的电子商务网站，请你设想该网站的需求分析，并规划这个电子商务网站的整体结构。

2. 利用所学知识，仿照“新世纪商城”网站的结构，创建一个婴幼儿商品的购物网站。

五、励志题

按照自己喜欢的网站，利用图像处理技术做出网站的整体版面。

第6章 网站后台功能的实现

本章知识结构框图

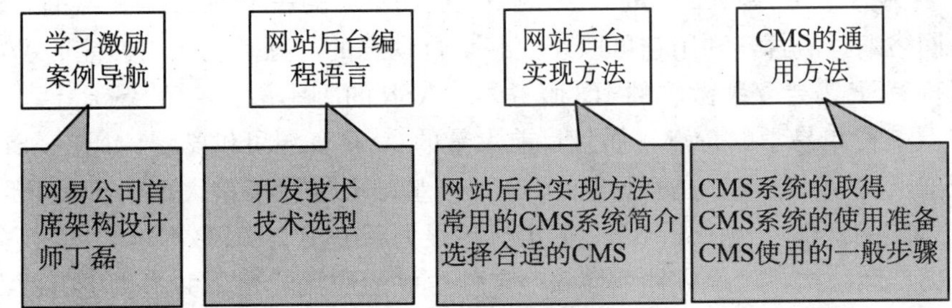

学习激励与案例导航

网易公司首席架构设计师丁磊

丁磊，网易公司首席架构设计师，1971年生于浙江宁波。2007年福布斯中国富豪榜排名第63位，资产75亿元。1997年6月创立网易公司。丁磊将网易公司从一个十几人的私企发展到今天拥有超过1500多名员工，在美国公开上市的知名互联网技术企业。据易观国际数据统计网易在中国网游市场份额中排名第二。

在创立网易公司之前，丁磊曾是中国电信的一名技术工程师，后来担任美国赛贝斯(中国)公司(Sybase)的技术支持工程师。他在Internet领域的职业生涯中积累了丰富的经验，是深谙IT产业知识及Internet系统集成技术的出色专业人才。网易成立后的最初两年，丁磊1997年11月推出了中国第一个双语电子邮件系统，2000年3月，丁磊辞去首席执行官，出任网易公司联合首席技术执行官，2001年3月，担任首席架构设计师，专注于公司远景战略的设计与规划，2001年6至9月担任代理首席执行官和代理首席营运官。2005年11月，丁磊再次出任网易首席执行官。

与丁磊一样，很多计算机领域功成名就的人，最初都曾在专业技术领域拼搏多年，丰富的技术开发经验使他们凭借一个软件或一个网站，走向了人生的辉煌。从丁磊的发展，我们应该清醒地意识到欲在网络编程领域有所建树，必须先成为编程高手。努力吧，同学们，功到自然成！

6.1 网站后台编程语言

现在的网站都是动态 Web 网站，能够与用户进行动态信息交流。需要用脚本语言编程实现动态交互功能，而且必须能够支持数据库操作，对网站进行数据库管理，实现网站的数据库化。目前，最为流行、应用最广泛的动态 Web 网站开发技术主要有：JSP、ASP（含 ASP. NET)、PHP 三种。这三种技术都能与标准的 HTML 网页很好地集成。

6.1.1 开发技术

1. ASP 技术

ASP 全名为 Active Server Pages，是由微软公司推出的一个 Web 服务器端的开发环境，是最通用的网络编程语言，利用它可以产生和执行动态的、互动的、高性能的 Web 服务应用程序。运行 ASP 需要安装微软的 IIS 服务器。ASP 的脚本语言有 VBScript 和 JavaScript 两种。ASP 具有简单易学的特点，而且目前大量的 ASP 资源可供学习使用。ASP. NET 则是微软最新推出的一种技术，是在原有 ASP 技术基础上进行了重大革新。ASP. NET 是微软件 . NET 构架的一部分。ASP. NET 的语法在很大程度上与 ASP 兼容，同时它还提供一种新的编程模型和结构，可生成伸缩性和稳定性更好的应用程序，并提供更好的安全保护；而 ASP 仅能在微软的操作系统下使用，不能在其他操作系统下使用。

ASP. NET 不仅只是 ASP 的一个简单升级，而且还提供了一个全新而强大的服务器控件结构。从外观上看，ASP. NET 和 ASP 是相近的，但是本质上完全不同。ASP. NET 几乎全是基于组件和模块化的，每一个页、每一个对象和 HTML 元素都是运行的组件对象。在开发语言上，ASP. NET 抛弃了 VBScript 和 JavaScript，而使用 . NET Framework 所支持的 VB. NET、C# 等语言作为其开发语言。

2. PHP 技术

PHP 即 Personal Home Page，它是一种跨平台的、服务器端的嵌入式脚本语言。它大量地借用了 C 语言、Java 语言和 Perl 语言的语法特点。PHP 使 Web 开发者能够快速地写出动态产生的页面，支持所有主流数据库。PHP 是完全免费的，使用时不需要支付任何费用。PHP 具有简单易学、数据库功能强大、可扩展性好、面向对象编程、伸缩性强五大优点。

3. JSP 技术

JSP 即 Java Server Pages，是由 Sun Microsystems 公司倡导、许多公司参与一起建立的一种动态网页技术标准，其网址为 http://www.javasoft.com/products/jsp。该技术为创建显示动态生成内容的 Web 页面提供了一个简捷快速的方法。JSP 技术使得构造基于 Web 的应用程序更加容易和快捷，而这些应用程序能够与各种 Web 服务器、应用服务器、浏览器和开发工具共同工作。JSP 规范是 Web 服务器、应用服务器、交易系统，以及开发工具供应商之间广泛合作的结果。在传统的网页 HTML 文件（*. htm、*. html）中加入 Java 程序片段（Scriptlet）和JSP标记（tag），就构成了JSP网页（*.jsp）。

> 应用提示：JSP安全性最高，ASP及ASP. NET最简单易学，PHP近年来大有流行之势，综合起来，这三种语言各有千秋，初学者应根据情况选择学习。

6.1.2 技术选型

采用哪种网络编程语言进行开发，如何进行开发技术选型，一般从以下几个方面进行考虑。

1. 网站的规模要求

在选择开发技术之前，一定要知道网站建设的规模，是建设一个大型的网站，还是建设一个中型的网站，是开发一个宣传企业产品的门户网站，还是建设个人的交易网站。如果开发网络规模较小，则可以选择最易用的ASP；如果开发网站规模较大，则可以考虑J2EE下的JSP。

2. 网站的开发模式

是自主研发网站，还是由专业公司开发；是自己编写代码，还是采用专业系统完成，这些因素决定网站的开发模式。自主研发，就要根据上一条所阐述的网站规模要求进行选型；专业公司开发以及采用专业电子商务系统，则要充分考虑资金需求。

3. 网站的安全要求

如果网站安全需求特别高，则可选择JSP和ASP. NET；否则，ASP、PHP均可选择。

4. 现有技术基础

如果自行研发，要根据本企业的技术人员掌握的语言进行，不可能让他们用一两年的时间重新精通一门语言后再开始开发工作。

5. 服务器平台选型

采用的开发技术一定要与服务器平台的选型相配合，一般来讲Windows平台与ASP同出一个家门，配合较好，而PHP与Linux则是最好的搭配。

6.2 网站后台实现方法

“有梦想谁都了不起，有勇气就会有奇迹”，本书学习至此，相信在你的心中一定涌动着创业的激情，按捺不住建立一个属于自己网站的冲动。但是如何实现网站后台的功能呢？

6.2.1 网站后台实现的两种方法

根据需要自己动手编写网站后台，实现全部功能，当然是最好的办法，可是开发是一个周期长、要求技术含量高的工作，不是所有网站建设者都能掌握的。其实实现网站后台功能不仅有这一种方法。

1. 自主开发

无论是自己掌握了网站编程语言还是请专业人员开发，无一例外均要求具有很高的编程能力才能完成整个网站的开发。目前，一般的网站开发很少采用独立编写代码的方式。

2. 采用 CMS 系统

目前，有许多成品的网站后台系统，这些后台系统简称 CMS 系统，可以提供全面、强大的功能，使用这些后台无须掌握编程语言。如果具有网站编程语言基础，还可以在 CMS 系统上进行修改与完善，使 CMS 系统更符合自己网站需要。

实质上，目前成品的 CMS 系统已经很多，而且多是免费的。网站建设者完全可以用现有的 CMS 系统构建属于自己的网站。

6.2.2 常用的 CMS 系统简介

1. 帝国网站管理系统

"帝国网站管理系统"英文译为 EmpireCMS，是一个基于 B/S 结构，安全、稳定、强大、灵活的网站管理系统。它是适用于 Linux/Windows/UNIX 等环境下高效的网站解决方案。从帝国新闻系统 1.0 版至今，帝国网站管理系统的功能进行了数次飞跃性的革新，使得网站的架设与管理变得极其轻松！

CMS 系统采用了系统模型功能：用户通过此功能可直接在后台扩展实现各种功能，如产品、房产、供求等，因此特性帝国 CMS 又被誉为"万能建站工具"；采用了模板分离功能：把内容与界面完全分离，灵活的标签加用户自定义标签，使之能实现各式各样的网站页面和风格；栏目无限级分类；前台全部静态，可承受强大的访问量；强大的信息采集功能；超强广告管理功能。

CMS 系统可以完全满足从小流量到大流量，从个人到企业各方面应用的要求，提供一个全新、快速和优秀的网站解决方案。

目前 EmpireCMS 程序已经广泛应用在国内数十万家网站，覆盖国内上千万上网人群，并经过上千家知名网站的严格检测，被称为国内最稳定的 CMS 系统。

【操作实例 6—1】取得帝国 CMS 系统。

在网址一栏输入 http://www.phome.net/，或在百度中输入"帝国 CMS"关键字进行搜索。进入帝国首页后变有帝国 CMS 系统的下载，如图 6—1 所示。

图 6—1 帝国 CMS 获取

2. 锐商企业 CMS

锐商企业 CMS 作为面向企业的 CMS 产品，从设计初期便建立在大量企业用户的实际需求基础上。结合企业用户的特点，设计了独特的功能，包括编译级主题模板、JIT 渲染引擎、网站前端编辑系统（FrEE）、多国语言支持、W3C 标准的支持和内建的 SEO 支持。这些领先功能让基于 COMSHARP CMS 的网站具有浓郁的企业味道。

3. 淘特 Asp. NetCms

淘特 Asp. NetCms（以下简称 TotNetCms）是一套基于 ASP. NET＋C＃技术的内容管理系统，是在淘特 AspCms 及 JspCms 的基础上发展而来的。淘特 CMS 系列产品一直立足于门户网站解决方案，力争为广大客户提供管理方便、高效的内容管理系统。

本系统使用三层架构，应用逻辑采用数据库 Dao＋对象工厂模式；系统采用 UTF-8 编码，支持多国语言，网站后台采用 Web 标准排版，支持多浏览器。文章管理采用可视化的内容编辑，操作容易、上手简单，是一套不需要懂编程技术的人就可以轻松管理的网站内容管理系统。

4. SiteServer CMS

SiteServer CMS 网站内容管理系统（著作权登记号为 2008SR15710）是定位于中高端市场的 CMS 内容管理系统，能够以最低的成本、最少的人力投入在最短的时间内架设一个功能齐全、性能优异、规模庞大的网站平台。

SiteServer CMS 是基于微软 .NET 平台开发的网站内容管理系统，它集成了内容发布管理、多站点管理、定时内容采集、定时生成、多服务器发布、搜索引擎优化、流量统计等多项强大功能，独创的 STL 模板语言，通过 Dreamweaver 可视化插件能够任意编辑页面显示样式，生成纯静态页面。

5. PHPCMS V9

PHPCMS V9（后面简称 V9）采用 PHP5＋MYSQL 作为技术基础进行开发。V9 采用 OOP（面向对象）方式进行基础运行框架搭建。以模块化开发方式作为功能开发形式。框架易于功能扩展，代码维护，优秀的二次开发能力，可满足所有网站的应用需求。

采用 OOP（面向对象）进行全新框架设计。框架结构更为清晰，代码更易于维护。以模块化作为功能的开发形式，让扩展性得到保证。V9 特别设计的二次开发扩展方式，可以不再修改官方的代码文件，就能对功能代码进行重写。

6. 织梦 CMS（DedeCMS）

织梦 CMS（DedeCMS）的特点如下：

采用 XML 名字空间风格核心模板：模板全部使用文件形式保存，对用户设计模板、网站升级转移均提供很大的便利，健壮的模板标签为站长 DIY 的网站提供了强有力的支持。

高效率标签缓存机制：允许对同类的标签进行缓存，在生成 HTML 时，有利于提高系统反应速度，降低系统消耗的资源。

模型与模块概念并存：在模型不能满足用户所有需求的情况下，DedeCMS 推出互动的模块对系统进行补充，尽量满足用户的需求。

众多的应用支持：为用户提供了各类网站建设的一体化解决方案，在本版本中，增加了分类、书库、黄页、圈子、问答等模块，补充一些用户的特殊要求。

面向未来过渡：织梦团队的组建为织梦 CMS 的发展提供坚实的基础，在织梦团队未来的构想中，它将具有更大的灵活性和稳定性。

6.2.3 选择合适的 CMS

选择 CMS 时还要注意根据自己的知识情况，一般来说熟悉哪种语言就选择以哪种语言为基础的 CMS 系统。主要原则如下：

（1）内容实现的技术手段是否便捷。这里所说的技术手段，主要包括模板制作、字段/函数定义、内容采集、用户功能定义等，目前有些 CMS 比较简单，像动易 SiteWeaver，有些比较复杂但可扩充性强，如动易 SiteFactory 、CMSware。需要根据自己的技术水平来考虑，各个 CMS 系统在其官方网络基本上都有 DEMO 和免费试用版，建议在具体使用前多试用。

（2）技术支持和售后服务。在实际的使用中，一定会遇到难以解决的问题，那么就要考量该系统的技术支持能力，无论是免费版和商业版，都会在官方的讨论区进行相关解答，要多观察和思考，有些具备一定数据基础或有长远发展规划的用户往往会考虑购买更为全面的商业版。在购买之前，要对官方的承诺仔细研读，有可能的话，与其商业客户进行交流。货比三家，在选择之前一定要三思而后行。

【操作实例 6—2】选择合适的 CMS 作为自己学用后台实现系统

进入动易网站后点击“服务”，如图 6—2 所示。

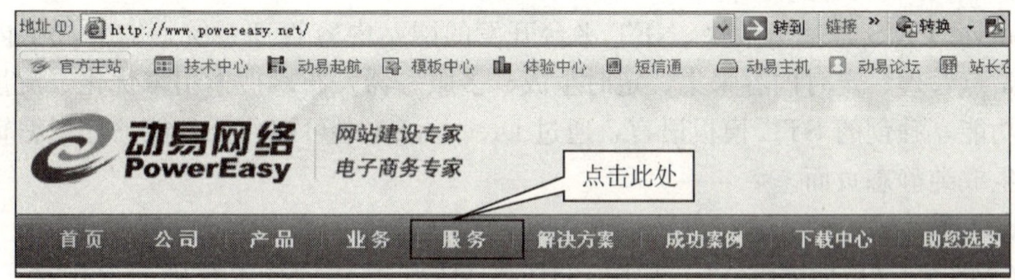

图 6—2 讯时网站管理系统

点击进入后能看到动易网站管理系统的使用语言及其功能，如图 6—3 所示。

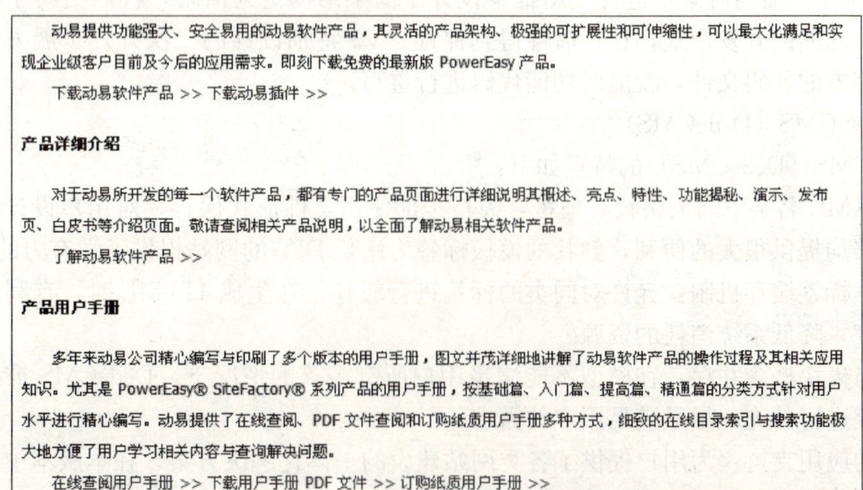
动易提供功能强大、安全易用的动易软件产品，其灵活的产品架构、极强的可扩展性和可伸缩性，可以最大化满足和实现企业级客户目前及今后的应用需求。即刻下载免费的最新版 PowerEasy 产品。

下载动易软件产品 >> 下载动易插件 >>

产品详细介绍

对于动易所开发的每一个软件产品，都有专门的产品页面进行详细说明其概述、亮点、特性、功能揭秘、演示、发布页、白皮书等介绍页面。敬请查阅相关产品说明，以全面了解动易相关软件产品。

了解动易软件产品 >>

产品用户手册

多年来动易公司精心编写与印刷了多个版本的用户手册，图文并茂详细地讲解了动易软件产品的操作过程及其相关应用知识。尤其是 PowerEasy® SiteFactory® 系列产品的用户手册，按基础篇、入门篇、提高篇、精通篇的分类方式针对用户水平进行精心编写。动易提供了在线查阅、PDF 文件查阅和订购纸质用户手册多种方式，细致的在线目录索引与搜索功能极大地方便了用户学习相关内容与查询解决问题。

在线查阅用户手册 >> 下载用户手册 PDF 文件 >> 订购纸质用户手册 >>

图 6—3 动易网站管理系统功能

再选择两个后台管理系统，根据各自的特点进行对比，最后选择合适的 CMS 进行开发。

6.3 CMS 的通用方法

从制作的角度来划分，网站制作分为前台界面和后台管理功能实现两大部分，前台界面部分难度较小，很容易实现。后台功能模块却需要具有坚实的编程语言基础，并经过实际编程实践，否则很难实现。因此，在实际制作网站时，基本上都采用成品 CMS 系统实现网站功能。

有了 CMS 系统，网站后台功能的实现变得极其容易，甚至比简单的前台更容易实现。各种 CMS 系统功能大同小异，但其使用方法基本相同。

> 应用提示：讯时 CMS 系统即早期广泛使用的徐氏 CMS 系统，该系统功能强大、简洁易用，新旧版本使用上区别不大，都是基于 ASP 语言的。

6.3.1 CMS 系统的取得

目前，基本应用的 CMS 系统多是免费版本，商业功能的 CMS 则要求付费。所以在互联网上有很多 CMS 系统可以免费下载，进入百度，输入关键字“CMS 系统”便会显示 CMS 系统的链接，根据需要进入相应网站下载即可。目前应用比较广泛的讯时 CMS 系统的下载地址为 http://www.xuas.com/。

【操作实例 6—3】下载讯时 CMS 系统。

进入讯时网站下载讯时后台系统，如图 6—4 所示点击“立即下载”。进入后，点击购买即可，如图 6—5 所示。

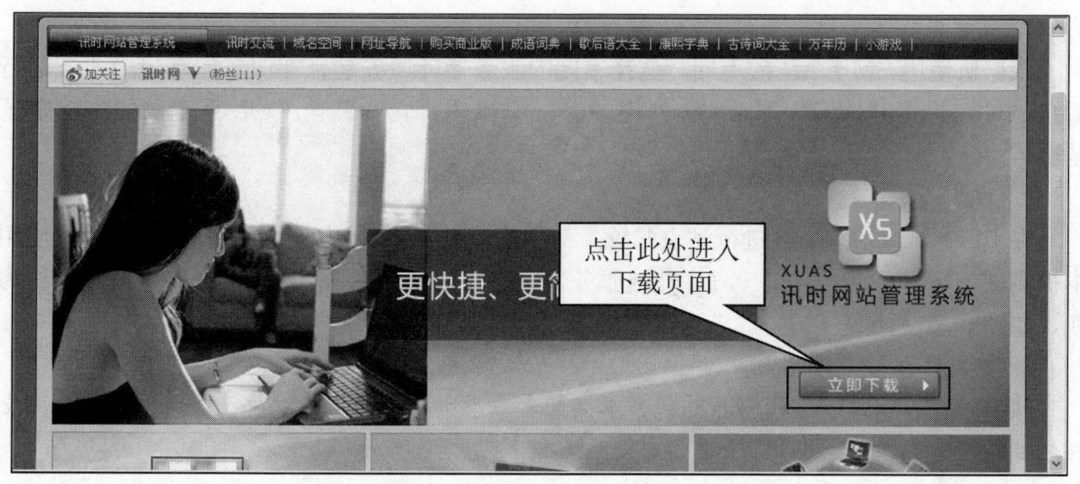

图 6—4 讯时网站管理系统

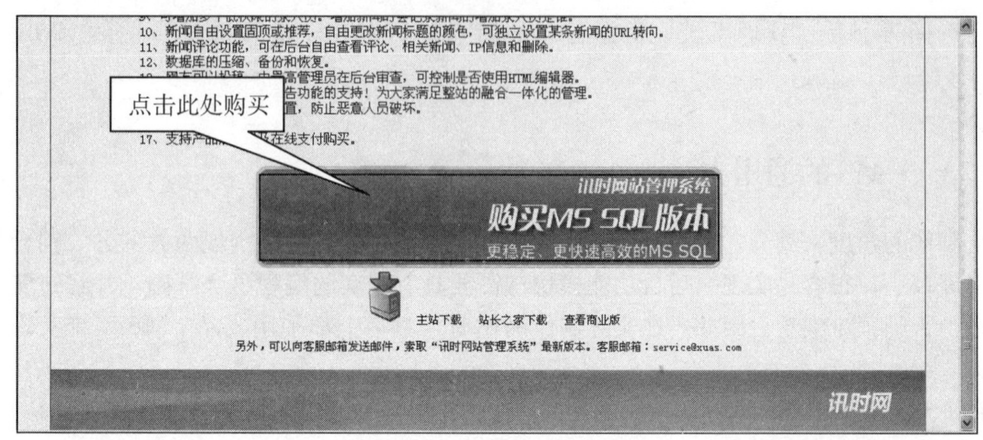

图 6—5　购买讯时管理系统

6.3.2　CMS 系统的使用准备

有了 CMS 系统，就要为其准备使用环境，因为 CMS 系统属于网站后台，网站后台必须在服务器环境下运行，所以必须在所使用的计算机上安装服务器程序。由于不同语言编写的 CMS 所需要的服务器环境不同，这就要求先了解所下载的 CMS 系统使用的编程语言，然后安装相应的服务器环境。目前广泛使用的 CMS 所采用的实现语言主要有 ASP、ASP. NET、PHP 三种。

ASP 和 ASP. NET 语言编写的 CMS 必须先安装 IIS 服务器环境才能正常运行 CMS 系统；而 PHP 编写的 CMS，则必须安装 appserv 服务器软件，appserv 是一个 PHP 环境的集合体，其中也整合了 MySQL。

6.3.3　CMS 使用的一般步骤

无论哪种 CMS，其使用方法大同小异，基本上包括如下步骤。

1. 安装服务器环境

根据所使用 CMS 系统的不同，选择不同的服务器环境安装，在服务器环境中才能运行后台软件。这也是所有 CMS 系统使用的第一个步骤，它为整个 CMS 系统的使用奠定了基础。

2. 站点设置

在 IIS 中新建站点，并进行站点配置。例如，输入 Web 站点使用的 IP 地址，由于使用本机测试，IP 填写为 127.0.0.1，外网服务器则填写服务器外网 IP 地址，端口设置默认为 80，如图 6—6 所示。

3. 复制后台程序到站点中

从讯时官方网站下载程序压缩包，本书配套教学素材中将提供文件。将解压后的全部文件放到站点的根目录下即可。

4. 登录后台系统

以讯时 CMS 管理系统为例，在浏览器中输入登录地址 http://127.0.0.1/login. asp，登录后台，默认的用户名和密码都是 admin，如图 6—7 所示。

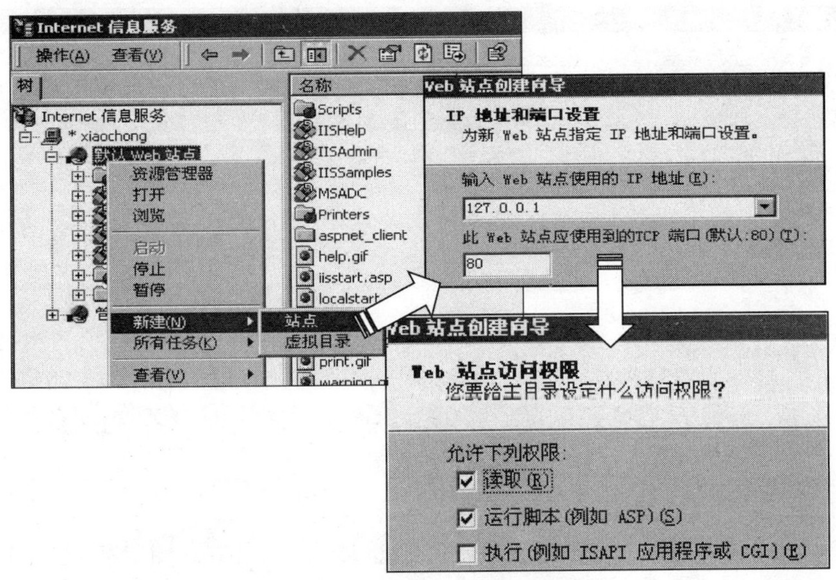

图 6—6　新建站点并进行设置

图 6—7　登录后台系统

5. 对后台进行系统设置

对讯时系统进行设置。单击管理页面左侧菜单栏中的“设置”，即可进入设置页面。可针对网站上传的新闻、图片、Flash 等进行相关设置快速登录讯时 CMS 后台系统，如图 6—8 所示。在后台中建立栏目的步骤如下：

（1）单击左侧菜单栏中的“栏目”，根据网站导航内容添加相应栏目，单击“增加”按钮。

（2）在后台中建立栏目。在后台中建立四个栏目：公司简介、公司产品、公司新闻、联系我们，如图 6—9 所示。

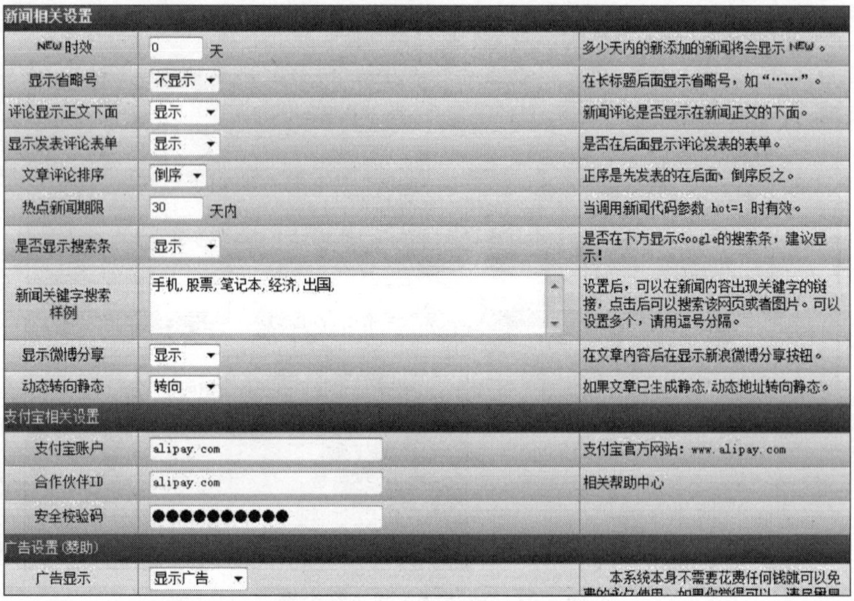

新闻相关设置		
NEW 时效	0 天	多少天内的新添加的新闻将会显示 NEW 。
显示省略号	不显示	在长标题后面显示省略号，如“……”。
评论显示正文下面	显示	新闻评论是否显示在新闻正文的下面。
显示发表评论表单	显示	是否在后面显示评论发表的表单。
文章评论排序	倒序	正序是先发表的在后面，倒序反之。
热点新闻期限	30 天内	当调用新闻代码参数 hot=1 时有效。
是否显示搜索条	显示	是否在下方显示Google的搜索条，建议显示!
新闻关键字搜索样例	手机,股票,笔记本,经济,出国,	设置后，可以在新闻内容出现关键字的链接，点击后可以搜索该网页或者图片。可以设置多个，请用逗号分隔。
显示微博分享	显示	在文章内容后在显示新浪微博分享按钮。
动态转向静态	转向	如果文章已生成静态,动态地址转向静态。
支付宝相关设置		
支付宝账户	alipay.com	支付宝官方网站：www.alipay.com
合作伙伴ID	alipay.com	相关帮助中心
安全校验码	●●●●●●●●●●●	
广告设置(赞助)		
广告显示	显示广告	本系统本身不需要花费任何钱就可以免

图 6—8　新建站点并进行设置

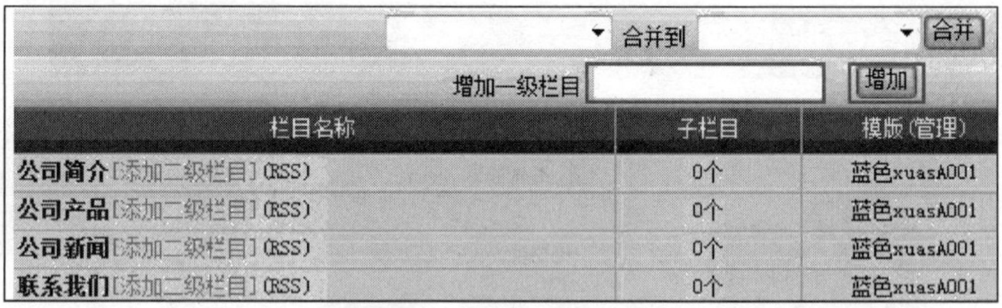

合并到　合并

增加一级栏目　增加

栏目名称	子栏目	模版(管理)
公司简介[添加二级栏目](RSS)	0个	蓝色xuasA001
公司产品[添加二级栏目](RSS)	0个	蓝色xuasA001
公司新闻[添加二级栏目](RSS)	0个	蓝色xuasA001
联系我们[添加二级栏目](RSS)	0个	蓝色xuasA001

图 6—9　在后台中建立栏目

6. 为各个栏目添加相应的文章

单击左侧菜单栏中的“新闻增加”，如图 6—10 所示，根据提示可填写网站相应栏目的新闻内容。

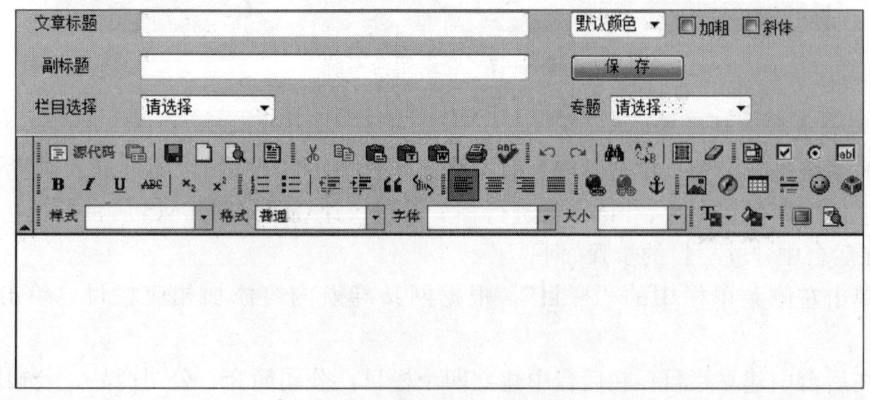

图 6—10　添加新闻内容

应用提示：添加文章是为了实现一定的效果，可以在文字间加入 HTML 代码做修饰，系统将自动将 HTML 代码翻译成实际效果。

7. 为网站首页的各个栏目设置 JS 代码调用（如图 6—11 所示）

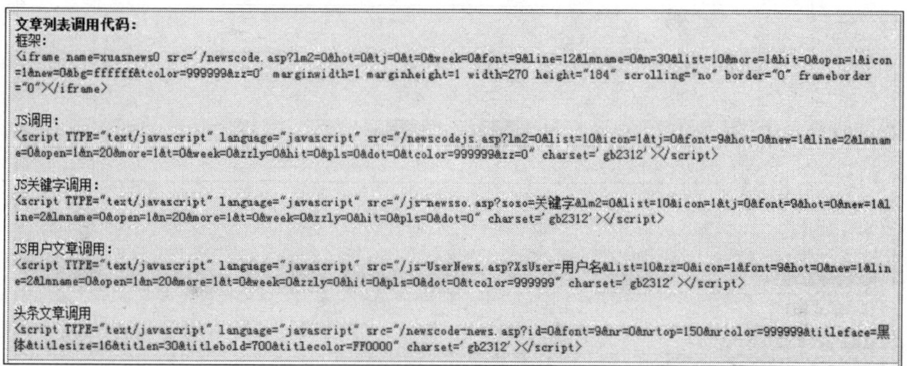

文章列表调用代码：

框架：

```
<iframe name=xuasnews0 src='/newscode.asp?lm2=0&hot=0&tj=0&t=0&week=0&font=9&line=12&lmname=0&n=30&list=10&more=1&hit=0&open=1&icon=1&new=0&bg=ffffff&tcolor=999999&zz=0' marginwidth=1 marginheight=1 width=270 height="184" scrolling="no" border="0" frameborder="0"></iframe>
```

JS调用：

```
<script TYPE="text/javascript" language="javascript" src="/newscodejs.asp?lm2=0&list=10&icon=1&tj=0&font=9&hot=0&new=1&line=2&lmname=0&open=1&n=20&more=1&t=0&week=0&zzly=0&hit=0&pls=0&dot=0&tcolor=999999&zz=0" charset='gb2312'></script>
```

JS关键字调用：

```
<script TYPE="text/javascript" language="javascript" src="/js-newsso.asp?soso=关键字&lm2=0&list=10&icon=1&tj=0&font=9&hot=0&new=1&line=2&lmname=0&open=1&n=20&more=1&t=0&week=0&zzly=0&hit=0&pls=0&dot=0" charset='gb2312'></script>
```

JS用户文章调用：

```
<script TYPE="text/javascript" language="javascript" src="/js-UserNews.asp?XsUser=用户名&list=10&zz=0&icon=1&font=9&hot=0&new=1&line=2&lmname=0&open=1&n=20&more=1&t=0&week=0&zzly=0&hit=0&pls=0&dot=0&tcolor=999999" charset='gb2312'></script>
```

头条文章调用

```
<script TYPE="text/javascript" language="javascript" src="/newscode-news.asp?id=0&font=9&nr=0&nrtop=150&nrcolor=999999&titleface=黑体&titlesize=16&titlen=30&titlebold=700&titlecolor=FF0000" charset='gb2312'></script>
```

图 6—11　JS 代码调用

8. 为各栏目页和内容页设置模板（如图 6—12 所示）

栏目模版	[进入栏目模版设置]	
搜索模版	[进入搜索页面模版设置] so.asp	
投稿模版	[进入投稿页面模版设置] utg.asp	投稿栏目设置

图 6—12　为各栏目页和内容页设置模板

调用公告，友情链接，如图 6—13 所示。

公告标题	
公告内容	

[保存]　[重置]

公　告	操　作
暂无公告	

滚动的公告调用代码：（如果调用所有公告，编号为空或者等于0[id=0]即可）

```
<marquee direction="up" scrollamount="2" scrolldelay="120" height="145"><script language="javascript" src="/ggjs.asp?id=编号&ttt=1"></script></marquee>
```

ttt=1　　显示标题和内容全部信息，如果ttt=0那么只显示内容，其他不显示。ttt=2，只显示标题。ttt=4，横向显示。

图 6—13　调用公告

9. 为各个栏目设置管理人员（如图 6—14 所示）。

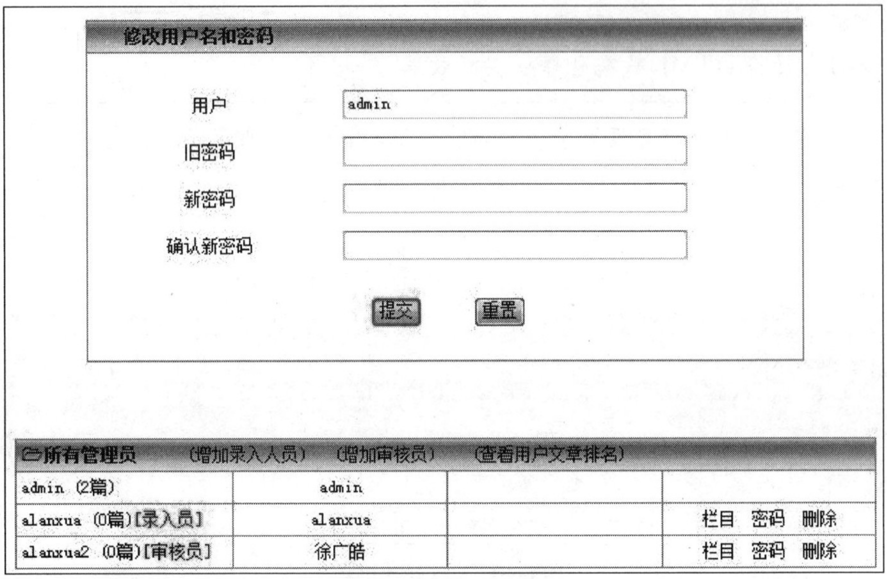

修改用户名和密码

用户 admin

旧密码

新密码

确认新密码

提交 重置

所有管理员 (增加录入人员) (增加审核员) (查看用户文章排名)			
admin (2篇)	admin		
alanxua (0篇)[录入员]	alanxua		栏目 密码 删除
alanxua2 (0篇)[审核员]	徐广皓		栏目 密码 删除

图 6—14 设置管理人员

10. 为留言板设置（如图 6—15 所示）

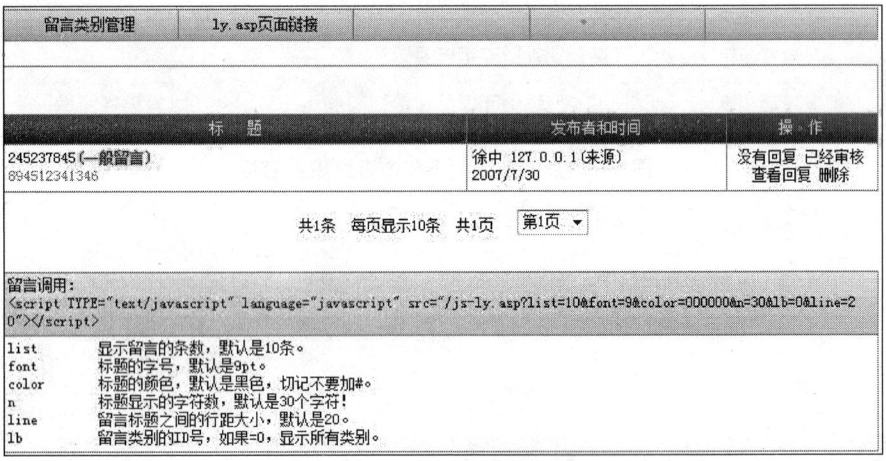

留言类别管理 | ly.asp页面链接

标 题	发布者和时间	操 作
245237845 (一般留言) 894512341346	徐中 127.0.0.1(来源) 2007/7/30	没有回复 已经审核 查看回复 删除

共1条 每页显示10条 共1页 第1页

留言调用：

```
<script TYPE="text/javascript" language="javascript" src="/js-ly.asp?list=10&font=9&color=000000&n=30&lb=0&line=20"></script>
```

list	显示留言的条数，默认是10条。
font	标题的字号，默认是9pt。
color	标题的颜色，默认是黑色，切记不要加#。
n	标题显示的字符数，默认是30个字符！
line	留言标题之间的行距大小，默认是20。
lb	留言类别的ID号，如果=0，显示所有类别。

图 6—15 留言板设置

·本章小结·

本章主要讲述了网站后台编程语言及网站后台的使用，从开发技术讲到技术选型，并以实际案例进一步剖析。在第二节中，对网站后台实现方法进行了归纳，并对重点标记进行全面的解释，网站编程经常用到的、最关键的四大类标记表格、表单、链接、框架进行了细致的分析。第三节讲述了 ASP.NET 基础，拓展学生知识，适应未来网页技术发展的需要。第四节详细讲述了 CMS 的通用方法，讲解 CMS 系统的取得、CMS 系统的使用准备及 CMS 使用的一般步骤。

每课一考

一、填空题

1. 目前，最为流行、应用最广泛的动态 Web 网站开发技术主要有：________，________，________三种。

2. ASP 全名为________，是由微软公司推出的一个 Web ________的开发环境，是最通用的________，利用它可以产生和执行动态的、互动的、高性能的________。

3. ASP 的脚本语言有________和________两种。

4. 在传统的________中加入________和________，就构成了 JSP 网页。

5. 网站安全需求高，则可选择________和________进行开发。

6. 从制作的角度来划分，网站制作分为________和________两大部分。

7. CMS 所采用的实现语言主要有________、________、________三种。

8. ASP 及 ASP.NET 这类语言编写的 CMS 必须先安装________环境才能正常运行 CMS 系统；而 PHP 编写的 CMS，则必须安装________。

9. JSP 规范是________、________、交易系统，以及开发工具供应商之间广泛合作的结果。

二、选择题

1. 以下（　　）不是动态 Web 网站开发技术。

A. JSP　　B. ASP　　C. PHP　　D. Flash

2. JSP 文件的扩展名是（　　）。

A. ASP　　B. JSP　　C. PHP　　D. BAS

3. JSP 技术的设计目的是使得构造基于 Web 的（　　）更加容易和快捷。

A. 应用程序　　B. 服务器程序

C. 后台程序　　D. 应用服务器

4. CMS 所采用的实现语言不包含（　　）。

A. ASP　　B. ASP.NET　　C. PHP　　D. Flash

5. PHP 编写的 CMS，必须安装（　　）服务器软件。

A. NetFramework　　B. appserv

C. JRE　　D. JDK

6. 网站后台系统简称（　　）系统。

A. CMS　　B. DDL　　C. CDS　　D. OOP

7. 采用的开发技术一定要与（　　）的选型相配合。

A. 服务器平台　　B. 技术平台　　C. 应用程序　　D. Web 程序

8. 从制作的角度来划分，网站制作分为（　　）和后台管理功能实现两大部分。

A. 前台界面部分　　B. 模块制作　　C. 代码编写　　D. 前台模块制作

9. 不同的 CMS 系统应该选择不同的（　　）。

A. 服务器　　B. 技术平台　　C. 应用程序　　D. Web 程序

10. IIS 端口默认的设置为（　　）。

A. 80　　B. 192　　C. 8080　　D. 102

三、判断题

1. ASP的脚本语言有VBScript、JavaScript和PHP。 ( )

2. ASP.NET的语法在很大程度上与ASP兼容。 ( )

3. ASP.NET全部是基于组件和模块化的。 ( )

4. PHP是一种跨平台的、服务器端的嵌入式脚本语言。 ( )

5. ASP为创建显示动态生成内容的Web页面提供了一个简捷而快速的方法。 ( )

6. 一般的网站开发都采用独立编写代码的方式。 ( )

7. 网站后台功能模块需要具有坚实的编程语言基础，并经过实际编程实践，否则很难实现。 ( )

8. 目前广泛使用的CMS所采用的实现语言主要有ASP、ASP.NET、VB三种。 ( )

9. ASP及ASP.NET语言编写的CMS必须先安装IIS服务器环境才能正常运行CMS系统。 ( )

10. 所有的CMS系统都是免费的。 ( )

四、能力拓展题

使用本章介绍的CMS系统写出创建一个博客网站的规划书，并写出具体实现的步骤。

1. 利用讯时CMS实现所要求的博客网站。

2. 利用帝国CMS实现规划的博客网站。

五、励志题

将本书中所介绍的各个CMS系统的详细使用步骤及各个CMS系统之间的区别动手实践后写下来。

第 7 章　网站的发布与运营

本章知识结构框图

学习激励案例导航	网站的发布	网站的运营	ICP与IP备案管理
陈天桥和他的盛大网络	基本概念 发布的3项准备工作 网站上传	运营概念 运营四要素 运营三大内容 运营的三种方法	ICP与IP备案管理常见问题摘要20条

学习激励与案例导航

陈天桥和他的盛大网络

陈天桥，上海盛大网络总裁，1973 年出生于浙江新昌，毕业于上海复旦大学，现任中国游戏工作委员会副理事长、上海青少年发展基金会副会长、上海游戏专委会主任委员、上海信息服务业协会副理事长、共青团中央第十五届候补中央委员。

陈天桥是盛大网络的创始人，在他的带领下，三年多来盛大网络已发展成为一个员工近七百人、资产规模数亿元的集互动娱乐产品开发、运营、销售为一体，涉足周边产品、出版物，形成立体化品牌经营平台的大型集团化企业。盛大网络在网络游戏领域已经取得了世界级的成就：自主研发、代理运营产品的累计注册用户超过一亿五千万人次，同时在线人数超过百万人，月平均销售额数千万元，在中国拥有 65%以上的市场占有率，是世界上用户规模最大、收益额位居前列的网络游戏企业，被国外媒体誉为世界三大网络游戏企业之一。

陈天桥说："一个企业发展要经历五个阶段，一是战略上寻找突破点，二是要专注，三是要进行整个产业链的整合，四是适度多元化，五是变成社会企业，承担适度的社会责任。"作为大学生的我们成功也要经历五个阶段，一是找准学习方向，二要专注学习，三要广泛钻研整合专业，四要广泛阅读全面发展，五要与企业靠拢，逐步走向创业。当前，努力在确定的方向上专注学习吧！

7.1 网站的发布

几经研发苦，多少日夜累！新产品终于面世，如何让百姓广泛认可，让产品进入寻常百姓家，这需要对产品进行推广。推广一个产品首先要把产品变成商品，从生产线走进柜台，这便是发布；其次要进行日常销售，这便是运营；最后要千方百计扩大销售，这就是推广。网站与产品的宣传推广完全相同，也要经历发布、运营、推广三个环节。

7.1.1 网站发布的定义

网站制作完成后，经过测试无误，必须上传到互联网服务器上，才能被全世界的人浏览。所谓网站发布就是指利用工具软件将整个网站上传到互联网服务器的过程。只有经过发布的网站才能实现网站建设的最终目的，才是有意义的网站。

7.1.2 网站发布前的准备工作

网站发布前要申请域名，确定网站的空间，将域名解析后，才能进行网站的上传工作。

1. 域名申请

在浏览器中输入 http://www.cctv.com 就可以进入中央电视台网站，http 是网络协议，www 是万维网，而 cctv.com 则是域名。每个网站都必须有一个域名，中国互联网地址资源注册管理机构是中国互联网信息中心，其网址是 http://www.dns.com.cn/。另外，还有以下一些知名注册服务机构：

中国万网 http://www.net.cn/

新网 http://www.xinnet.com/

中国频道 http://www.china-channel.com/

商务中国 http://bizcn.com.cn/

新网互联 http://www.dns.com.cn/

登录这些网站后，根据提示即可缴费注册，注册完成后，用户取得域名管理机构给的用户名及密码，用于域名管理和域名解析。

【操作实例 7—1】申请域名。

步骤 1：输入网址 http://www.xinnet.com/，进入新网首页。

步骤 2：注册会员；如不注册会员，申请的域名将无法交费开通。

步骤 3：在"英文域名"栏目中输入欲申请的域名"qqhre"，并选取 .net 后缀，如图 7—1 所示。

步骤 4：输入域名及验证码，并单击"提交"按钮，如图 7—2 所示。

步骤 5：系统提示注册成功信息后（如图 7—3 所示），阅读“用户主机操作重要规则”然后单击“同意以上条款并到下一步”。

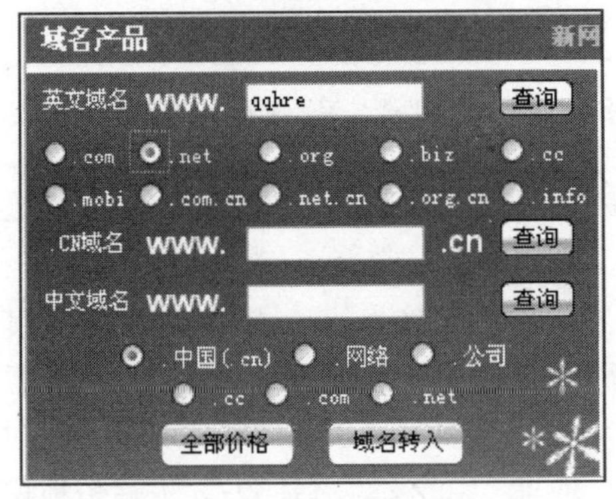

图 7—1　域名产品栏目

图 7—2　域名验证码输入框

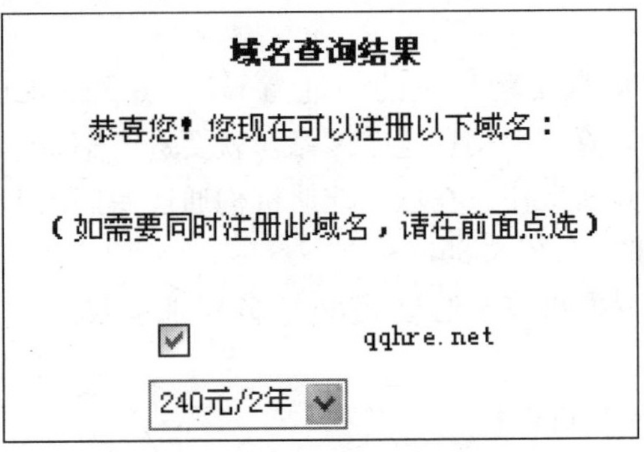

图 7—3　域名查询结构界面

步骤 6：按要求汇款缴费，至此 qqhre.net 域名正式开通，用户可以通过系统给定的域名管理页面，进入管理后台，输入用户名及密码后，即可进行域名管理、域名解析工作。

应用提示：网站的域名在全世界都是唯一的，好的网站域名其价值是不可衡量的，建网站之前要先选好域名。

2. 确定网站空间

举例来说，如果在当地的商场申请了 1 楼 12 区 8 号位的摊位 1－12－8，准备经营服装，取名为“时代服装店”，申请完之后，管理人员为服装店批复 100 平方米的经营空间，摆放商品后开始正常营业。这里 1－12－8 相当于网站的 IP 地址，而“时代服装店”则相当于域名，100 平方米的空间则相当于网站空间。空间实际上就是互联网服务器硬盘的一块空间，用于存放网站的所有文件。建设网站必须在互联网上拥有空间，将网站上传到空间，并将域名与空间关联，这样网站才能被世界各地的访问者浏览。

网络空间分为两种，一种是免费空间，另一种是收费空间。人们最熟悉的 QQ 空间，其实就是一种免费空间，是腾讯公司在其服务器上开辟的一块硬盘空间，供用户传相片、存文件、写日记等。免费空间功能少、容量小，一般不支持动态网站，所以正式运营的网站一般要购买收费空间。目前空间提供商很多，大家可以到网上去搜索。

应用提示：目前硬盘单位成本越来越低，网站空间越来越便宜，所以在购买空间时建议优先考虑其稳定性与服务。

3. 域名解析

什么是域名解析？正常访问网址的时候，在地址栏中输入的是域名，如访问百度时输入 www. baidu. com，但实际上访问的是某台服务器上的一块硬盘空间，这块硬盘空间用 IP 地址表示，如 123. 235. 44. 30。因为 IP 地址难记，所以就出现了域名解析服务器，通过域名解析服务器把域名（www. baidu. com）解析为 IP 地址（123. 235. 44. 30）。更通俗地说，域名解析就是把域名指向网站空间的 IP 地址，将域名与空间绑定，让人们通过域名可以方便地访问到网站。

举例来说，齐齐哈尔信息工程学校的网址为 www. qqhre. com，其域名为 qqhre. com。如果想在任意一台上网的计算机上浏览这个网站，就要进行解析。

第一步：在域名管理界面操作。在域名注册机构通过专门的 DNS 服务器解析到 Web 服务器的一个固定 IP 上，如 186. 203. 35. 48。

第二步：在空间提供界面操作。通过 Web 服务器来接收这个域名，把 qqhre. com 这个域名映射到这台服务器上。

【操作实例 7—2】 域名解析操作。

步骤 1：输入网址 www. xinnet. com，登录域名管理，如图 7—4 所示。

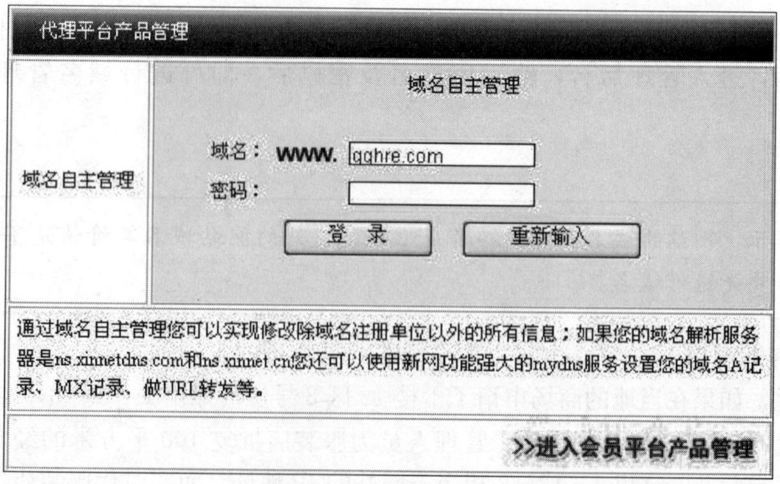

图 7—4 域名解析

步骤 2：进入 My DNS 功能，解析域名如图 7—5 所示。

步骤 3：添加新的 A 记录，将 www. qqhre. com 解析到 Web 服务器的一个固定的 IP 上，如 187. 203. 35. 48，然后单击“提交”按钮，如图 7—6 所示。

步骤 4：添加新的 A 记录，将 qqhre. com 解析到 Web 服务器的一个固定的 IP 上，如其他网站不能解析空白用@代替，例如 187.203.35.48，然后单击“提交”按钮，如图 7—7 所示。

图 7—5　域名解析界面

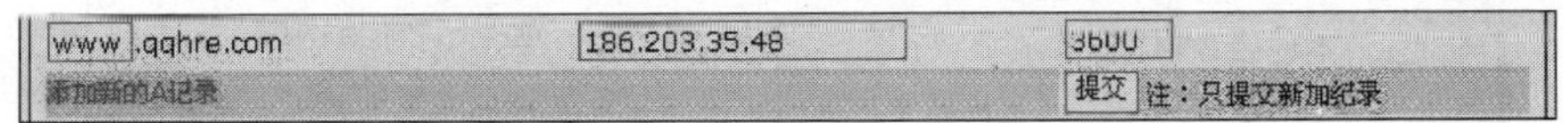

图 7—6　添加新的 A 记录

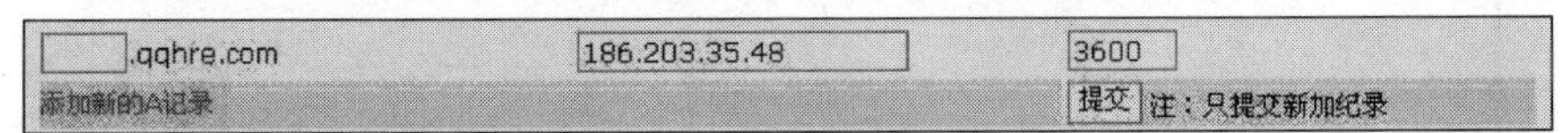

图 7—7　添加新的 A 记录

步骤 5：确定 DNS 解析为开启状态，等待管理员处理，一般为 0～24 小时，如图 7—8 所示。

图 7—8　DNS 状态

7.1.3　网站上传

1. 网站上传概述

网站上传是指把制作好的网站发布到远程服务器上。上传分为 Web 上传和 FTP 上传，Web 上传即通过浏览器来上传文件，直接单击网页上的链接即可；FTP 上传需要专用的 FTP 工具，也可以使用 FrontPage、Dreamweaver 自带的上传工具。实际使用中以 FTP 方式上传居多。FTP 方式上传不但简单易用，而且功能强大。

2. 网站上传操作

FTP 方式上传的软件很多，其中最常用的有 LeapFTP、FlashFXP、CuteFTP，也就是人们常说的 FTP 三剑客。FlashFXP 传输速度比较快，但有时对于一些教育网 FTP 站点却无法连接；LeapFTP 传输速度稳定，能够连接绝大多数 FTP 站点（包括一些教育网站点）；CuteFTP 具有友好的用户界面、稳定的传输速度，虽然相对来说比较庞大，但其自带了许多免费的 FTP 站点，资源丰富。

(1) CuteFTP 操作界面。CuteFTP 软件操作界面十分简洁，共有四个窗口，它们是工作状态窗口、本地硬盘窗口、远程 FTP 站点窗口、队列窗口。其中 FTP 工作状态窗口显示 FTP 工作的基本情况，如连接情况等；本地硬盘窗口则显示自己所使用的计算机硬盘资料，可以在此选择欲上传的文件夹及文件；远程 FTP 站点窗口则显示服务器上已经开通的空间的文件夹及文件；队列窗口中显示的是等待上传的文件名称，如图 7—9 所示。

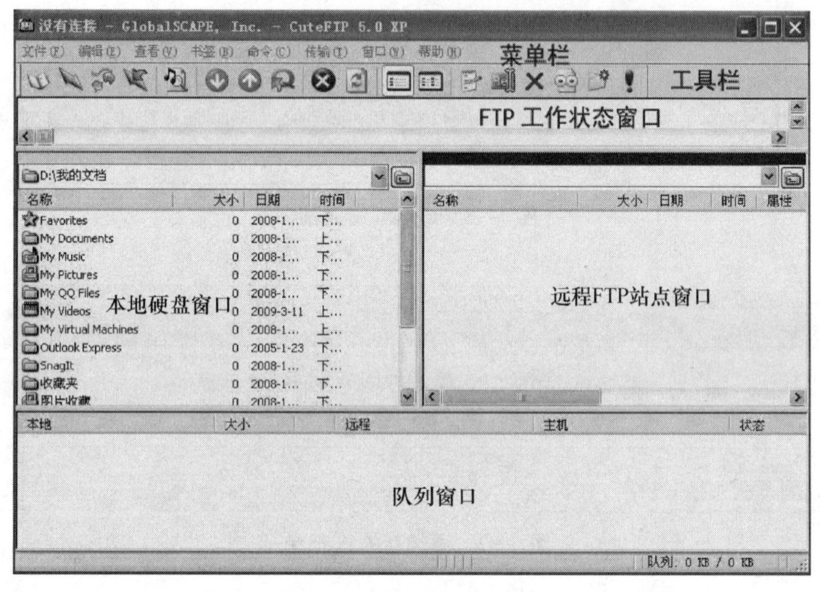

图 7—9　CuteFTP 操作界面

（2）建立新的链接。当单击工具栏上左上方第一个按钮时，启动建立新链接界面，如图 7—10 所示。必须填写的有四项内容：FTP 主机地址、用户名称、密码、连接端口。其中 FTP 主机地址填入申请网站空间时的 FTP 地址；账号和密码则是申请空间成功后由空间提供商开通的，类似邮箱的账号与密码；连接端口则固定为 21；其他各项一般使用默认值即可。

图 7—10　建立新的链接

(3) 网站上传与下载。上传时先确认 FTP 服务器的目录（即右边的窗口）是否是要上传文件的目标目录。选中本地硬盘欲上传的文件或目录，拖放到右边窗口，立即开始上传。

下载和上传相同，直接把选中的内容从远程目录拖放到左边窗口的本地硬盘即可，如图 7—11 所示。

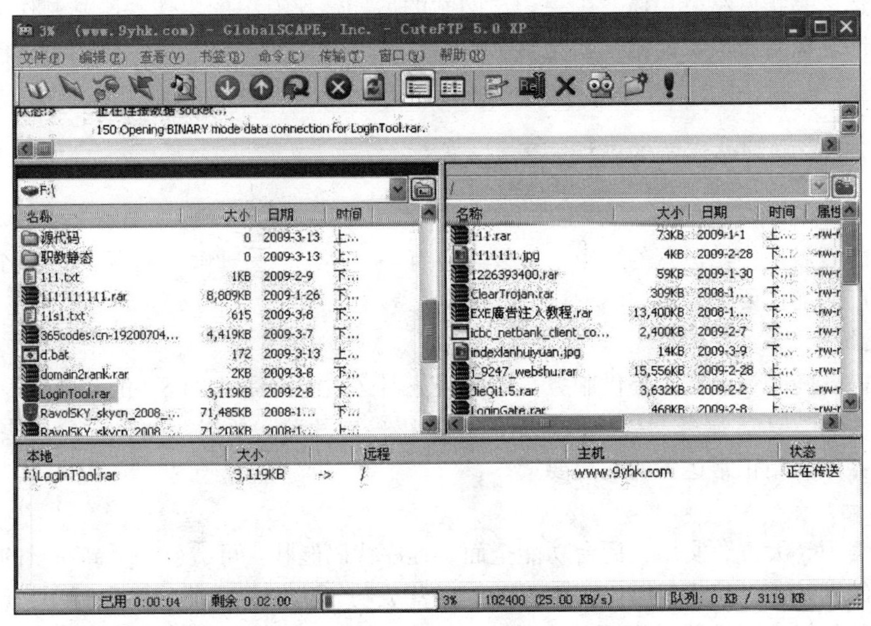

图 7—11 FTP 主界面

(4) 其他操作。选中将要进行操作的文件或目录，然后单击鼠标右键，进行删除、重命名等各项操作。

3. 注意事项

(1)“建立数据 Socket 失败”的处理。在上传时经常出现“建立数据 Socket 失败”的提示，这是由于模式设置所导致。予以更改后即可解决，其方法如下：

选择“编辑→将使用 PASV 模式（被动模式)”或在编辑菜单中逐次选择“设置→连接→防火墙”，把“将使用 PASV 模式”前面的“√”去掉即可。

(2) 二进制上传。有的程序必须以二进制形式上传，否则将不能完成上传工作。在 CuteFTP 中单击“传输”按钮即可。

(3) 注意文件名称的大小写。大多数远程服务器，对于文件或目录名的大小写非常敏感。如果 FTP 软件中没有强制小写字母的功能，则文件及目录名要用小写。在 CuteFTP 中，在“FTP Site Manager→Edit Site→Advanced”的“Upload Filenames”中选择“Force Lowercase”(强制小写)，可以强制实现上传文件名称为小写。

7.2 网站的运营

7.2.1 网站运营的含义

建一个网站容易，运营一个网站却是一个漫长且充满艰辛的过程，这不但需要拥有足够的智慧，更需要从理论上全面掌握网站运营的知识。只有从实践中走过，才能把一个网站运营得有声有色。犹如创业一样，租了房子，有了资金，购买了相关设备，办理了工商执照，一声爆竹，公司便可正式宣告成立。可是公司成立了，如何经营却是一个漫长的过程，而且远比创业更为艰难。

网站运营是指网络营销体系中一切与网站的后期运作有关的工作。网站制作完成之后，便进入了网站运营阶段，网站运营是整个网站建设中最为重要的一环，也是网站能否兴旺发达的关键步骤。

7.2.2 影响网站运营的前提要素

1. 域名

网站的域名是网站运营的一个前提要素，有一个易记、易理解、响当当的域名，是网站运营与推广的前提要素。

2. 服务器

网站需要随时为消费者提供服务，因此服务器必须能够提供 24×7 的运营保障，即每天 24 小时，每周 7 天，服务器要忠诚地运营，不得停歇片刻。所以，拥有一台高质量、高速度的服务器是网站正常运营的前提要素。

3. 网站质量

界面美观、大方、实用，后台功能全面，程序代码健壮，可造就一个高质量的网站。没有高质量的网站，纵使千般手段，也不可能运营成功。犹如部队征兵要进行严格筛选一样，一身疾病的年轻人到部队是不可能训练成一个好兵的，因为他不具备训练的身体条件。同理，一个制作不完善、处处有问题的网站也是不可能正常推广的。

4. 网站的登记备案

网站制作完成后，必须进行登记备案，方可合法地进行运营。根据工业和信息化部要求，非经营性互联网信息服务备案要完成以下工作：

(1) 登录 www.miibeian.gov.cn 网站，如图 7—12 所示。

(2) ICP 注册。

(3) 输入手机、邮件验证码。

(4) 输入备案信息。

(5) 将备案编号和电子证书安放在规定的位置。

图 7—12 工业和信息化部备案网站

> 应用提示：基于安全考虑，目前国家对网站备案工作管理越来越规范，越来越严格，网站备案的周期变得更长，所以网站备案要及早进行。

7.2.3 网站运营的内容

1. 网站发展创新

实践是检验真理的唯一手段。胸怀所有宏图美景、制订一切规划设想，又经过日夜不懈努力，最终完成的网站，也许你十分满意，但没有缺点的事物是不存在的，网站中存在瑕疵在所难免。网站也要在不断完善中求发展，在创新中谋生存。

在网站运营过程中，用户会反馈很多意见，客服部门会接到许多投诉，因此必须不断改正不足、修正错误。不断地将客户需求形成修改方案，并予以实现；不断地对客户投诉进行分析，予以解决。这就是网站的发展。

针对市场需求、同行业竞争，不断做出网站调整方案，不断推出新的栏目，增加新的内容，就像大商场常年有各种的促销活动一样，不断地将团队智慧变成网站的亮点，这就是创新。

2. 网站内容建设

(1) 栏目内容建设。每次登录腾讯的QQ聊天软件，都会自动弹出一个以最新资讯为主题的网页窗口，如果每天都是相同的内容，让读者感到无聊的同时也失去了大批的浏览者。同样，网站要不断地对栏目内容进行建设，专人管理，随时更新内容。新闻类栏目，随时添加内容；热点商品经常更新商品信息。

(2) 更新维护。一个网站，只有不断更新才会有生命力，人们上网无非是要获取所需的信息，网站只有不断地提供人们所需要的内容，才能更有吸引力。网站好比一个电影院，如果每天上映的都是同一部电影，那么有谁会第二次光临呢？

3. 网站营销管理

经营一个网站，与经营一个商场一样，需要进行全面的营销管理。网络营销是一个广义的概念，凡是以互联网为手段进行的、为达到一定营销目标的营销活动，都可称为网络营销。它包括以下内容：

(1) 信息宣传。基于互联网的信息宣传具有速度快、覆盖面广、成本低的特点，企业可以用各种手段进行信息宣传。

(2) 市场调查。网上市场调查有两种方法，一是通过E-mail发送电子邮件；二是直接在网页上通过问卷进行调查。

(3) 消费分析。互联网的消费群体具有明显的时代特征，与传统的消费群体不同，不但消费群体的年龄不同，而且消费目标也不同，因此网站营销要注意对消费进行分析。

(4) 网上促销。可以通过日常不间断的各种促销活动推动人们对网站的认识与认可，达到网站营销的目的。企业可以通过网站页面展示商品，也可以通过E-mail向目标客户发送促销电子简报。

(5) 网络广告。网络广告作为重要的促销工具，是网站营销的重要手段之一。

7.2.4 网站运营的方法

1. 建立一个健全的运营体系

成熟的网站应该设立一个网站运营部，全面负责网站的运营。建立一个健全的运营体系，工作的主要内容是与公司的其他部门进行沟通并做出运营决策。例如，与客服人员沟通，了解客户反映的问题；与技术人员沟通，对网站进行修改；与市场人员进行沟通，了解市场动态；最后根据沟通的结果做出网站运营的决策。

在人员安排上应该设立一名运营总监、一名运营部经理，以及若干名运营专员。运营总监一般由公司副总经理兼任，运营部经理则由专人担任，运营专员要求具备该网站所涉及行业的专业知识，项目管理策划能力、沟通协调能力、文字组织能力等方面的素质。

2. 内容不断更新与维护

(1) 内容更新与维护的意义。网站的内容是吸引网民眼球的关键，也是网站运营的命脉。内容一成不变的网站，恰似一潭死水，毫无生机。网站内容的更新与维护可以吸引大量的网民，使他们成为网站永久的主顾，他们每天光顾网站乐此不疲，网站流量大增，效益自然攀升。

(2) 内容更新与维护的几个关键。内容的更新与维护包括四个关键点：更新的时效性、审核的严格性、内容的有效性、维护的经常性。

更新的时效性是指要及时更新网站中的内容，让网站永远保持新颖，第一时间反应实际活动，对网民产生永久的磁力。人们周知的网易每天都有专门队伍每时每刻都在做着更新的工作。当神舟七号升天之际，各大网站更是每分每秒动态更新。

审核的严格性是指网站面对的是无国界的公众，其内容直接影响着整个网站的声誉，对网站内容的审核必须严格，一丝不苟，严格得要有政治高度。即使健康、真实的内容也要逐字审核，确保准确无误。

内容的有效性是指网站发布的内容不能随意。内容在网上发布了，就必须真实有效，否则既误导消费者，又影响网站的口碑，甚至有商业欺诈嫌疑。举例来说，原本一台折扣数码相机报价 999 元，由于操作失误，网站误报为 99 元，当购买者蜂拥而至的时候，也是你被辞退的日子。

维护的经常性是指网站维护要经常进行，而不是头痛医头，脚痛医脚。类似火车站每次列车出发前都有专人进行检测一样，要经常对网站进行全面的检查，及时备份数据，对安全漏洞要及时进行修补。

(3) 内容更新与维护的方法。网站内容经过审核，公司领导签字批准后，就进入了更新与维护的操作阶段。每个网站都有一个后台管理系统，其日常的更新与维护全部由后台管理系统完成。更新与维护网站的步骤：

第一步，打开登录界面，输入用户名与密码；

第二步，根据需要选择相应栏目，输入内容；

第三步，预览实际效果，通知主管领导网上审核；

第四步，主管领导在网上审核通过，网站内容更新与维护的一个周期结束。

3. 网站不断改版与创新

(1) 改版的含义。网站的改版是指变换网站版面风格，即对网站前台重新进行设计，形成一个全新的版面，给网民全新的视觉冲击。例如，遇到重大节日、重大活动，将版面改成大红色，这就属于改版。而对汶川大地震的哀悼，各大网站几乎全部改成了黑白色。

(2) 改版的原理。网站改版的原理很简单，犹如人穿衣服一样，要不断根据季节、场合的不同改穿不同的衣服，而不是把整个人都换掉。有个贬义的俗语很恰当：换汤不换药。改版由网站美工重新设计版面，并把原后台重新挂接，原后台不变，原内容不变。

（3）改版的方法。改版时，要从色调、版式上进行修改，原有的栏目一般不要变动，经过重新设计规划后，用 Photoshop 重新制版，重新用 Dreamweaver 排版。

7.3 ICP 与 IP 备案管理常见问题摘要

1. 什么是经营性的互联网信息服务

经营性互联网信息服务是指通过互联网向上网用户有偿提供信息或网页制作等服务的活动。

2. 从事经营性互联网信息服务的经营单位应办理哪些手续

从事经营性互联网信息服务的经营单位应向工业和信息化部或各省通信管理局申请办理增值电信业务经营许可证。

3. 什么是非经营性互联网信息服务

非经营性互联网信息服务是指通过互联网向上网用户无偿提供具有公开性、共享性信息的服务活动。

4. 从事非经营性互联网信息服务的单位应办理哪些手续

从事非经营性互联网信息服务的单位应在 www. miibeian. gov. cn 网站上办理报备手续。

5. 非经营性互联网信息服务报备要完成哪些工作

（1）登录 www. miibeian. gov. cn 网站；

（2）ICP 注册；

（3）输入手机、邮件验证码；

（4）输入备案信息；

（5）将备案编号和电子证书安放在规定的位置。

6. 网站只有独立的 IP 地址，没有域名是否需要办理网上备案手续

答案：需要。无论网站是通过域名方式访问还是通过 IP 地址的方式访问都要办理备案手续。

7. 如何进行备案？网站以前办理过备案手续，是否还需要办理网上备案手续

有两种方式：一种是登录 www. miibeian. gov. cn 备案网站自行办理备案手续；另一种是可委托其他接入服务单位帮助其备案。

备过案的网站仍要备案，获得新的备案号后，以前的号码不再生效。

8. 办理网上备案手续需要向通信管理局交纳费用吗

自己在网上办理的不需要向通信管理局交费。

通过接入服务提供单位代理办理的，代理单位向用户收取代理服务费，通信管理局不介入。用户与代理之间的关系应是民事委托服务关系，不属于政府的行政事业单位收费项目。

9. 互联网信息服务备案工作可以委托接入服务提供者或虚拟主机提供者代为办理吗

答案：可以。

10. 网站涉及哪些信息内容应办理前置审批手续

在《互联信息服务管理办法》的第五条中规定：从事新闻、出版、教育、医疗保健、药品和医疗器械、文化、广播电影电视节目等互联网信息服务的网站应办理前置审批手续。

11. 什么是电子公告服务

网站中所有交互式的栏目均为电子公告。

12. 电子公告服务应办理哪些手续

从事互联网信息服务，拟开办电子公告服务的，应当在申请经营性互联网信息服务许可或者办理非经营性互联网信息服务备案时，向所在地通信管理局提出专项申请或者专项备案。获准同意后方可开展电子公告服务活动。

13. 未取得经营许可证/未履行备案/擅自从事非经营性互联网信息服务/超出备案的项目提供服务将受到什么样的处罚

限期整改/罚款/关闭网站。见《互联网信息服务管理办法》国务院 292 号令。

14. 未履行备案手续或擅自从事非经营性互联网信息服务或超出备案的项目提供服务将受到什么样的处罚

违反本办法的规定，未履行备案手续，擅自从事非经营性互联网信息服务，或者超出备案的项目提供服务的，由省、自治区、直辖市电信管理机构责令限期改正；拒不改正的，责令关闭网站。

15. 已办理备案手续但未在网站的主页上标明编号的将受到什么样的处罚

由省、自治区、直辖市电信管理机构责令改正，处罚款。见《互联网信息服务管理办法》国务院 292 号令。

16. 如果备案信息不准确将受到什么样的处罚

关闭网站并注销备案，同时在网上名单中公布。

17. 如果网站未办理备案手续，接入服务单位为其提供接入服务，网站和接入服务提供单位将受到什么样的处罚

对未办理备案的网站，通信管理局将要求限期整改/关闭网站；

对接入服务提供的单位，通信管理局责令改正并处以罚款。

18. 经营性企业和非经营性企业的区别

按照《互联网信息服务管理办法》国务院 292 号令所规定的内容，经营性互联网信息服务是指通过互联网向上网用户有偿提供信息或网页制作等服务的活动。非经营性互联网信息服务是指通过互联网向上网用户无偿提供具有公开性、共享性信息的服务活动。

19. 如果 ICP 用户已经录入备案信息并提交，为什么单击浏览却看不到提交的备案信息

网上审批需要一定的时间，当备案信息提交后，在数据没有同步到内网时用户可以浏览提交的信息。但是，一旦同步到内网用户便暂时浏览不到已提交的信息，只有当备案信息被审核并已发电子证书后，才能再次浏览到已提交的备案信息。

20. 如何安装电子证书

（1）将备案证书文件 bazs. cert 放到网站的 cert/目录下，该文件必须可以通过地址 http://网站域名/cert/bazs. cert 访问，其中网站域名指的是网站的 Internet 域名。

（2）将备案号/经营许可证号显示在网站首页底部的中间位置，如果当地电信管理局另有要求则以当地电信管理局要求为准。

（3）在网站的页面下方已放好的经营许可证号的位置做一个超级链接，链到 www. miibeian. gov. cn 备案网站上。

·本章小结·

本章主要讲授了网站制作完成后的两个流程，即网站的发布、运营。网站发布主要讲授了网站发布的基本概念、发布的3项准备工作、上传概念。重点对上传操作进行了详细的讲解，对操作步骤进行了细致的描述。

网站的运营从网站运营的概念、影响网站运营的几个前提要素，讲到域名注册、空间的管理，又从网站运营的内容讲到网站运营的方法。其中重点讲解了网站运营的内容与方法，涉及域名注册与空间管理两项技能。

每课一考

一、填空题

1. 网站运营是指网络营销体系中一切与网站的________有关的工作。

2. 网站备案的五个步骤是________、________、________、________、________。

3. 域名管理系统中最常用的两个模块是________和________。

4. 域名与空间的绑定实质就是把________指向空间的________。

5. 网站内容建设包括________和________。

6. 内容的更新与维护包括________、________、________、________四个关键点。

7. 上传分为________和________，________即通过浏览器来上传文件。

8. 网络营销包括 ________、________、________、________、________五个内容。

9. 经营性互联网信息服务是指通过________向上网用户________提供信息或网页制作等服务的活动。

10. 网站发布就是指利用________将整个网站上传到________的过程。

二、选择题

1. 网站制作完成之后，便进入（　　）阶段。

A. 规划　　B. 设计　　C. 运营　　D. 以上都不对

2. 网站服务器要提供24×7的运营保障，7是指（　　）。

A. 每年七次　　B. 每月七次　　C. 每周七天　　D. 每天七小时

3. 在域名管理系统中MyDSN的功能是用来（　　）的。

A. 绑定和解析域名　　B. 域名转向

C. 修改用户信息　　D. 以上都不对

4. 以下（　　）不是网站运营的前提要素。

A. 服务器　　B. 网站质量　　C. 网站推广　　D. 网站备案

5. 网站合法运营必须备案，备案的部门是（　　）。

A. 财政部　　B. 国务院　　C. 工业和信息化部　　D. 商务部

6. 从事非经营性互联网信息服务的单位以下哪些不是应办理的手续？（　　）

A. ICP注册

B. 输入备案信息

C. 将备案编号和电子证书安放在规定的位置

D. 登录 www. china. cn 网站

7. （　　）不是 FTP 三剑客。

A. LeapFTP　　B. FlashFXP　　C. CuteFTP　　D. Dreamweaver

8. 网络营销不包括（　　）。

A. 信息收集　　B. 市场调查　　C. 消费分析　　D. 网上促销

9. 内容的有效性是指网站发布的（　　）不能随意。

A. 网站标题　　B. 内容　　C. 风格　　D. 网站宣传

10. 网站的改版是指（　　）。

A. 变换网站版面风格　　B. 重新设计后台代码

C. 更新网站内容　　D. 改变网站颜色

三、判断题

1. 运行在互联网上的网站所采用的域名是唯一的。（　　）

2. 中国互联网地址资源注册管理机构是中国信息产业协会。（　　）

3. 免费空间与收费空间具有相同的功能。（　　）

4. 域名申请成功后，若要添加一条 B 记录，需将域名指向空间的 IP 地址。（　　）

5. 网站内容经过审核，公司领导签字批准后，就进入了更新与维护的操作阶段。（　　）

6. 改版由网站美工重新设计版面，并把原有后台重新挂接，原内容不变。（　　）

7. 经营性互联网信息服务是指通过互联网向上网用户有偿提供信息或网页制作等服务的活动。（　　）

8. 网站中所有交互式的栏目均为电子广告。（　　）

9. 备过案的网站仍要备案，获得新的备案号后，以前的号码也生效。（　　）

10. 网站维护的经常性是指网站维护要经常进行。（　　）

11. 网络空间实质上就是本地计算机硬盘的一块空间。（　　）

四、拓展技能综合题

用本章所学知识，为你所熟悉的某个企业网站做一份详细的运营计划。

五、操作题

1. 利用业余时间到网络公司，参与其网站制作全过程，为发布、运营奠定基础。

2. 在百度上为个人网站进行搜索引擎注册。

六、励志题

假设有一个属于你自己的网站，你打算怎样发布、运营，请把思路写下来。

第8章　网站的推广

本章知识结构框图

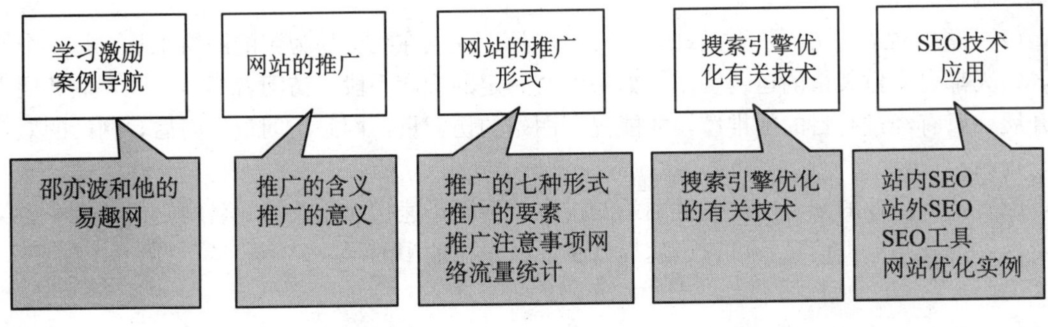

学习激励与案例导航

邵亦波和他的易趣网

邵亦波，1973年9月出生于上海。1999年创建易趣网，出任首席执行官。邵亦波先生11岁在有150人参赛的首届全国“华罗庚金杯”少年数学竞赛中获全国第三名；在初高中全国数学竞赛中连获特等奖与一等奖，成为中国中学数学竞赛明星选手。高二跳级直接进入全世界最著名的美国哈佛大学，是中国以全额奖学金赴哈佛读本科的第一人；成为应届毕业生中的最高荣誉生。1995—1997年被世界最著名的两家策划咨询公司——麦肯锡（McKinsey&Co.）与波士顿咨询集团（The Boston Consulting Group）争相聘请。1999年谢绝美国年薪达20万美元的聘请，回上海创办易趣网，1999年8月18日易趣网正式开通。2000年公司继首期融资650万美元后，再次完成二期融资2050万美元。入选“2000年度IT十大魅力男士”。

学生时代的邵亦波，经过努力、刻苦的学习，拥有了睿智的头脑，毕业后，在事业的征

途上一展风骚。我们一定要抓住今天大好的学习机遇，拼搏、进取！

8.1 网站推广概述

网站知道的人越多越好，每天的访问量越多越好。酒香也怕巷子深，再好的网站也需要推广。网站推广是一项系统工程，是一项长期工作，只有全面掌握网站推广的理论知识，辅以实践操练才能使网站成功推广。

1. 网站推广的含义

网站推广是指采用一定的策略，尽可能多地让用户了解并访问网站，通过网站获得有关产品和服务等信息。简单来说，网站推广就是指如何让更多的人知道你的网站。网民常说的点击率，其实就是网站推广程度的一个量。

2. 网站推广的意义

网站的推广具有十分重要的意义，只有经过推广的网站，才是具有真正商业意义的商务工具。网站的推广有两大意义：

（1）提高网站的访问量。网站是以宣传产品、提供在线交易为主的网络工具。每一个网站，每天都要支付大量的运营费用。如果没有一定的推广手段，访问者寥寥无几，业务便无法开展。只有经过有目的的推广，才能提高网站的访问量，网站访问量提高后，网站的效益才能提高。

（2）扩大企业的知名度。通过网站的推广，可以迅速扩大企业的知名度，尤其是在各类行业网站上发布分类信息，可以迅速提升企业在本行业中的形象。

8.2 网站的推广形式

8.2.1 网站推广七种形式

网站推广的形式多种多样，不同的网站要采用不同的推广策略。常用的推广形式有以下几种。

1. 分类目录

分类目录推广又称为行业推广，是指将自己网站的有关信息发布到其他网站的分类目录中。这种网站一般为门户网站，访问量众多，而且访问者目标明确。搜狐、新浪、网易、中文雅虎、百度都有分类目录。图 8—1 是“网址大全”（http://www.hao123.com）页面中网站的分类目录。

购物综合				
淘宝网	当当网	易趣网	百度	快递跟踪查询
卓越网	拍拍网	篱笆论坛	D1便利网	阿里巴巴
七彩谷商城	2688网店	橡果国际购物	YES!PPG男装直销	快乐购
中国鲜花礼品网	VANCL衬衫网上商城	逛街网流行服饰	情深深鲜花礼品网	家居易站
乐蜂网				

图 8—1 hao123 网站中的购物网站分类目录

2. 交换链接

交换链接是指在网站上放置对方网站的网站 Logo 或网站名称并设置对方网站的超级链接，使得用户可以从其他网站中进入自己的网站，达到互相推广的目的。交换链接可以获得访问量，增加用户浏览时的印象，在搜索引擎排名中增加优势和可信度等，如图 8—2 所示。

图 8—2　家居易站（http://www.homee.com.cn）

3. 网络广告

在一些行业网站或门户网站上做广告，也是一种推广的有效方法。广告目标网站的选择一般是流量比较大的网站或者本行业的权威网站，这样可以通过链接提高网站的流量，提升在同行业中的知名度。

4. 电子邮件推广

相信每个人的邮箱中都曾经收到过用于网站推广的电子邮件。电子邮件推广是一种快捷、便宜的推广方式。但使用这种方式，一定要注意客户的分门别类选择，有目标地进行推广，尤其是标题本身要有足够的吸引力让用户去查看。不能以发大量邮件的方式进行推广，试想谁愿意看一堆无关的垃圾邮件呢？图 8—3 是北京易捷美数字科技有限公司（http://www.yimei.com）用于邮件推广方式的一封邮件。用于推广的邮件必须符合以下标准：

图 8—3　北京易捷美数字科技有限公司邮件

（1）内容真实、翔实。内容必须真实，不得有虚假与夸大行为，要实事求是，让人感觉踏实、放心。内容必须翔实，让人能完整理解发邮件人的意图。

（2）措词得体、温馨。关心的语句、善意的提醒在使人感觉温馨的同时也就不会吝惜手中鼠标轻轻一点，进入你的网站，从而达到网站推广的目的。但要注意，语言上切勿虚情假意。

（3）设计精美、大方。用于网站推广的邮件不是一封普通的电子邮件，需要精心设计，不但整体精致、美观，而且要大方得体，特别是网站的标识、网址的链接一定不能少。

（4）文字精简、干练。没有人会把一封洋洋洒洒数万字的电子邮件从头看到尾，也没有人愿意长时间接待主动上门推销的业务员。用于网站推广的电子邮件一定要用精简到三言两语说明邮件的意图。

5. 传统媒体推广

传统媒体推广是指利用广播、电视、报纸、广告等对网站进行推广的一种手段。虽然是传统的宣传手段，但却是人们每天接触信息、获取信息的主要渠道。基本的做法是，企业为产品做媒体广告时，在显著位置标明本企业的网址。

6. 搜索引擎推广

搜索引擎注册是最常用的网站推广手段。例如，欲在北京找一所电脑学校学习，比较直接的办法，就是在百度上搜索“北京电脑学校”。我们都希望自己的网站排名在前面，但如何才能做到这点呢？这就是搜索引擎推广。标题和关键字是搜索引擎推广中的两个最基本的要素，标题和关键字也是在搜索引擎网站中页面排名权重最大的两个方面。

8.2.2 网站推广的五要素

1. 向谁推广（Who）

向谁推广（Who）即推广目标要根据市场需求，根据网站的内容，明确网站的推广目标，这样才能有的放矢。例如，以妇女用品为主题的网站，面对的是广大妇女群体，推广时要围绕这一目标有效展开。

2. 推广什么（What）

综合性网站，犹如百货商场，商品众多、琳琅满目，但我们要根据推广的目标，对百姓喜好、急需、新颖、功能独特、本地稀缺的商品做重点推广。通过对这些商品的推广，达到网站推广的目的。

3. 如何推广（How）

如何推广（How）即采用什么形式进行推广。选择合适的推广方式，才能取得预期的效果。是选择传统媒体，还是选择搜索引擎。一般来说，各种推广形式要综合使用，才能取得最佳的效果。

4. 在哪推广（Where）

选择了合适的推广形式，每一种形式都有不同的渠道，接下来就必须确定在哪推广的问题。例如，传统媒体有广播、电视、报纸等，在哪个媒体进行推广，哪个媒体更适合自己的网站推广，哪个媒体能达到最理想的效果，这是每一个网站推广者必须做出的选择。

5. 什么时候推广（When）

大商场的促销活动一般选择在重大节日，网站的推广也要根据网站的内容、受众群体选择适当的时机。选择合适的时机，以合适的方式，向适合的群体，推广他们需要的东西，这才是我们推广者的最高境界。

8.2.3 网站推广的注意事项

1. 不要发垃圾邮件

滥发邮件会招来"敌人"而不是朋友，它还会使站点被大的 ISP 禁止，减少网站访问量。在采用邮件方式推广时，一定要将电子邮件的内容做得翔实，设计精美、措词温馨。收邮件的网民即使不欢迎，但也不至于反感。

2. 公司资料要翔实

有很多网站公布了企业的联系方式，可是更换电话后，却没有及时更新页面上的联系方式，导致客户信任度降低。网站一定要有准确的联系方式。

3. 配套服务要跟上

在网站推广的过程中，配套服务一定要跟上，要设有专门的客服人员，客服人员的态度决定回头客的频率。

4. 网址要突出

网站的推广要贯彻在企业所有生产经营行为中。每一个商品都标明网址，每一份材料都印上网址。在所有广告宣传的显著位置上也要列明网址。

5. 专人负责

目前，许多单位制作网站时大小领导一起上阵，制作完成后，却只是简单地发发新闻、写写通知，而真正的推广工作却没有人去做。其实，网站推广是一项长期工作，不能求短期效益，因此要有专人专门负责。

8.2.4 网站流量统计

网站推广的直接效果是流量的增加，可是如何知道网站的流量呢？如何分析是哪种推广策略带来了网站流量的增加呢？网站流量统计系统是专门解决上述问题的，而且网站流量统计系统的功能远比我们想象得要强大。

1. 什么是网站的流量统计

网站的流量统计是指通过对用户访问网站的情况进行统计、分析，从中发现用户访问网站的规律，并将这些规律与网络营销策略相结合，从而发现目前网络营销活动中可能存在的问题，并为进一步修正或重新制订网络营销策略提供依据。

2. 网站流量统计的方法

网站流量统计一般有两种方法。

（1）自行设计流量统计系统。在网站设计中，直接编写实现流量统计功能的代码，在主页上直接显示网站的流量，这种方式功能一般比较弱，而且很不专业，前些年比较流行，目前很少使用。

（2）使用专业流量统计系统。目前，免费的流量统计系统很多，功能也十分强大。

3. 流量统计中的三大概念

流量统计中有 PV、UV、IP 三个概念，它们是流量统计中最重要的三个指标，具体含义如下：

PV(Page View）是指访问量，即页面浏览量或点击量，用户每次刷新即被计算一次。PV 高不一定代表来访者多，PV 并不直接决定页面的真实来访者数量。比如一个网站只有一个人访问，通过不断地刷新页面，也可以制造出非常高的 PV。

UV(Unique Visitor）是指独立访客，访问某一网站的一台计算机客户端为一个访客，每天相同的客户端只被计算一次。

IP(Internet Protocol）是指独立 IP 数。每天 00:00～24:00 时间内相同 IP 地址只被计算一次。

4. 流量统计的内容

流量统计包括以下内容：

- 访问量，包括网站的独立 IP 数（IP)、页面访问量（PV)、独立访客（UV)。
- 访问时段，即一天 24 小时内的访问量的分布。
- 访问者来自地区，对国内访问的分析可以精确到省。
- 来自搜索引擎的访问，可以统计出搜索引擎种类及关键字分布。
- 客户访问时所使用的浏览器及操作系统。
- 访问来源，可以统计出来自其他网站的链接所导入的访问量。
- 页面热点统计，可以统计出网站上最受欢迎的页面的排名。
- 历史访问统计详细记录。

8.3 搜索引擎优化的有关技术

SEO 是 Search Engine Optimization 的缩写，中文含义是搜索引擎优化。SEO 的主要工作是通过了解各类搜索引擎如何抓取互联网页面、如何进行索引以及如何确定对某一特定关键词的搜索结果的排名等，来对网页进行相关的优化，以提高搜索引擎排名和网站访问量，最终提升网站的销售能力或宣传能力的技术。简单来说，SEO 是一种让网站在百度、谷歌、雅虎等搜索引擎获得较好的排名从而赢得更多潜在客户的一种网络营销方式，也是 SEM（搜索引擎营销）的一种方式。

1. 网站源文件

在任意一个网页内单击鼠标右键，选择“查看源文件(V)”，会弹出一个记事本或者页面，这个记事本或者页面里面的内容即为源文件，网站页面就是由源文件中的源代码组成的。

2. 标题(Tittle)

标题是对一个网页的高度概括，一般来说，网站首页的标题就是网站的正式名称，而网站中文章内容页面的标题就是文章的题目，栏目首页的标题通常是栏目名称。当然这并不是固定不变的，在实际工作中可能会有一定的变化，但总体上仍然会遵照这种规律。在任意一个网站页面内查看源文件 HTML 代码，标题位于〈head〉〈/head〉标签之间，其表现形式为：

〈tittle〉网页标题〈/tittle〉

例如，图 8—4 为站长之家首页源文件，其首页标题为：

站长之家-中国站长站 CHINAZ.com | 我们致力于为中文网站提供动力!

```
<!DOCTYPE html>
<html>
<head>
<meta http-equiv="Content-Type" content="text/html; charset=utf-8">
<title>站长之家 - 中国站长站 CHINAZ.com | 我们致力于为中文网站提供动力! </title>
<meta name="keywords" content="站长,站长之家,站长资讯,创业者,产品经理,网站运营,网络赚钱,电子商
<meta name="description" content="站长之家(中国站长站)为个人站长与企业网络提供全面的站长资讯、
 站素材、强大的搜索优化工具、网络产品设计与运营理念以及一站式网络解决方案，九年来我们一直致力为中文
<meta name="verify-v1" content="hoYWa1g81NB1GDGlt6DAjZwoptmXNyB9ut22xUUQuN8=">
<link rel="stylesheet" href="http://img.chinaz.com/templates/chinaz/css/style.css?v=20
<link rel="stylesheet" href="http://my.chinaz.com/max-templates/passport/styles/topbar
<link rel="shortcut icon" type="image/ico" href="http://img.chinaz.com/templates/china
<script src="http://img.chinaz.com/templates/chinaz/js/script.js"></script>
<script src="http://img.chinaz.com/js/lib/jquery.js"></script>
</head>
```

图 8—4　站长之家（www. chinaz. com）首页源文件

3. 关键字（Keywords）

关键字是指网页的核心和主要内容。在网页中的关键字也同样位于〈head〉〈/head〉标签之间，大部分的表现形式为：

〈meta name = "keywords" content = "关键字 1，关键字 2，关键字 3，……"〉

同样参考图 8—4 站长之家首页源文件：

站长，站长之家，站长资讯，创业者，产品经理，网站运营，网络赚钱，电子商务，站长网，站长工具，中国站长站

（1）主关键字：网站的主要关键字，一般设置 1～3 个，如果主关键字较多，会大大分散网站的权重，使排名很难提升上来。比如某网站主要是做保健产品的，那么主关键字就可以设定为“保健产品”。

（2）长尾关键字：一般相对于主关键字，我们会在内页中设置长尾关键字。例如，主关键字为“保健产品”，那么就可以把内页的关键字设为“好的保健方法”。一般长尾关键字会选择一些竞争度较小，比较容易做上排名的词或者短语。

但是相对于主关键字，长尾关键字流量很小，每天可能只会有几个访问 IP，不过我们可以做成百上千的长尾关键字，那么积累起来也是很大的流量，很多网站通过长尾关键字获得的流量要远远大于主关键字所带来的流量。

主关键字和长尾关键字的相同点：都是目标客户可能搜索的词或短语。

4. 网页描述（Description）

网页描述是对一个网页概况的介绍，这些信息可能会出现在搜索结果中，因此需要根据网页的实际情况来设计，尽量避免与网页内容不相关的“描述”。在网页中的描述也同样位于〈head〉〈/head〉标签之间，大部分的表现形式为：

〈meta name = "description"content = "网页描述内容"〉

同样参考图 8—4 站长之家首页源文件：

站长之家（中国站长站）为个人站长与企业网络提供全面的站长资讯、最新最全的源代码程序下载、海量建站素材、强大的搜索优化工具、网络产品设计与运营理念以及一站式网络解决方案，九年来我们一

直致力为中文网站提供动力。

5. 关键字超链接

超链接又称为锚文本，英文名叫 Anchor Text，锚文本实际上是建立了文本关键词与 URL 链接的关系，锚文本的代码如下：

〈a href = "URL 链接"〉 文本关键词 〈/a〉

用鼠标点击“站长之家”就会打开站长之家的网页，如图 8—5 所示，其代码如下：

〈a href = http://www.chinaz.com〉 站长之家 〈/a〉

超链接在 SEO 中是十分重要的，它是建立内部链接和外部链接的基础。超链接大多数应用在内链与外链建设中，常见的应用有友情链接、文章导航等。其意义为两个网页之间的相关性，搜索引擎就是通过超链接对网页之间的联系进行判断的。

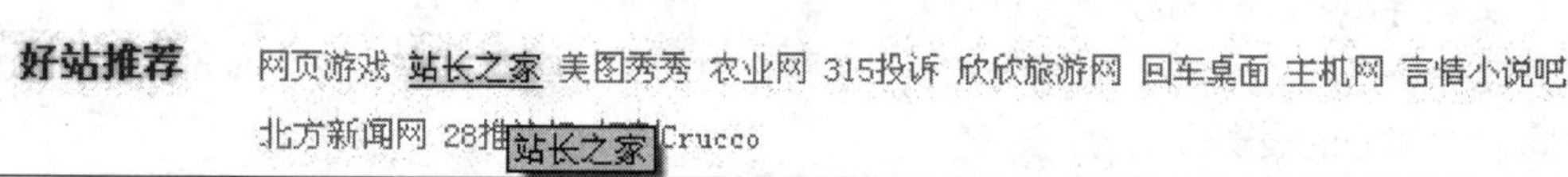

图 8—5 站长之家超链接

6. 链接

在 SEO 中要了解的链接主要有以下几种：

(1) 内部链接（内链）：指同一网站域名下的内容页面之间互相链接，图 8—6 所示为内链接示意图。

图 8—6 内链接示意图

(2) 外部链接（外链）：与内部链接正好相反，指不同网站域名下的内容页面之间互相链接，图 8—7 为外链接示意图。

(3) 死链接：也就是失效链接，指原来可以正常访问，因某种原因无法访问的链接。如图 8—8 所示为 CSDN 提示页面。死链接出现的情况主要有：

- 动态链接在数据库不再支持的条件下，变成死链接；
- 某个文件或网页移动了位置，导致指向它的链接变成死链接；
- 网页内容更新并换成其他的链接，原来的链接变成死链接；

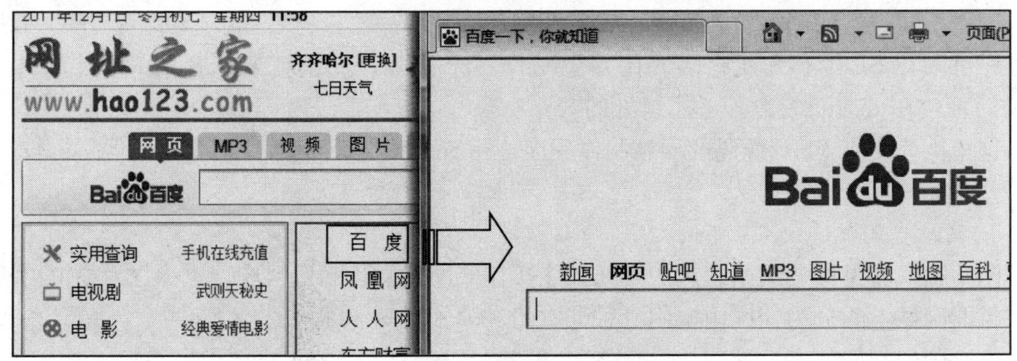

图 8—7　外部链接示意图

图 8—8　死链接

● 网站服务器设置错误。

(4) 错误链接：是指根本就不存在的链接。错误链接与死链接有明显的区别，错误链接是由于用户的疏忽，请求的链接不存在；死链接是原来访问正常，后来因为网站的变故而不能访问。错误链接出现的情况有以下四种：

● 用户将域名拼写错误；

● URL 地址书写错误；

● URL 后缀多余或缺少斜杠；

● URL 地址中出现的字母大小写不完全匹配。

(5) 导入链接/反向链接（backlinks＝Inbound Links）：与外部链接意思相同，是指由其他网站指向自己的网站的链接。

(6) 导出链接（Outbound Links）：与导入链接正好相反，是指由自己的网站指向其他网站的链接。

7. 网站制作程序

网站是通过程序制作出来的，学习 SEO 只要学会网站制作程序就可打造出自己的网站，无须学习源代码的编写。目前主流的网站制作程序都由 ASP、PHP 这两种源代码编写而成，这里就不对 ASP 与 PHP 进行解释，只需要知道 ASP、PHP 为不同的网站源码语言即可。下面列出几种最常用的主流网站制作程序：

● 按照网站源码类型分类：ASP 网站制作程序常见的有 zblog 软件；PHP 网站制作程序有四类 wordpress、dedecms、shopex、discuz。

● 按照网站类型分类：博客站制作程序有 zblog、wordpress；资讯站、企业站制作程序有 dedecms；商城制作程序有 shopex；论坛制作程序有 discuz。

制作不同类型的网站就要选择相对应的网站制作程序，这样就能事半功倍，好的网站制作程序可以在 SEO 上方便很多。比如想制作一个博客，那么就要选择 zblog 或者 wordpress，而使用 discuz 是制作不了博客的。

这里推荐使用 PHP 源码的网站制作程序，相对于 ASP 网站程序更安全，但是也较之难懂一些。

8. 网站空间

网站空间就是存放网站程序的空间，能够存储网站文件和资料等，也称之为虚拟主机空间。目前网站空间分为：国内空间、香港空间、国外空间。

（1）国内空间特点：速度快、价格贵、需要备案，推荐万网、新网。

（2）香港空间与国外空间特点：性价比高、速度较慢、无须备案，推荐 hostmaster、dreamhost。

9. 域名

域名就是网站的网址，也称为 URL，相当于网站的门牌号。域名又分为一级域名、二级域名、三级域名等。一般级别越高的域名权重越高，所以 www.aaa.com 就会比 bbb.aaa.com 权重高。

【操作实例 8—1】指出下列域名的级别。

（1）www.qqhre.com 为一级域名；

（2）zs.qqhre.com 为二级域名；

（3）cr.zs.qqhre.com 为三级域名。

二级目录与二级域名作用相似，表现形式为 www.aaa.com/bbb，其优势在于不会分散主域名（一级域名）的权重，一般小型网站建议使用多级目录的形式作为网站结构，但目录级别不要超过 3。如果目录级别过多，建议使用二级域名搭配二级目录的结构形式。例如，bbb.aaa.com/ccc。

网站内页，如 http://www.aaa.com/xxx.htm 这个就是一个网站内页的表现形式。

10. 备案

备案是指为域名进行备案，可以自己到工业和信息产业部网站申请备案，也可以花钱请专业公司帮助备案。由于现在网站越来越多，网站备案也越来越难。

11. 机器人（Robot）

在 SEO 中，Robot 经常翻译为“探测器”，是搜索引擎用来抓取网页的工具，是一种软件或者程序。蜘蛛（Spider）、爬行器（Crawler）都是探测器的一种，只是每个搜索引擎都会给自己的探测器起一个名字导致叫法不同而已。

12. 百度蜘蛛（Baiduspider）

Baiduspider 是百度用来抓取网页的工具。把互联网比喻成一个蜘蛛网，每个网站都属于这个蜘蛛网的一部分，百度蜘蛛会在这个大蜘蛛网中来回爬动，蜘蛛爬你的网站越勤快，该网站权重也就越高。所以要尽量满足蜘蛛的爬动要求，让它常来，这样网站的排名和收录都会提升。蜘蛛喜欢经常在“动”的网站爬动，也就是说，你的网站要经常更新，而且优质内容越多越好，这就需要网站内有大量的原创内容。所以每个网站的页面都要经常更新。目前 SEO 常用的方法就是在每个网站页面增加一个文章调用模块，每更新一篇文章，所有的网页也会进行更新。

13. 网站权重

蜘蛛爬网站越勤快，网站权重也就越高。一个网页的排名取决于这个网页的权重，SEO最主要的工作就是增加网站权重，获得更好的排名。比如在搜狐上发表一篇文章，很快就会有很好的排名，就是因为搜狐的网站权重很高。而每个词要获得好的排名，所需要的权重级别也是不一样的。比如关键字为"SEO"，那么就需要极高的权重，而关键字为你的名字，那么需要的权重就非常低了。

（1）百度权重：是百度对网站权重的评定标准，评定级别为 0～10。

（2）PR：是 Page Rank 的简拼，是谷歌搜索引擎对网站权重的评定标准，评定级别为 0～10。

（3）SR：是 Sogou Rank 的简拼，是搜狗搜索引擎对网站权重的评定标准，评定级别为 0～10。

（4）Alexa 排名：是衡量网站水平的标准，采用某个网站的用户使用数来表征一个网站的价值。具体办法：在浏览器中植入一个叫做 Alexa 的插件，用于向 Alexa 数据库反馈该浏览器正加载的网页。每三个月对这个 Alexa 数据库进行一次网页浏览量的统计和排名。

14. 百度指数

百度指数能够查到一个关键字每天有多少访问量，SEO 要做的就是统计有指数的词。百度指数网址为 http://index.baidu.com，如图 8—9 所示。

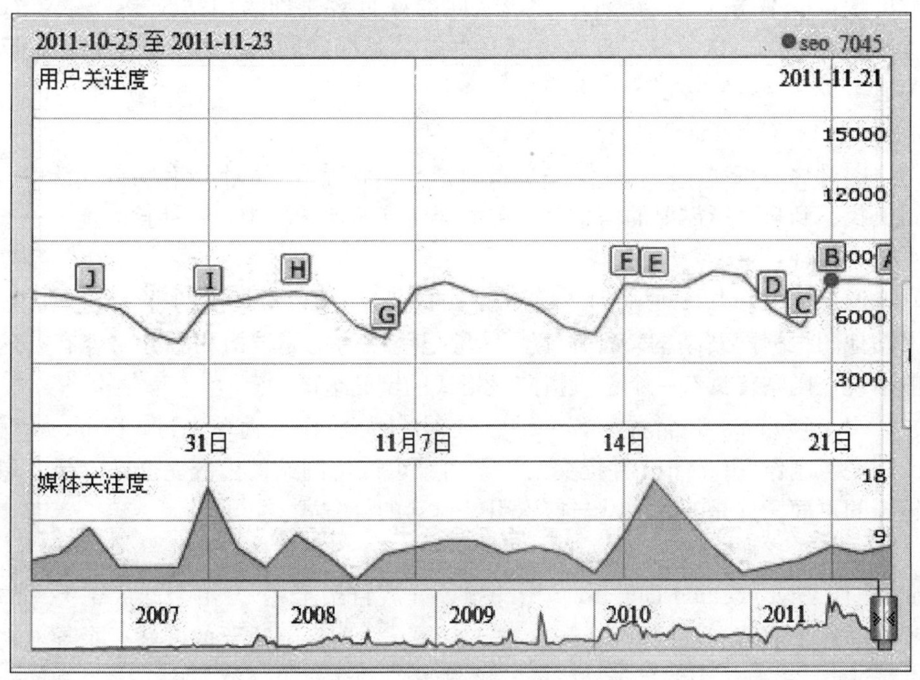

图 8—9　SEO 的百度指数

从图中可以看到 SEO 这个词每天的搜索量为 6000～8000，也可以看出 SEO 是一项十分热门的网站推广技术。也可以通过百度推广中的关键词分析工具进行查询，百度推广是需要注册的，网址为 http://www2.baidu.com/。

15. URL 静态化、URL 动态化

简单区分静态化 URL 和动态化 URL 的方法就是看 URL 中是否有“?”。静态化 URL 有利于网站的收录。如果想做好内页排名，URL 静态化是必不可少的一个环节。

【操作实例 8—2】 URL 静态化、URL 动态化举例。

（1）http://www.xxx.com/xxx.html 为静态化 URL。

（2）http://www.xxx.com/xxx.asp? id=xx 为动态化 URL。

16. 静态页面（Static Page）

静态页面指的是一个 URL 链接对应一个页面，而每次访问这个页面的内容都是一样的。静态页面的特征主要有：静态页面的 URL 链接以 .html、.htm、.shtml、.xml 为链接后缀；静态页面是存在于服务器上的一个文件，每个网页都是一个独立的文件，而动态页面的内容存在数据库中；客户端加载静态页面时，并没有操作数据库，只是直接提取一个文件。所以静态页面的加载速度比动态网页快很多；因为静态页面内容存在于文件中，是稳定的，所以内容更新不方便是静态页面最大的弊端。

17. 收录

SEO 的目的是做好网站排名，而网站有好排名的基础就是让搜索引擎知道网站的存在，也就是说搜索引擎收录了该网站。查询网站收录的方法：使用“站长之家”之类的网站进行收录批量查询，也可以直接在搜索引擎中手动查询。比如，查询网站被百度收录了多少，就可以在百度搜索框中输入“site：URL”，返回的网页数量即为网站收录，输入“domain：URL”是查询网站的反链数量。**反链**也就是外链，是提高网站权重的重要指标，反链也可以理解为有多少个网页链接了这个页面。

18. 网站地图（Sitemap）

网站地图又称站点地图，它就是一个页面，上面放置了网站上所有的页面链接。大多数人在网站上找不到自己所需要的信息时，可能会将网站地图作为一种补救措施。一般情况下网站地图分为两种：

（1）普通 Html 格式的网站地图：它的目的是帮助用户对站点的整体有个把握。Html 格式的网站地图根据网站结构特征制定，尽量把网站的功能结构和服务内容有条理地列出来。一般来说，网站首页有一个链接指向该格式的网站地图。

（2）XML Sitemap：通常称为 Sitemap（首字母大写 S）。简单来讲，Sitemap 就是网站上链接的列表。制作 Sitemap，并提交给搜索引擎可以使网站的内容完全被收录，包括那些隐藏比较深的页面。这是一种网站与搜索引擎对话的好方式。

19. Dmoz（开放目录）

Dmoz 也叫 ODP（Open Directory Project，开放目录工程），由全球成千上万的志愿者在维护和管理这个非营利性网站，Dmoz 被认为是互联网上最重要的网站目录导航。搜索引擎认为，Dmoz 是最有信用的目录站，能够被收录到 Dmoz 的分类中将大大提升这个网站在搜索引擎相关网站分类中的地位。

20. 黑帽（Black Hat）

黑帽也称为 SEO 作弊，简单来说，所有使用作弊手段或可疑手段，都可以称为黑帽。这里有个重要概念是链接养殖场（Link Farm），它是指一个网站的每一个网页都没有有价值的信息，除了人为罗列一个个指向其他网站的链接外，没有其他内容或者极少内容。

8.4 SEO技术应用

8.4.1 站内SEO

站内SEO主要有七个方面：关键字、标题、描述、文章、内链、更新、结构。

1. 关键字的应用

关键字的选择在SEO中是十分重要的，如果选择的不恰当，可能会出现没有流量、做不上排名、访客中不会有目标客户等问题。所以在选择关键字的时候要注意以下几个方面：

(1) 选择有目标客户访问的关键字。比如想做的是减肥产品网站，那么在选择关键字时就要选择减肥产品相关的关键字。

(2) 选择有指数的关键字。在选择好目标客户可能访问的关键字后，就要对关键字的指数进行分析，选择有指数的关键字就要用到前面所讲到的百度指数(index.baidu.com) 查看关键字指数。

(3) 选择竞争力度不是很强的关键字。减肥关键字目前竞争十分强烈，个人SEO是很难优化到首页的，那么就应该选择一些竞争强度较低，容易优化到首页的关键字。

2. 标题的应用

网站标题一定要围绕网站主关键字来书写，一般网站标题所包含的主关键字数量为1～3个。标题书写的技巧主要有以下几点：

(1) 标题中关键字之间使用"_"符号进行连接，在搜索引擎中，"_"符号代表空格，这就相当于告诉搜索引擎，使用"_"符号连接的两个词是两个关键字。例如，"减肥产品哪种好_减肥产品排行榜"。

(2) 标题中主关键字可以使用一些醒目符号吸引眼球。例如，"【减肥产品】排行_推荐"。

(3) 标题在书写时可以在标题的最后不写关键字，而写一些吸引人的描述，就会大大提高网站的吸引力，吸引更多的访客。例如，"最有效的减肥产品_7天狂减20斤"。

(4) 在网站标题中可尽量重复核心关键字。**核心关键字**是指网站最主要的关键字，如减肥产品网站的核心关键字就是"减肥产品"。例如，"减肥产品_最有效的减肥产品_减肥产品哪种好"。

(5) 标题的字数在15～30个为好，也有一种说法是不超过20个字，这应根据自己情况而定。字数少了，网站标题与其他网站标题相似度太高，影响排名；字数多了，权重容易被分散。目前没有一个明确的标准，只能根据自己的网站而定。

(6) 标题一旦确认，就不要再改动，否则会影响搜索引擎对网站的信任度，搜索引擎喜欢稳定的网站。

【操作实例8—3】 推广淘宝网减肥产品的网站。

(1) 在网页地址栏中填写网址 http://index.baidu.com 或者在百度首页对"指数"进行搜索，进入百度指数网站，如图8—10所示。

(2) 在百度指数中搜索"减肥产品"，即会产生热点趋势图，如图8—11所示。

从图中可以看出，"减肥产品"这个词平均每天的搜索量为1000，属于高指数的关键词，说明竞争力度会很大。

（3）进行再次筛选，在热点趋势图下面会出现“相关检索词”，如图 8—12 所示。

图 8—10　百度指数网站

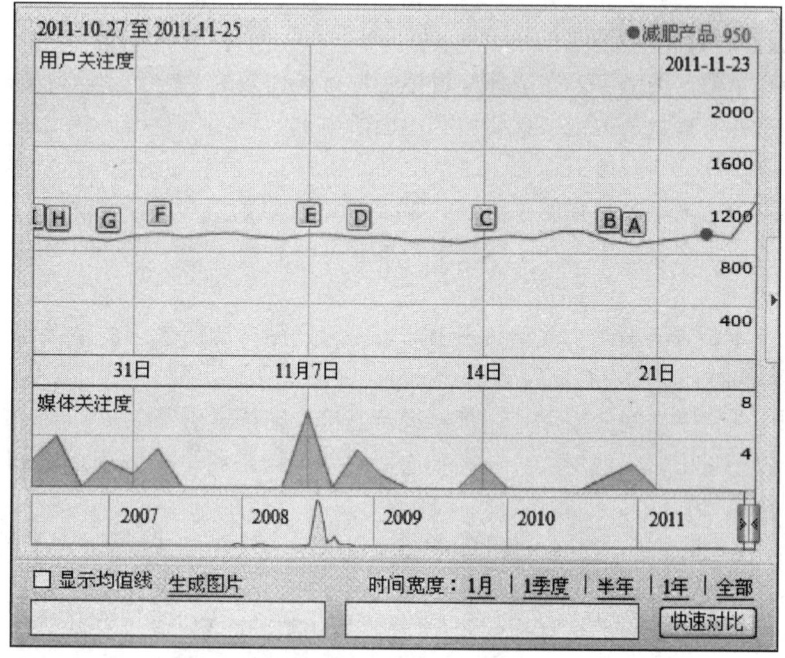

图 8—11　减肥产品百度指数

相关检索词 ⓘ　减肥产品　全国 当月

相关检索词	
1	减肥
2	减肥药
3	减肥产品排行榜
4	最有效的减肥产品
5	最好的减肥产品
6	安利减肥产品
7	淘宝减肥产品排行榜
8	什么减肥产品好
9	绿色减肥产品
10	减肥瘦身产品

上升最快相关检索词		
1	减肥产品排行榜	28%
2	安利减肥产品	17%
3	最好的减肥产品	15%
4	减肥	14%

图 8—12　减肥产品相关检索词

从图中可以看出，相关检索词中列出了 10 个词，分别是：减肥、减肥药、减肥产品排行榜、最有效的减肥产品、最好的减肥产品、安利减肥产品、淘宝减肥产品排行榜、什么减肥产品好、绿色减肥产品、减肥瘦身产品。

(4) 在所列的关键词中进行挑选，剔除与核心关键词相关性较低的关键词：减肥药、安利减肥产品、减肥瘦身产品。

保留的关键词：减肥、减肥产品排行榜、最有效的减肥产品、最好的减肥产品、淘宝减肥产品排行榜、什么减肥产品好、绿色减肥产品。

(5) 标题就可以写成：淘宝减肥产品排行榜_什么减肥产品好_最好最有效的绿色减肥产品。这个标题就包括上面所有需要保留的关键词，无论搜索哪个关键词，网站都会有排名。

3. 描述的应用

网站描述的书写与网站标题的书写原则基本一致，也是围绕关键字来书写的，将主关键词重复2～3遍，并且加入一些广告语，字数一般控制在82个以内。

4. 文章的应用

要求尽量发布原创文章，如果不会写原创文章可以把文章进行伪原创，就是将网上已经存在的文章进行简单的修改，使之变成原创文章。最常用的伪原创方法是自己写开头和结尾，中间内容进行简单的关键词替换即可。但要注意的是，一定要保持文章的完整和流畅，提高用户体验度，搜索引擎不喜欢关键词堆砌出来的文章和抄袭的文章，存在大量这样文章的网站会被判定为垃圾站，从而造成网站被屏蔽。

5. 内链的应用

通过锚文本将网站变成一个网，使网站中每个页面都变为这个网的一部分，让搜索引擎机器人更好地爬取网站页面，提高收录和排名，建设网站内链是SEO中十分重要的一个环节。

6. 更新的应用

之前提到过搜索引擎机器人喜欢经常"动"的网站页面，这个"动"指的就是网站需要经常进行更新。所以作为一个SEO人员必须有的习惯就是经常更新网站，让搜索引擎机器人常来爬取，从而增加网站的收录和提高网站的排名。

7. 结构的应用

一个符合SEO的网站结构主要有如下三点：

(1) 是否实现网页的静态化和URL的最短化，指的是网站中的页面URL均为静态化URL和尽量减少URL层级。

(2) 是否每个页面都在"动"，指的是每个页面都在经常更新。

(3) 是否文章的标题就是内页的Title，这是因为网站需要通过大量的长尾关键词获得流量，这样做会使每个页面都能获取流量。

8.4.2 站外SEO

站外SEO主要指的是外链建设。常见的外链建设方法有以下几种：

(1) 友情链接：通过交换友情链接，获得稳定的高质量外链。可以通过加入交换友链的QQ群和站长QQ群获得大量的友情链接，但有以下四点需要注意：

① 交换同类型的网站友链。

② 交换经常有更新的网站友链。

③ 不要交换被搜索引擎惩罚的网站友链。

④ 不要加入链接养殖场。

(2) 论坛签名/博客评论：论坛签名与博客评论的性质是一样的，在论坛签名和博客评论中加入指向网站的锚文本，然后回帖、评论。如果论坛或者博客的权重很高，那么将轻松获得高权重的外链。

(3) 开放目录：把网站提交给 Dmoz（开放目录）或其他免费目录。

(4) 社会化标签：把网站链接加入到百度搜索、雅虎搜索、谷歌书签、QQ 书签等社会化标签中。

(5) 问答平台：参与问答平台可以为网站增加反向链接，比如百度知道、soso 问问、天涯问答等。

(6) 文章发布：通过发布高质量文章，增加外链。有两种发布方式：

① 站内发布：如果文章质量高，会吸引他人转载的文章，从而增加外链。

② 站外发布：通过把高质量原创文章提交给大型相关行业网站发布，从而带来高质量外链。

8.4.3 SEO 工具

1. 站长统计工具

在专业流量统计系统中**站长统计**是使用比较广泛的一种，其功能比较全面，而且使用极为方便，下面介绍该系统的使用方法。

【操作实例 8—4】站长统计使用方法。

(1) 进入站长统计网站。在浏览器的地址栏中输入“http：//www. cnzz. com”即可进入站长统计的主页面。

(2) 单击主页右侧的“免费注册”，如图 8—13 所示。

(3) 进入免费注册界面后，出现站长统计的注册界面，共有四大模块：站长流量统计、商业流量统计、广告效果统计、数据中心，其中站长流量统计是永久免费的。

(4) 进入中国站长联盟服务条款和声明页面，阅读后，单击“我同意，开始注册”进入正式注册界面，按要求输入 E-mail 地址以及系统提供的验证码后，单击“提交”按钮。要注意两点：一是一个 E-mail 只能注册一次，如果该 E-mail 在站长统计中已经注册过，则不能再进行注册；二是 E-mail 地址必须正确，因为系统向该邮箱中发送确认信后，注册才能通过。

(5) 开启注册时输入的邮箱，打开系统自动发出的确认信，并立即单击继续操作。

(6) 在新用户信息界面，输入用户名、密码等信息后，单击“注册”按钮。进入新的页面后，单击“使用本站服务前，如果您还未添加网站请先添加您的下属站点”进入站点添加页面，依据提示输入网站的相关信息，如图 8—14 所示。

(7) 站点添加完毕后，进入获取代码页面，出现图 8—15 所示的三种图片样式，另外还有四种文字样式供选择，根据喜好选择合适的样式，并将其提供的代码复制下来，然后将该段代码放到网站主页结尾部分。

(8) 站长统计添加完毕。

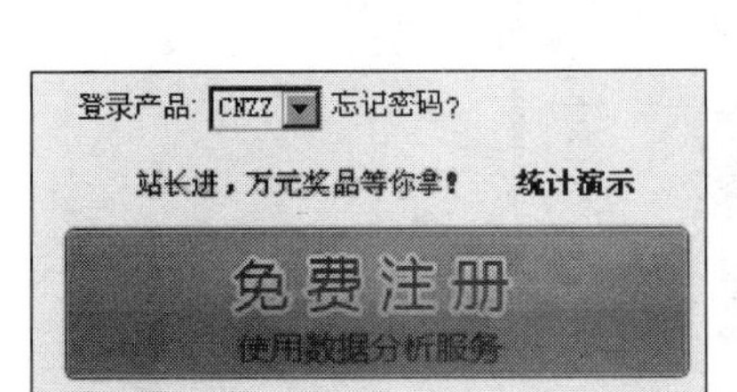

图 8—13　站长统计注册入口

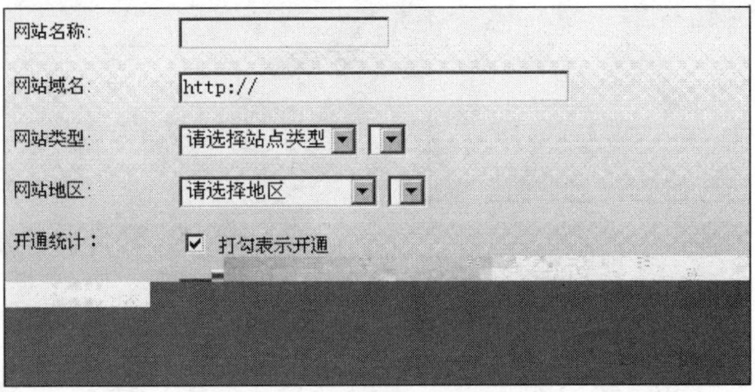

图 8—14　添加站点页面

图 8—15　站长统计的三种图片样式

2. 网站管理工具

聚锐网的超级管家是 SEO 的必备工具，它能够方便地管理多个网站和多个关键词，使用十分方便。

【操作实例 8—5】聚锐网超级管家使用方法。

(1) 在浏览器地址栏中输入“http://www.sharptogether.com”，打开聚锐网的首页，在导航栏中单击“下载”，进入聚锐网的下载页面。在“站长工具-超级管家 5.0”处单击“本地下载 1”，如图 8—16 所示，将超级管家压缩包下载到本地。

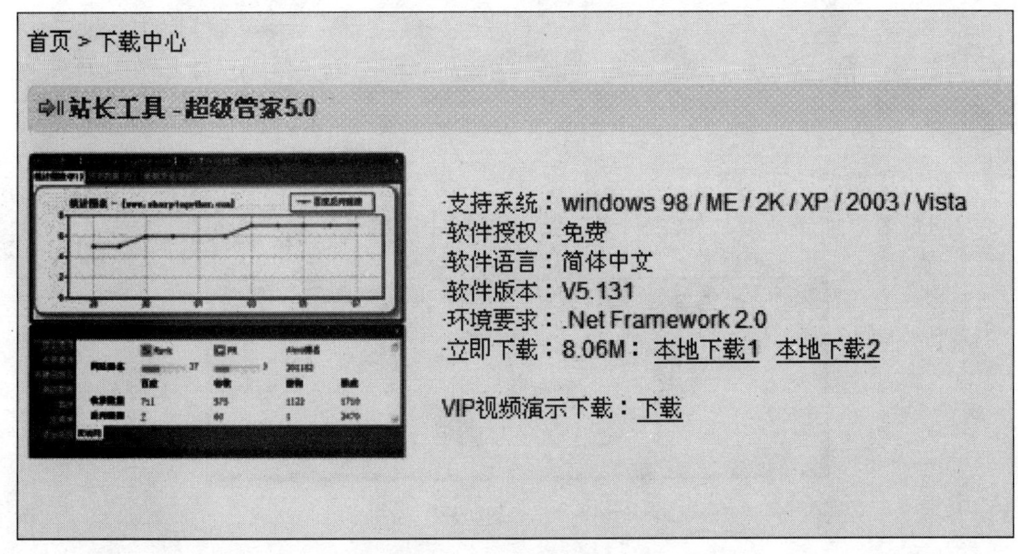

图 8—16　超级管家下载页面

(2) 打开下载到本地超级管家的压缩包，安装文件。

(3) 安装成功后，会在桌面生成一个超级管家的图标，直接双击运行软件，打开超级管家的登录框，如图 8—17 所示。

(4) 单击“注册”，进入聚锐网的注册页面，如图 8—18 所示。

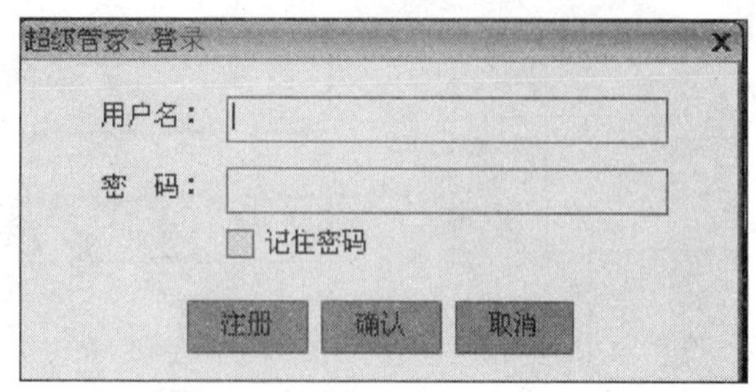

图 8—17　超级管家登录框

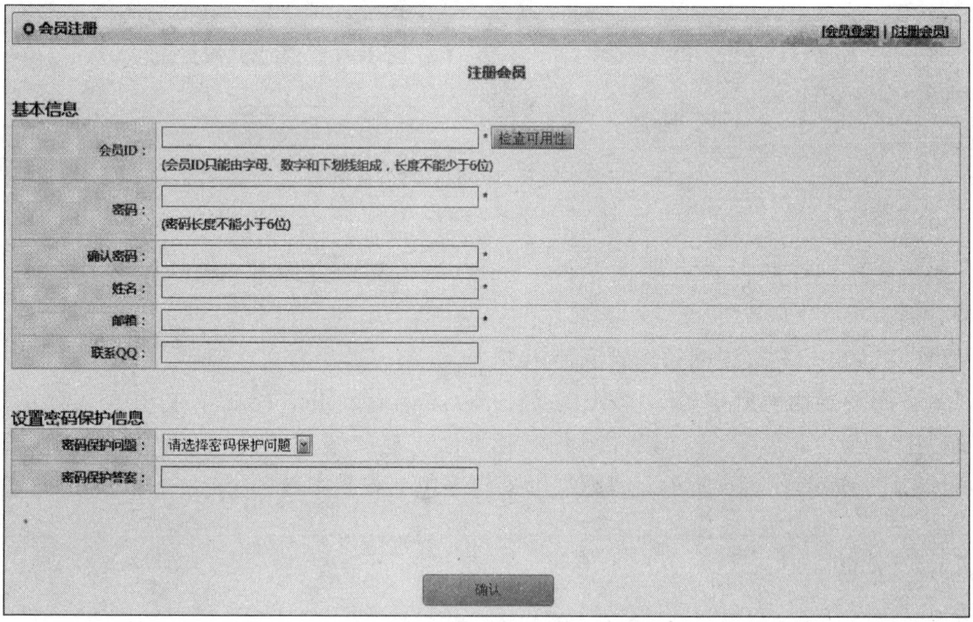

会员注册
[会员登录] | [注册会员]
注册会员
基本信息
会员ID：　* 检查可用性
(会员ID只能由字母、数字和下划线组成，长度不能少于6位)
密码：　*
(密码长度不能小于6位)
确认密码：　*
姓名：　*
邮箱：　*
联系QQ：
设置密码保护信息
密码保护问题：　请选择密码保护问题
密码保护答案：
确认

图 8—18　聚锐网注册页面

(5) 注册成功后返回图 8—16 所示的登录框，输入用户名和密码，登录后会弹出提示对话框，询问是否添加新站点（如图 8—19 所示），单击“确认”按钮即可。

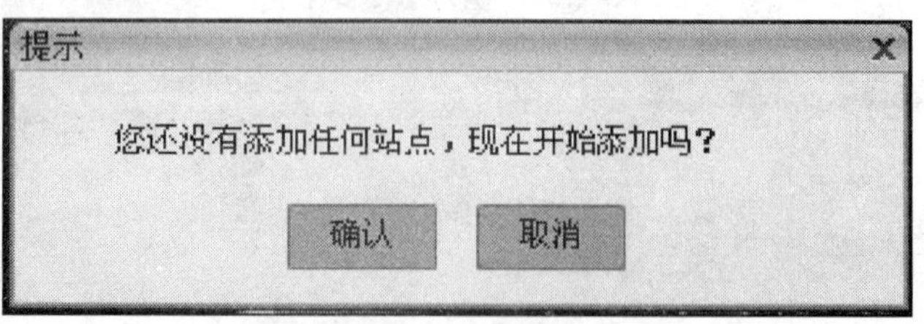

图 8—19　“添加站点”提示

(6) 在弹出的“添加站点”对话框中，如图 8—20 所示，按照要求添加网站的名称和域名。

(7) 添加完成后将会自动进入超级管家管理页面，如图 8—21 所示，添加的是站长之家网站。从图 8—21 可以看出，超级管家左侧的菜单列出了很多功能，下面一一进行讲解。

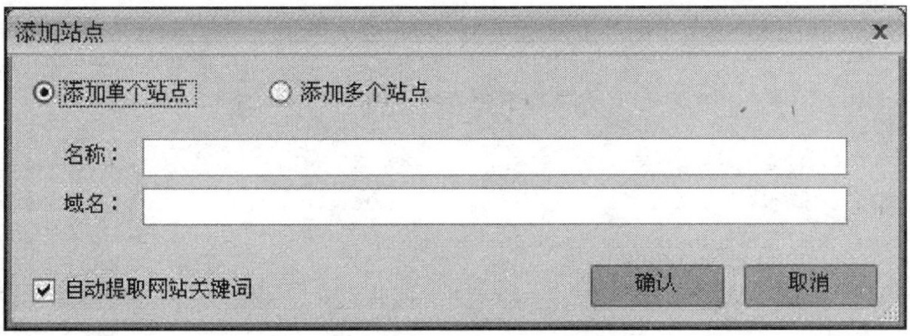

图 8—20　“添加站点”对话框

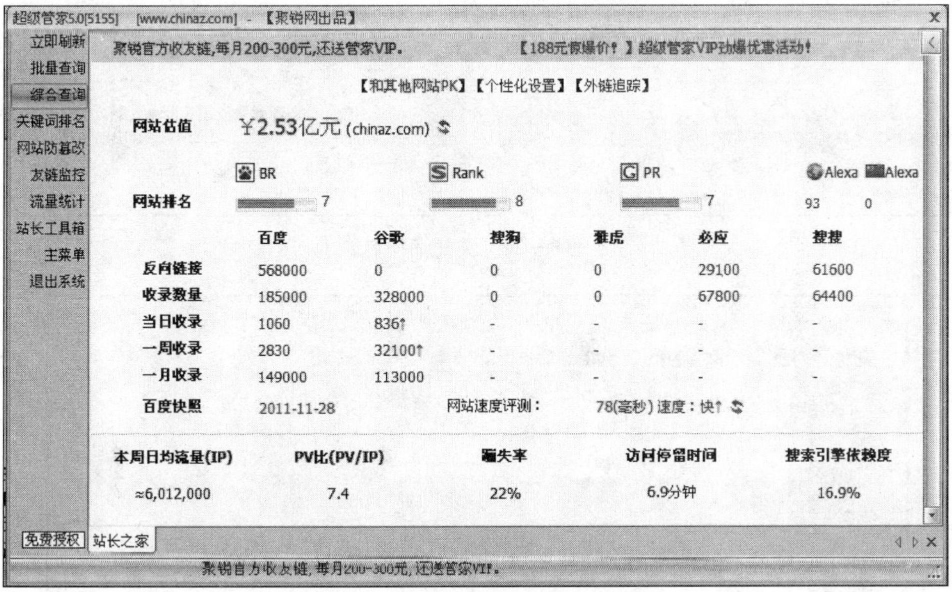

图 8—21　超级管家管理页面

立即刷新：刷新网站的最新情况，每个功能都会使用到。

批量查询：是 VIP 付费功能，一般情况下不需要。

综合查询：包含了网站估值、百度权重、PR、SR、Alexa、各大搜索引擎的收录与反链情况、百度快照、网站速度评估、流量估算等，功能十分强大。

关键词排名：自动提取网站的关键词，然后分析每个关键词在百度与谷歌的排名情况。关键词可以使用软件自动提取，也可以手动设置想要查询排名的关键词，在图 8—22 中单击“关键词管理”，出现如图 8—23 所示的窗口。在“关键词管理”窗口中可以手动添加和删除关键词。

网站防篡改：开启网站防篡改后，超级管家将对网站进行实时监控，防止网站被恶意篡改，如图 8—24 所示。

友链监控：如图 8—25 所示，可对网站的所有友情链接进行监控，监控友情链接的详情，单击图 8—25 中的“自动提取友链”即可提取首页中所有的导出链接。

流量统计：需与流量统计工具配合使用，这里就不过多介绍了。

站长工具箱：里面包含了很多实用的小工具，也不过多介绍了，如图 8—26 所示。

主菜单：是前面所有功能的汇总菜单。

【188元惊爆价？】超级管家VIP劲爆优惠活动！ 聚锐官方收友链，每月200-300元，还送管家VIP。

【排序】【当前设置搜索前100名】【选择更多搜索引擎】【关键词管理】【自动提取】【导出高级报表】

关键词		G	百度指数	工具
站长	2	2	-	[ ][挖][估][优][×]
站长之家	1	1	2104	[ ][挖][估][优][×]
站长资讯	4	7	76	[ ][挖][估][优][×]
创业者	-	87	149	[ ][挖][估][优][×]
产品经理	60	60	564	[ ][挖][估][优][×]
网站运营	4	54	-	[ ][挖][估][优][×]
网络赚钱	-	-	837	[ ][挖][估][优][×]
电子商务	-	-	3301	[ ][挖][估][优][×]
站长网	1	2	619	[ ][挖][估][优][×]
站长工具	8	-	13561	[ ][挖][估][优][×]
中国站长站	1	1	361	[ ][挖][估][优][×]
CHINAZ	1	1	603	[ ][挖][估][优][×]
com	-	-	-	[ ][挖][估][优][×]
我们致力于为中文网站提供动力	1	1	-	[ ][挖][估][优][×]

图 8—22 关键词排名

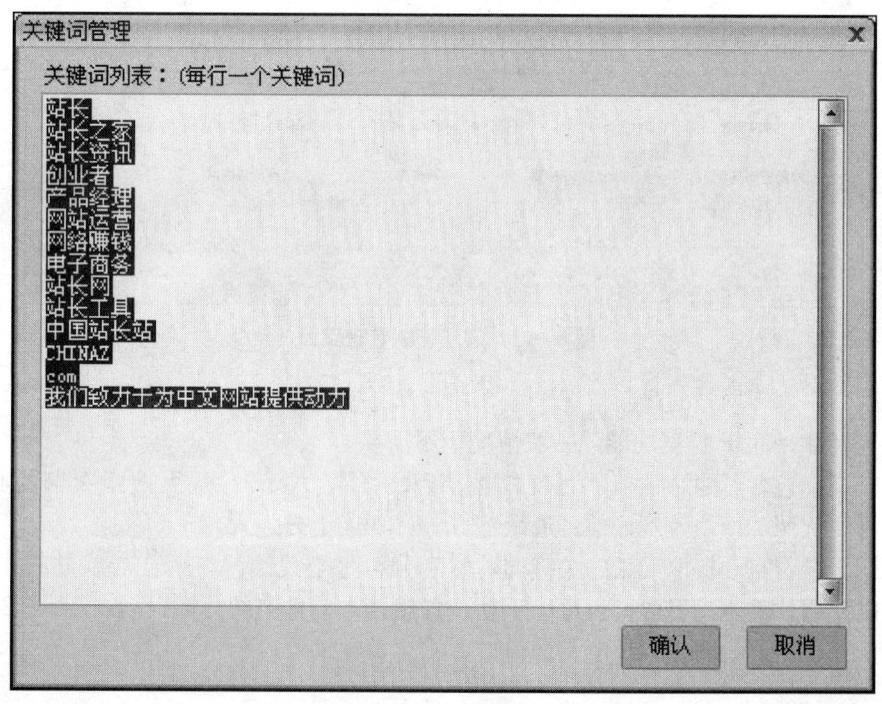

图 8—23 关键词管理

退出系统：退出聚锐超级管家程序。

这里就将聚锐网超级管家全部介绍完了，熟练使用此软件，能为 SEO 节省很多时间。

3. 内容与结构工具

内容与结构工具是网站推广的常用工具。目前互联网上这类工具很多，常用的有搜索引

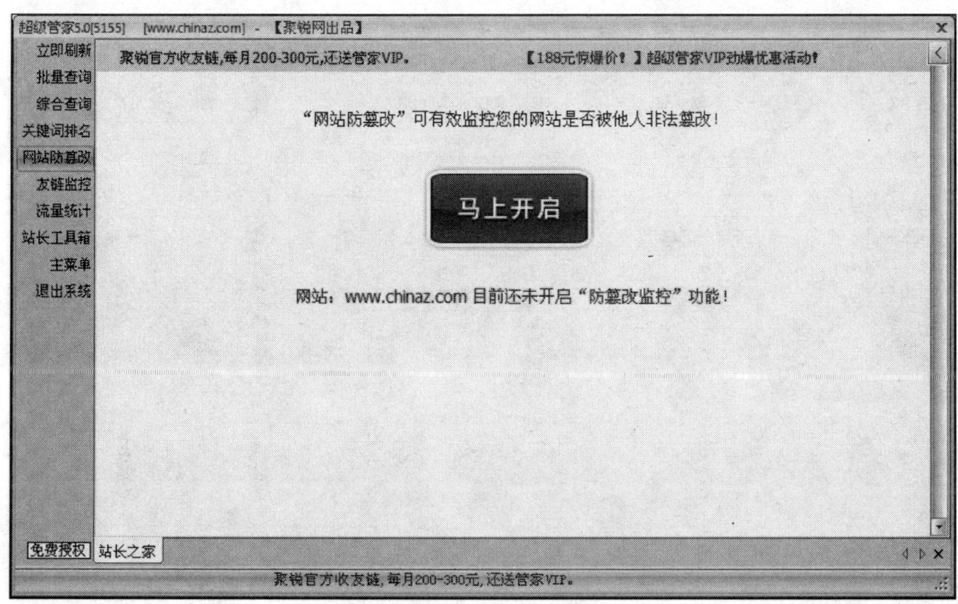

图 8—24　网站防篡改

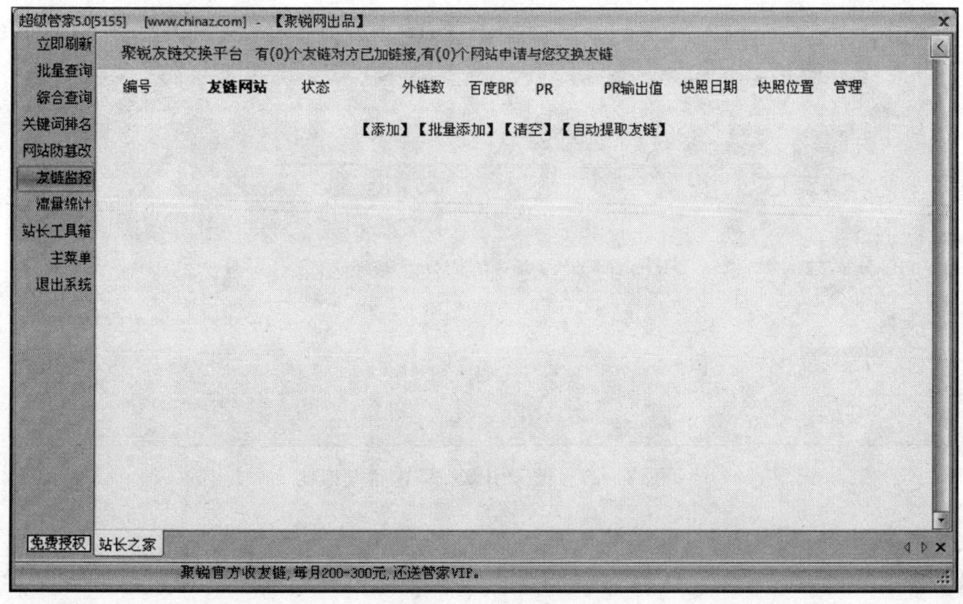

图 8—25　友链监控

擎抓取内容模拟器、相似页面检测工具等，使用方法极其简单，网上也有大量的使用方法说明，大家可以自行练习。

【操作实例 8—6】搜索引擎抓取内容模拟器。

本例是一个典型的搜索引擎抓取内容模拟器，其登录网址为：http://www.seores.com/search/spider.asp，如图 8—27 所示。

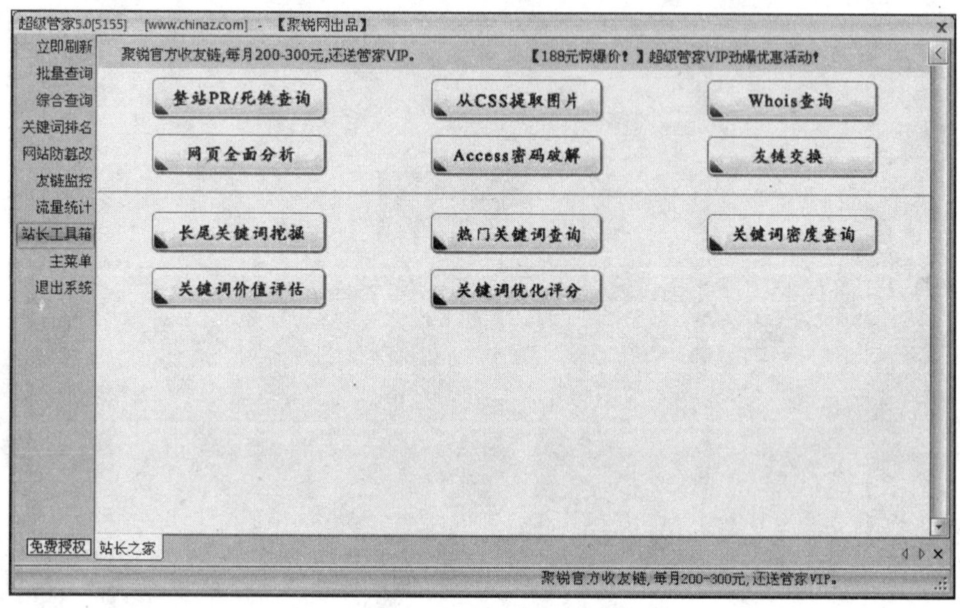

图 8—26 站长工具箱

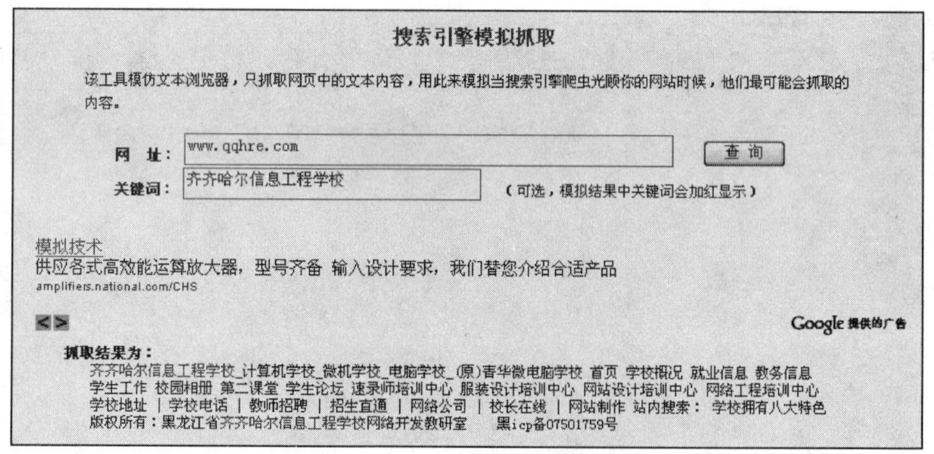

图 8—27 搜索引擎抓取内容模拟器

【操作实例 8—7】 相似页面检测工具。

本例中相似页面检测工具为在线检测，其使用方法操作简单，登录网址为 http://www.seores.com/search/similar.asp，如图 8—28 所示。

4. 综合查询工具

网站站长最关心的是网站被各大搜索引擎收录及排名的情况。综合查询工具包括搜索引擎收录查询、关键词排名查询、搜索引擎优化监视器等工具。网上也有大量的工具及教程，大家可自学掌握。

【操作实例 8—8】 搜索引擎收录查询工具。

登录到 http://indexed.webmasterhome.cn，可以在线检测搜索引擎收录情况，如图 8—29 所示。

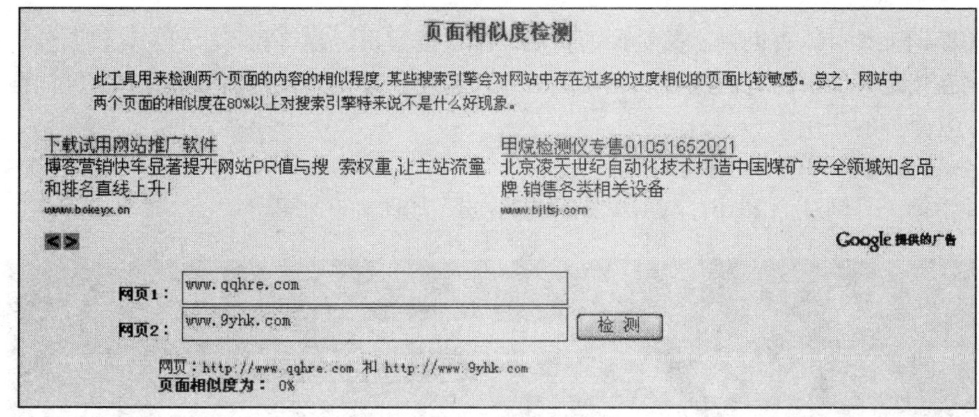

图 8—28　相似页面检测工具

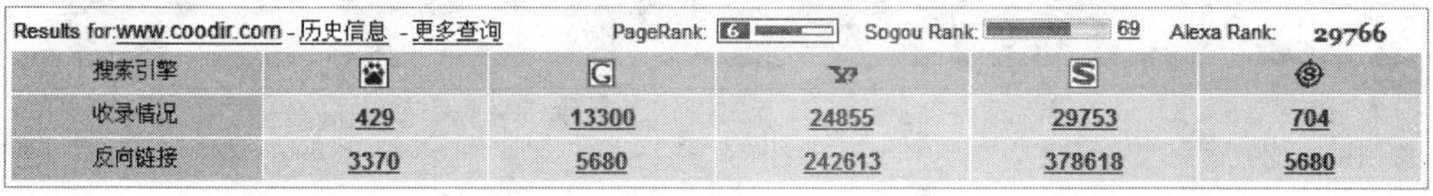

Results for:www.coodir.com - 历史信息 - 更多查询　PageRank: 6　Sogou Rank: 69　Alexa Rank: 29766

搜索引擎	Baidu	Google	Yahoo	Sogou	Soso
收录情况	429	13300	24855	29753	704
反向链接	3370	5680	242613	378618	5680

图 8—29　搜索引擎收录查询工具

【操作实例 8—9】关键词排名查询工具。

本实例以 2009 年 1 月 18 日发布的关键词排名查询工具版本为例，在浏览器地址栏中输入“http：//www. flashplayer. cn/keywords/”即可出现如图 8—30 所示的界面。

图 8—30　关键词排名查询工具

5. 关键词工具

关键词工具可以查询指定关键词的扩展匹配、搜索量、趋势和受欢迎度，以及分析指定关键词在指定页面中出现的次数和相应的百分比密度。该工具对网站推广者在关键词推广上具有极其重要的作用。

【操作实例 8—10】 关键词工具。

关键词工具网址为 http://www.orzkey.com，如图 8—31 所示。

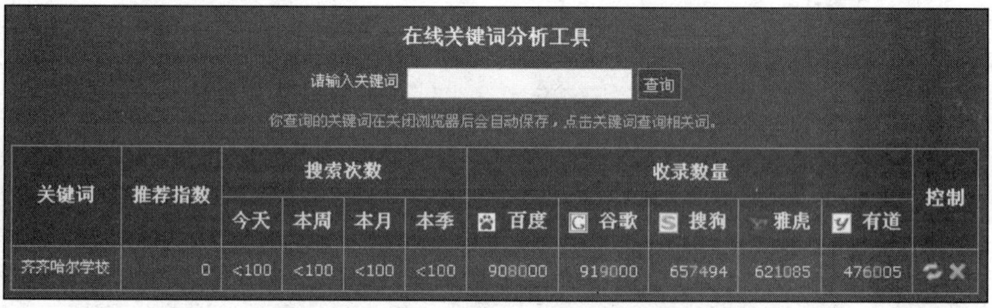

在线关键词分析工具

请输入关键词 查询

你查询的关键词在关闭浏览器后会自动保存，点击关键词查询相关词。

关键词	推荐指数	搜索次数				收录数量					控制
		今天	本周	本月	本季	百度	谷歌	搜狗	雅虎	有道	
齐齐哈尔学校	0	<100	<100	<100	<100	908000	919000	657494	621085	476005	

图 8—31 关键词工具示例

8.5 网站优化实例——推广网站经验谈

如何利用百度推广自己的网站？与其他的推广方法一样，只有实践才能积累经验，经历过数次失败才能找到成功的捷径。所谓最好的 SEO 为忘记 SEO，一个无内容的网站正如一个没有灵魂的躯体，所谓内容为王，就是百度推广的成功法宝。没有创新，没有新的内容就没有固定的客户群，也就无所谓真正的成功。作为一个新的网站，没有人知道，但是电视新闻媒体等高额的宣传费用，是大部分站长所不能支付的。对于一个不知名的网站，要想取得成功，大部分流量来源于百度等搜索引擎。对于中国的网站其中以百度为首，根据个人的经验，百度的推广方法主要有以下几种。

（1）确定关键词。根据使用经验，要求了解潜在用户的搜索习惯，根据用户需求来确定关键词。确定时一般都要结合推广工具，如关键词查询工具等，查找主关键词的相关关键词。了解关键词就能更好地了解客户需求，这样才能有效地推广自己的产品。

（2）内容优化。适当地对内容中的关键字加粗，变换颜色。

（3）内容链接和外部链接。外部链接对搜索引擎的排名和收录起着非常显著的效果。百度如蜘蛛爬虫，当蜘蛛爬到网站时会根据网站的链接地址链接到其他网站，内部链接是让搜索引擎知道网站哪些内容是重要的，哪些是想让别人知道的，外部链接让搜索引擎知道哪些网站是需要的，可以多去知名论坛发些原创的文章，并用链接将关键字链接到自己的站点，带来的流量对于新站来说也是非常可观的。建议不要群发，一万篇文章每篇浏览一次不见得比一篇文章浏览一万次效果好。

（4）分析来源。可以去 51.la、站长统计等站点申请统计，通过统计知道关键词的来路，以此加强关键词内容。

（5）通过搜索引擎入口提交，使搜索引擎的蜘蛛找到自己的网站，常用入口如下：

Google 网站登录入口 http://www.google.com/addurl

Baidu 网站登录入口 http://www.baidu.com/search/url_submit.html

Yahoo 网站登录入口 http://search.help.cn.yahoo.com/h4_4.html

Live 网站登录入口 http://search.msn.com/docs/submit.aspx？FORM＝WSDD2

Dmoz 网站登录入口 http://www.dmoz.com/World/Chinese_Simplified

Coodir 网站目录登录入口 http://www.coodir.com/accounts/addsite.asp

Alexa 网站登录入口 http://www.alexa.com/site/help/webmasters

Sogou 网站收录 http://www.sogou.com/docs/help/webmasters.htm＃01

中国搜索网站登录入口 http://ads.zhongsou.com/register/page.jsp

iAsk 网站登录入口 http://iask.com/guest/add_url.php

搜索引擎收录查询 http://indexed.webmasterhome.cn

有道搜索网站登录入口 http://tellbot.youdao.com/report

Accoona 网站登录入口 http://www.accoona.com/public/submit_website.jsp

Chainer.com 搜索引擎批量提交 http://www.chainer.com/big5/submit/addurl.htm

Freewebsubmission.com 搜索引擎批量提交 http://www.freewebsubmission.com

（6）网址的 Logo。如果自己不会制作 Logo 则可以去 www.55.la 生成 Logo。但是建站初期，没有知名度，没被收录，大部分成熟网站都不愿意交换。还可以通过广告联盟在多个网站之间通过弹窗互换访问量，通过网站弹出后也会获得同样回报的访问量。

·本章小结·

网站推广部分主要从网站推广的概念、网站推广的意义、网站推广的形式、网站推广的要素、网站推广的注意事项、网站流量统计、搜索引擎的使用、几款网站推广软件几方面进行了详细的阐述。重点讲解了搜索引擎的使用，涉及流量统计、网站推广软件的使用两项技能。

每课一考

一、填空题

1. 网站推广是指采用________，让尽可能多的用户了解并访问网站。
2. 网站推广的两大意义是________和________。
3. 推广网站的形式包括________、________、________、________、________、________。
4. ________和________是搜索引擎推广中的两个最基本的要素。
5. 网站推广的要素有________、________、________、________、________。
6. 网站流量统计一般有两种方法，它们是________、________。
7. 常见的外链建设方法有________、________、________、________、________、________、________。
8. 综合查询工具包括________、________、________等工具。
9. 友链监控可对网站的所有________进行监控。
10. ________可以查询指定关键词的扩展匹配、搜索量、趋势和受欢迎度。

二、选择题

1. （　　）是指采用一定的策略，尽可能多地让用户了解并访问网站，通过网站获得有关产品和服务等信息。

A. 网站发布　　B. 网站运营　　C. 网站推广　　D. 网站监控

2. 网站流量中的 UV 是指（　　）。

A. 访问总量　　B. 独立访客　　C. 每日独立 IP 数　　D. 页面访问量

3. （　　）是最常用的网站推广手段。

A. 搜索引擎注册　　B. 传统媒体　　C. 内链建设　　D. 外站建设

4. 站外 SEO 主要指的就是（　　）。

A. 外链建设　　B. 内站建设　　C. 电子邮件　　D. 网络广告

5. 在域名管理系统中 MyDSN 的功能是用来（　　）的。

A. 绑定和解析域名　　B. 域名转向

C. 修改用户信息　　D. 以上都不对

6. （　　）不是搜索引擎的组成部分。

A. 信息搜集　　B. 信息整理　　C. 流量统计　　D. 用户查询

7. （　　）不属于搜索引擎网站。

A. 百度 Baidu. com　　B. 谷歌 Google. cn

C. 雅虎 Yahoo. com　　D. 淘宝 taobao. com

8. SEO 指（　　）。

A. 搜索引擎优化　　B. 站点流量统计　　C. 搜索机制　　D. 搜索引擎营销

9. （　　）不属于网站推广软件。

A. 大型贸易群发软件　　B. 域名管理系统

C. 博客推广工具　　D. 论坛群发软件

10. 网站的改版是指（　　）。

A. 变换网站版面风格　　B. 重新设计后台代码

C. 更新网站内容　　D. 改变网站颜色

三、判断题

1. 通过网站的推广，不一定能够迅速扩大企业的知名度。（　　）

2. 交换链接是指在网站上放置对方网站的 Logo 或名称并设置对方网站的超级链接。（　　）

3. 推广网站既需要掌握足够的理论基础，又必须了解一些常用软件。（　　）

4. 综合查询工具包括搜索引擎收录查询、关键词排名查询、搜索引擎优化监视器等工具。（　　）

5. 电子邮件推广具有快捷、便宜的特点。（　　）

6. 在网站的各种推广方法中，邮件推广是最重要的推广形式。（　　）

7. 存在大量长尾关键词的大中型网站，其带来的总流量非常大。（　　）

8. SEM 是指搜索引擎营销。（　　）

9. 域名转发最常用的功能是把几个域名指向同一个网站。（　　）

10. 空间实质上就是本地计算机硬盘的一块空间。（　　）

四、拓展技能综合题

用本章所学知识，为你所熟悉的某个企业网站做一份详细的推广计划。

五、操作题

1. 登录百度（http://www.baidu.com），查找网站推广方面的相关文章。

2. 为你所在学校网站进行推广。

六、励志题

假设有一个属于你自己的网站，你打算怎样发布、运营、推广，请把思路写下来。

第 9 章　整站建设实例

本章知识结构框图

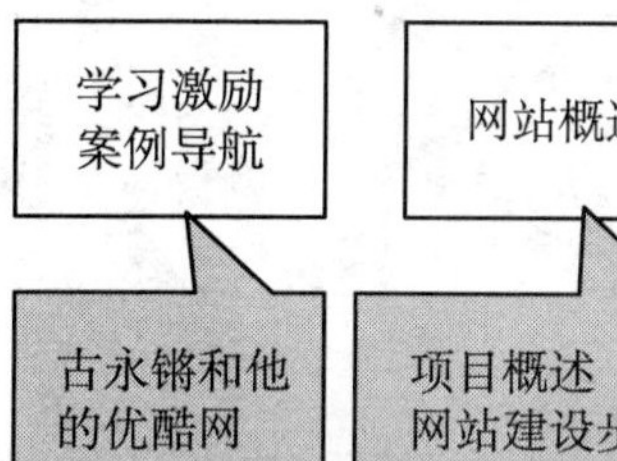

学习激励案例导航	网站概述	版面设计	版面分割与导入	后台功能的实现
古永锵和他的优酷网	项目概述 网站建设步骤	准备材料 网站头部版面设计 网站体部左侧设计 学校新闻与公告栏设计	版面分割 版面导入 后台功能的实现	后台简介 后台时性 功能实现 小功能模块

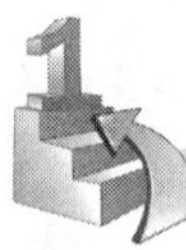

学习激励与案例导航

古永锵和他的优酷网

古永锵是优酷的总裁，他一手创办了优酷，并将优酷打造成视频网站的霸主。古永锵曾经是搜狐的总裁兼首席运营官，他对于搜狐的发展有不可代替的作用。后来他选择了离职，重新回到国内互联网界，创办了视频网站——优酷。古永锵利用其十几年的职业生涯积累起来的强大资源，使优酷获得了迅速的发展，在短短的一年时间古永锵使优酷成为了国内视频网站的代表。古永锵的成功告诉我们持久的积累、不懈的努力，财富终会如期而至。

不管我们追求的目标有多么的远大，心中的蓝图有多么的宏伟，我们都要深深地牢记，一切都必须脚踏实地、步步为营地持续发展。

9.1　网站概述

9.1.1　项目概述

齐齐哈尔信息工程学校是一所普通中专学校，根据需要该校建设了校园网站，该网站功能齐全、简洁大方，该网站代表了目前校园网站的一个建设模式，本章就以该网站为例进行介绍。图 9—1 是该网站的首页。

图 9—1　齐齐哈尔信息工程学校网站首页

9.1.2　网站建设步骤

依据本书的建站思路，齐齐哈尔信息工程学校网站建设包括以下几个步骤。

1. 网站规划

在建设该网站之前，通过对该校的了解，具体分析其功能需求，确定网站建设的思路，确定网站的风格，确定网站的栏目等信息，并编写了网站策划书。

2. 版面设计

依据网站规划，确定主页、二级页面的版面，并以 Photoshop 软件设计出该网站的首页和二级页面的 JPEG 文件，经审核确认后，对其进行分割并导入到 Dreamweaver 中进行排版。

3. 后台实现

该网站没有专门编写后台程序，而是使用了最简单的讯时 CMS 系统，将这一系统与前台界面挂接后，完成了全部功能。

4. 网站发布

网站制作完成，将该网站发布到空间上去，完成整个网站的建设。

9.2　版面设计

按照本书所讲思路，网站版面首页设计包括六个部分：准备素材、网站头部版面设计、网站导航设计、网站体部左侧设计、学校新闻与学校公告部分设计、网站尾部设计。

(准备素材)

根据网站版面的需要，在图库中找到本网站所需要的素材，并存储到网站的素材目录下，供设计时使用。图 9—2 是该网站收集的部分素材。

图 9—2　网站首页部分素材

(网站头部版面设计)

第 1 步： 打开 Photoshop，新建文件，名称设为 index，宽度为 1000 像素，高度可以随意确定，本例设为 978 像素，然后根据需要再行更改。其他选项如图 9—3 所示。

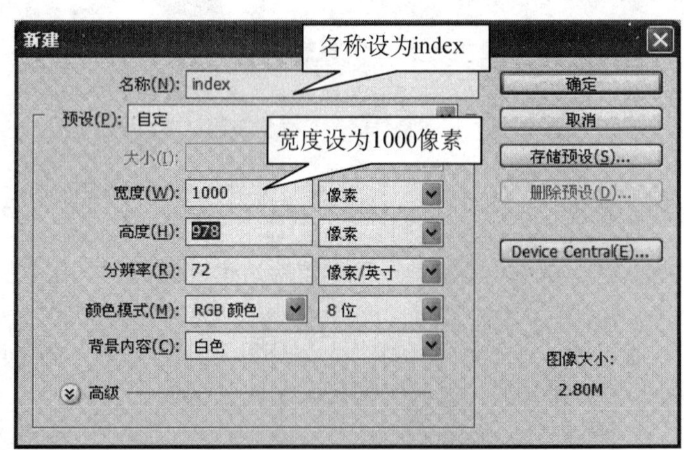

图 9—3　新建首页文件

第 2 步： 在背景上添加渐变，如图 9—4 所示。

第 3 步： 在背景上加入素材图片“头部背景 .jpg”，并添加 Logo 图标，以及网站标题和右侧的天气预报、快捷链接，最终效果如图 9—5 所示。

(网站导航设计)

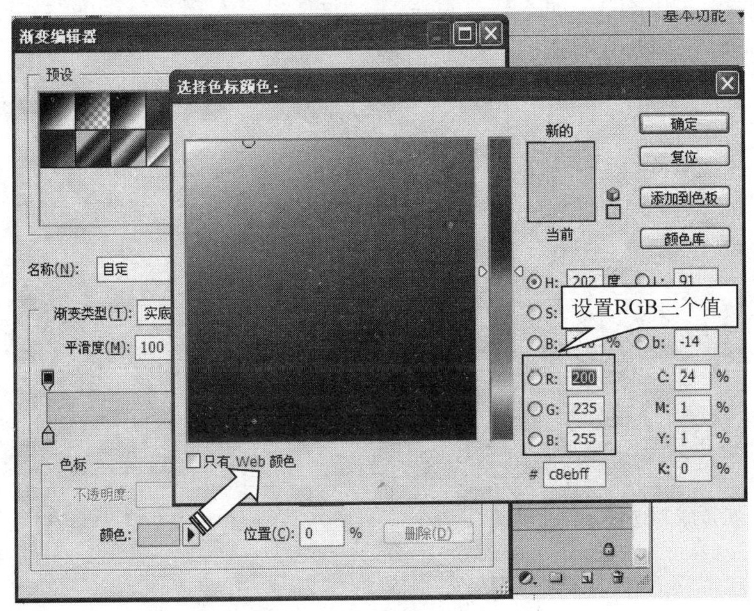

图 9—4　渐变背景

图 9—5　网站头部整体效果

第 4 步： 拖入素材图片“导航素材 .jpg”，拖到导航位置，如图 9—6 所示。

图 9—6　导航栏

第 5 步： 在图 9—6 的导航素材上输入导航文字。文字之间用竖线分隔，最终效果如图 9—7 所示。

图 9—7　导航栏最终效果

（**网站体部左侧设计：** 网站左侧包括新闻图片切换部分、学校宣传口号图片、快速通道三部分）

第 6 步： 新闻图片切换部分设计，最终效果如图 9—8 所示。

第 7 步： 学校宣传口号图片设计。新建一个新图层，用矩形工具拖出宽 273 像素、高 128 像素的矩形并描边，如图 9—9 所示。在图 9—10 矩形图层内新建一个图层，随便填充任意颜色，向新建的矩形图层加入“背景素材.jpg”和“人物素材.jpg”，并加入学校广告语。最终效果如图 9—11 所示。

图 9—8 图片新闻切换最终效果

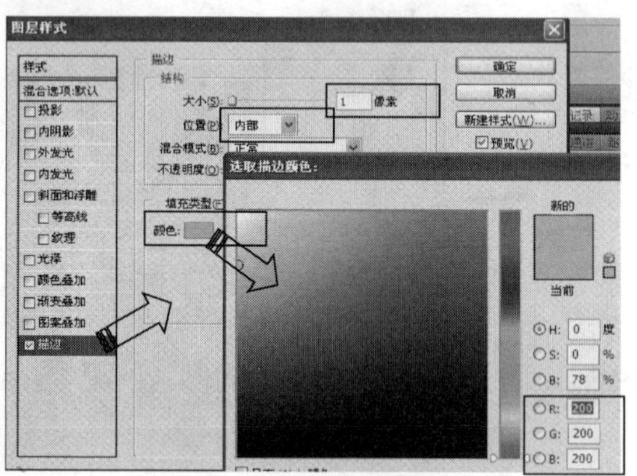

图 9—9 矩形制作过程

图 9—10 矩形图层最终效果

图 9—11 学校宣传口号图片设计最终效果

第 8 步：快速通道部分设计。选择圆角矩形工具，半径设为 5 像素，并添加图层样式，如图 9—12 所示。给矩形图层设置图层样式“渐变叠加”，如图 9—13、图 9—14 所示。加入三个图标，并输入文字，如图 9—15 所示。

(学校新闻与新闻公告部分设计：学校新闻与公告设计共分两部分，一是文字部分，二是右侧图片部分)

第 9 步：文字部分。直接输入文字，并对字体字号进行设置，这里要特别注意字体用宋体，标题字号为 14 像素，正文字号为 12 像素，注意行间距不要太密，如图 9—16 所示。

图 9—12 矩形图层

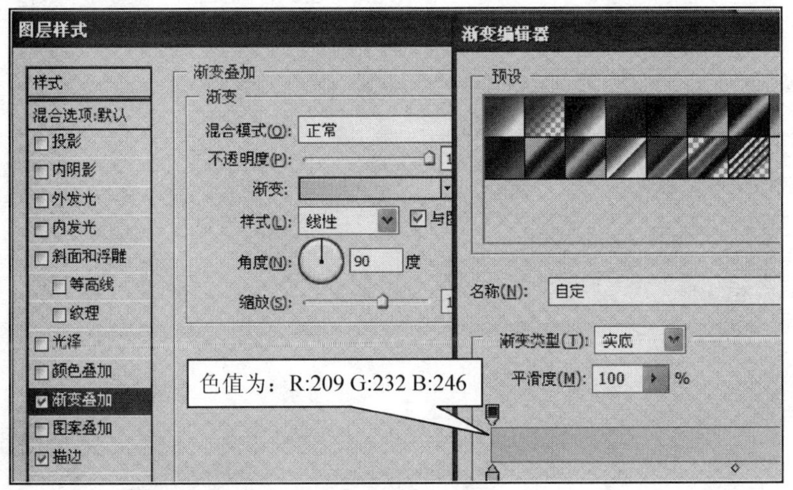

图 9—13　渐变样式

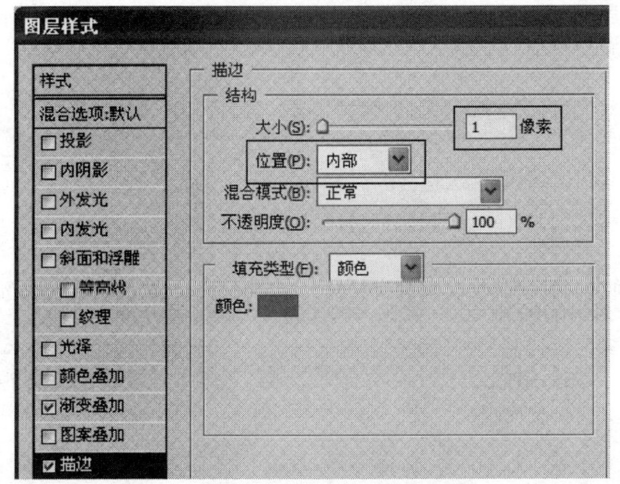

图 9—14　描边样式

图 9—15　快速链接

图 9—16　文字设置

第 10 步：右侧图片部分。此部分先做一个造型，然后将图片素材放入其中即可。具体操作方法见配套网站视频。最终效果如图书 9—17 所示。

（底部链接及网站尾部设计）

第 11 步：底部链接。新建矩形图层，设置渐变，并添加文字即可，如图 9—18 所示。

第 12 步：在网站尾部输入学校联系方式和版权等信息，如图 9—19 所示。

学校新闻
>>更多
我校及时组织清雪，净化校园环境 NEW
2011-11-18
我校举行拔河比赛
2011-11-15
信息工程学校成功举行秋季学生友谊篮球比赛
2011-11-15
信息工程学校前往市劳教所接受法制教育
2011-10-27
我校组织2011年上半年黑龙江省高等教育自学考试
2011-10-25
比利时心理学专家米杉（Michel Claeys）来我校讲学
2011-10-25
我校举行教师节庆祝活动
2011-9-19
学校公告
>>更多
信息工程学校举行校园文化节通知
2011-11-15
关于学生会、团委换届改选的通知
2011-10-25
班主任值班职责及要求
2011-10-25
十一国庆节放假通知
2011-10-25
关于调整作息时间的通知
2011-9-15
齐齐哈尔信息工程学校

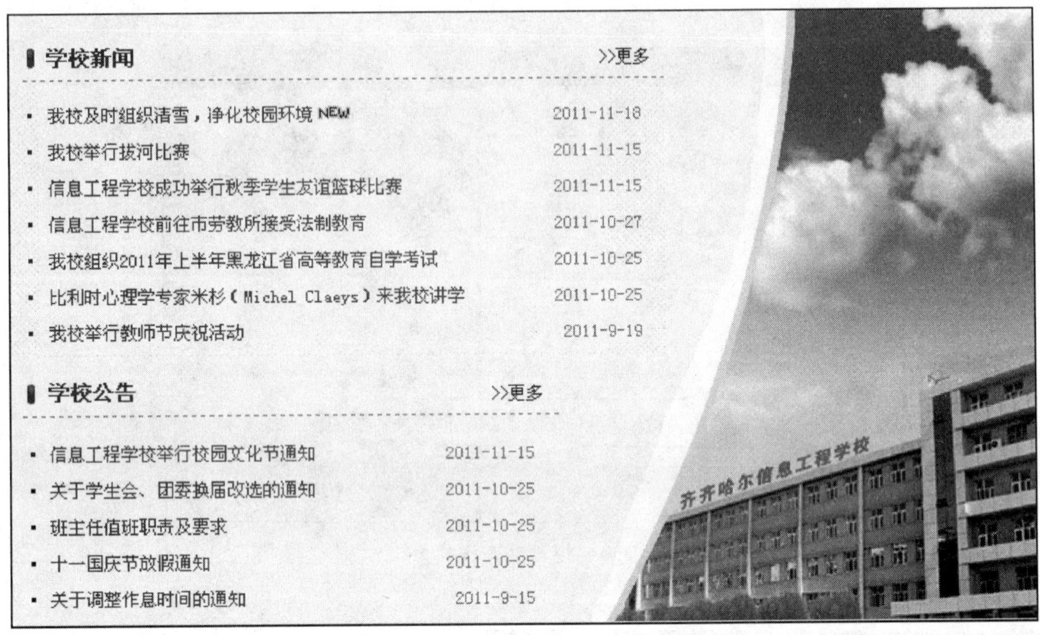

图 9—17　最终效果

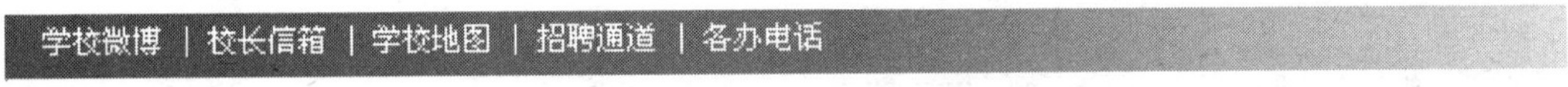

学校微博 | 校长信箱 | 学校地图 | 招聘通道 | 各办电话

图 9—18　底部链接

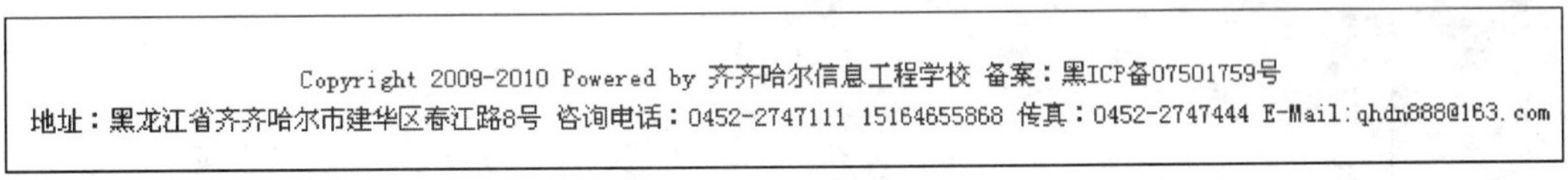

Copyright 2009-2010 Powered by 齐齐哈尔信息工程学校 备案：黑ICP备07501759号
地址：黑龙江省齐齐哈尔市建华区春江路8号 咨询电话：0452-2747111 15164655868 传真：0452-2747444 E-Mail:qhdn888@163.com

图 9—19　网站尾部设计

9.3　版面分割与导入

9.3.1　版面分割

网络公司实际制作中，在 Photoshop 完成版面设计之后，接下来的工序就是将版面转换成网页，这一过程有两个步骤，一是版面分割，二是版面导入。版面分割要用到的工具是 Photoshop 自带的切片工具。这里要注意，有些设计师在切片之前喜欢合并图层，其实没有这个必要，是否合并图层对最终生成的网页没有多大影响，反而会妨碍以后的编辑修改。

第 1 步：最终需要的只是 Photoshop 中制作的图形和框架，选择切片工具（快捷键为 K），把需要的每个图形独立切分出来。这就是版面分割，每切分出一个图形，在它的左上角就会显示出切片编号，如图 9—20 所示。

第 2 步：在工具箱右击切片工具，从弹出的菜单中选择“切片选择工具”，用它可以选取、移动切片，并可以调整切片的大小。右击某个切片还可以删除或划分这个切片，如图 9—21 所示。

图 9—20　版面分割

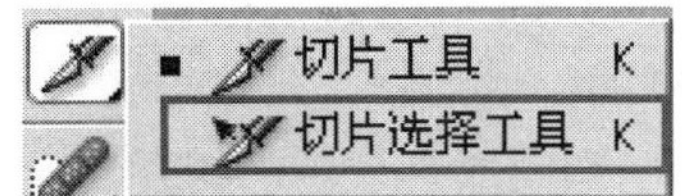

图 9—21　切片选择工具

第 3 步：切分出所有图片后，在 Photoshop 菜单中依次单击“文件→存储为 Web 所用格式”命令，如图 9—22 所示。打开存储对话框，单击右上角的“存储”按钮弹出保存对话框，选择 HTML 网页格式，使用默认设置，选择“所有用户切片”，保存即可。存储生成的文件如图 9—23 所示。

文件(F) 编辑(E) 图像(I) 图层(L) 选择(S) 滤镜(T)
新建(N)... Ctrl+N
打开(O)... Ctrl+O
浏览(B)... Alt+Ctrl+O
打开为(A)... Alt+Shift+Ctrl+O
打开智能对象(A)...
最近打开文件(R)
设置中心(A)...
关闭(C) Ctrl+W
关闭全部 Alt+Ctrl+W
关闭并转到 Bridge... Shift+Ctrl+W
存储(S) Ctrl+S
存储为(V)... Shift+Ctrl+S
签入...
存储为 Web 所用格式(W)... Alt+Shift+Ctrl+/
恢复(T) F12

图 9—22　存储格式

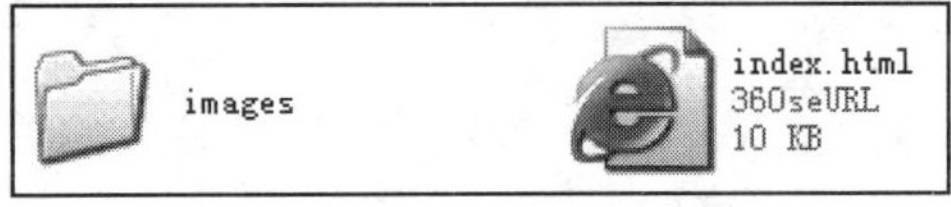

图 9—23　保存的文件

9.3.2　版面导入

完成页面分割后，下一步工序就是将分割出来的图片导入 Dreamweaver 中，这一步称为版面导入。具体操作步骤如下：

第 1 步：打开 Dreamweaver，依次单击“站点→新建站点”菜单命令，在“站点定义”对话框的“站点名称”文本框中输入“学校首页”，单击“下一步”按钮，在选项卡中选择“是，我想使用服务器技术”并选择“ASP VBScript”，单击“下一步”按钮，选择“在本地进行编辑和测试”，在存储位置中输入“E:\学校首页\”，具体步骤如图 9—24 所示。

第 2 步：在“文件”面板中，文件夹及所包含的文件都已导入到本地站点中，如图 9—25 所示。

第 3 步：打开 index.html 文件，这就是需要的网页。按 Ctrl+J 组合键弹出页面属性对话框，如图 9—26 所示进行设置，单击“确定”按钮。

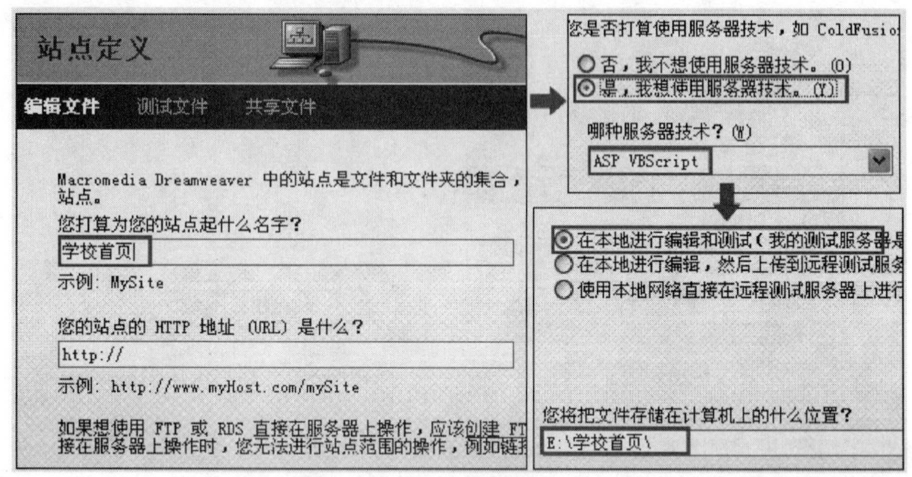

图 9—24　定义站点

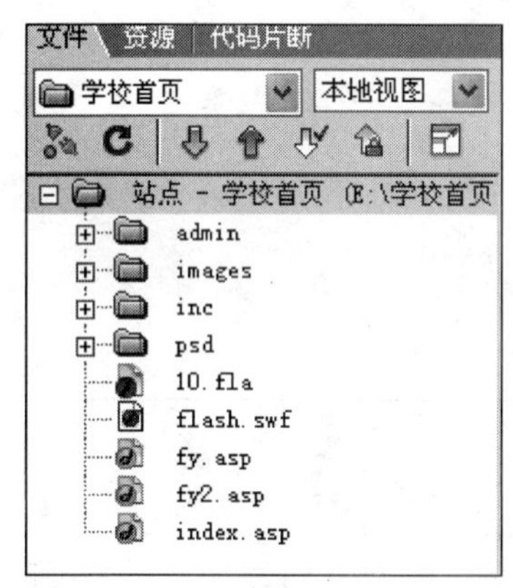

图 9—25　“文件”面板

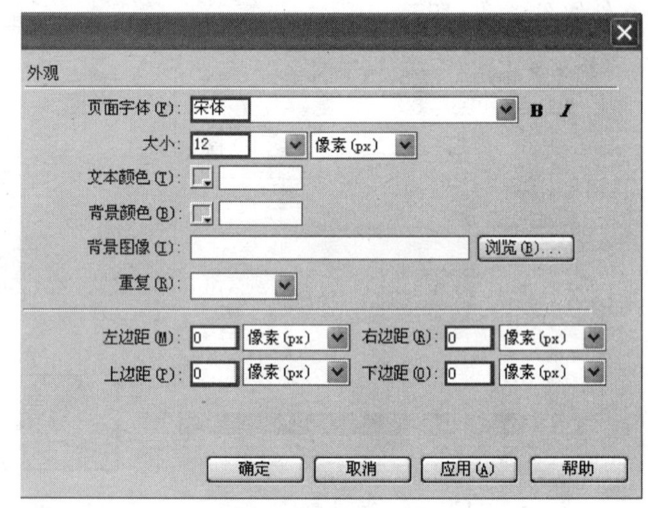

图 9—26　页面属性

第 4 步：根据网页实际要求对 index.html 文件进行修改，网站后期文字内容部分需要把现有表格里的图片转换为背景图片。操作方法为删除表格中的图片，然后在底部属性栏中单击“背景”右侧的文件夹图标，如图 9—27 所示。选择刚删除的图片文件，单击“确定”按钮，如图 9—28 所示。

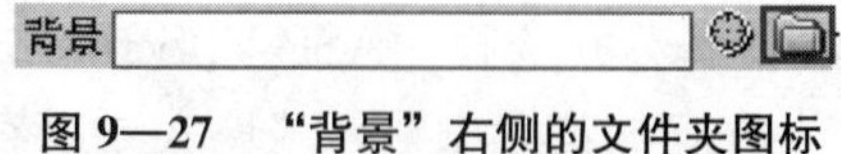

图 9—27　“背景”右侧的文件夹图标

第 5 步：在“表格”中添加表格，单击“插入”工具栏“布局”类型中的“表格”按钮。在弹出的“表格”对话框中，根据所添加图片大小设置表格的宽度、行数、列数，如图 9—29 所示。选中表格，在底部属性面板中为表格输入相应的属性值，如图 9—30 所示。更多细节可参考本书配套的视频教程，其他部分不再重复介绍。

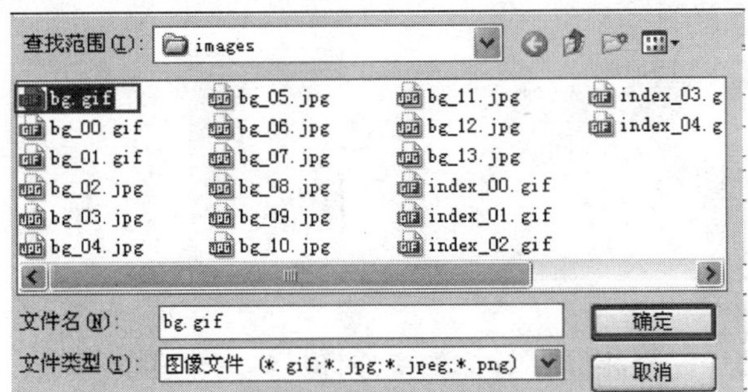

图 9—28 添加背景图片

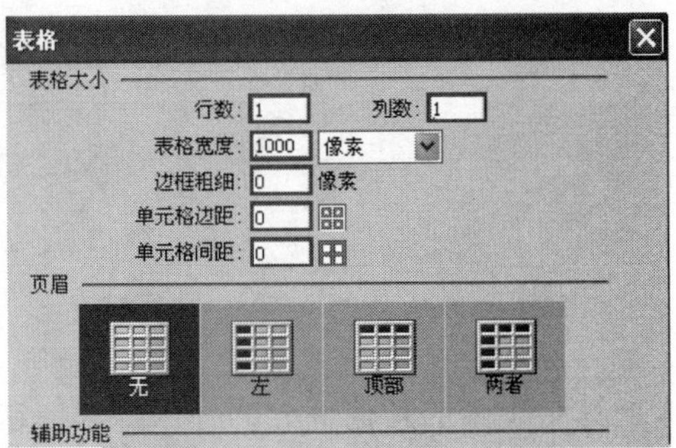

图 9—29 “表格”对话框

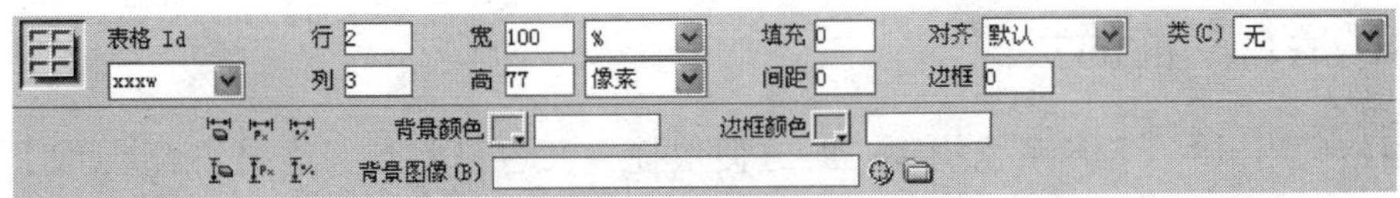

图 9—30 设置属性

第 6 步： 插入 Flash，本站左侧的新闻图片栏目是将前期做好的 Flash，在 Dreamweaver 中插入表格。依次单击菜单栏中的“插入→媒体→Flash”，如图 9—31 所示，弹出“选择文件”对话框，选择存储为 .swf 格式的 Flash 文件（注意：此文件之前要存储在“学校首页”的根目录下），单击“确定”按钮，如图 9—32 所示。

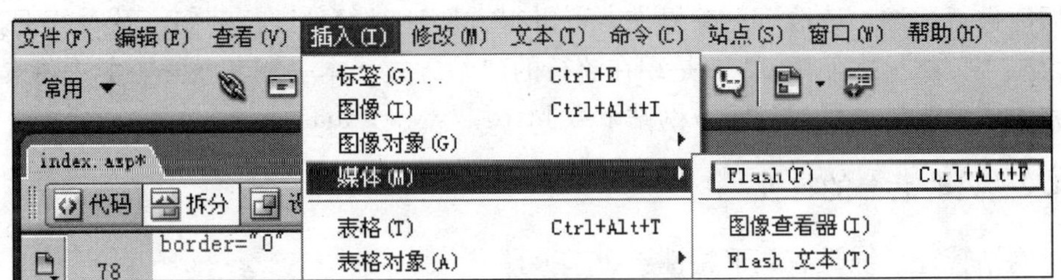

图 9—31 插入 Flash

第 7 步： 添加链接。在图 9—33 中，需要实现快速链接功能。单击此图片，底部属性栏中将会出现添加热点的图片，如图 9—34 所示，选择矩形的图标，在图片上划出需要的大小，就会看到添加热点后的状态，如图 9—35 所示。最后在“链接”栏目中把所要链接到的地址输入进去，即可完成链接。

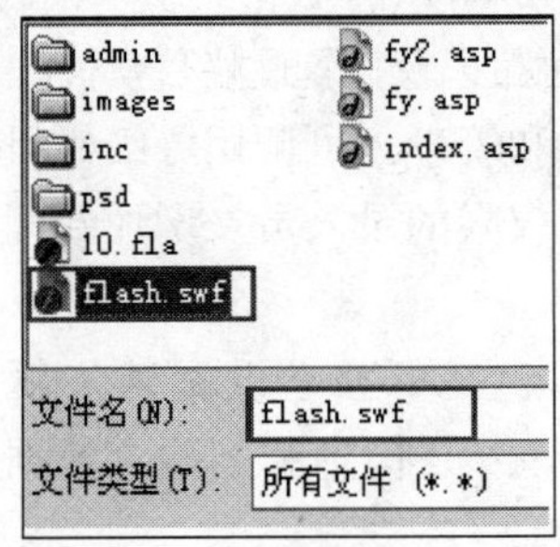

图 9—32 选择 Flash 文件

图 9—33 快速链接图标

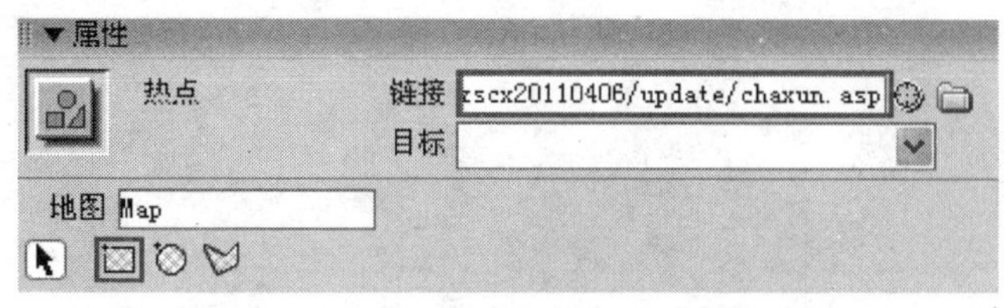

图 9—34　添加热点

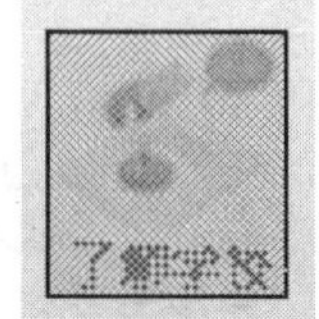

图 9—35　添加热点后的状态

这个主页的其他部分的导入方法与这部分完全相同，具体的操作详见本书配套的视频教程，该视频录制了整个网站制作的全过程。

9.4　后台功能的实现

本网站采用讯时 CMS 系统构建，既方便快捷，又容易实现。本书作者是讯时 CMS 系统的特聘专家，拥有全套的 CMS 系统开发、教学、使用经验。在本章通过天气预报功能、QQ 在线答疑功能的实现，抛砖引玉地将网站拓展功能实现的方法予以讲解。

9.4.1　讯时后台简介

讯时是一种网站后台管理程序，即人们通常所说的 CMS（Content Management System）。CMS 采用页面与数据分离的形式，将网站的数据内容存放在数据库中，通过后台程序对数据库进行添加、读取、删除操作，可以很方便地对网站进行动态、及时的更新维护，同时大大减小工作量。使用 CMS 是现在流行的建站方式。本书配套教学资源中将提供本后台及官方使用说明，也可以到官方网站下载 http://www.xuas.com。

9.4.2　讯时后台的特性

讯时网站管理系统具有如下特性：

（1）讯时网站管理系统是一个新闻管理系统，而且该系统永远免费，适合制作中小型各类网站。

（2）系统采用 ASP＋Access 数据库，对一般服务器空间都支持良好。框架和 JS 两种方式调用新闻和图片新闻。

（3）强大的后台文章编辑器的功能。可方便地用拖动的方式进行图文混排、图片远程上传、上传图片显示效果处理等操作，“从 word 中粘贴”功能能全部清除 Word 排版格式多余代码。自由编辑（HTML）栏目模板，可设置多个模板，可自由增删修改栏目以及设置此栏目模板。

（4）新闻、图片代码调用在后台生成，具有三级栏目生成和管理。可调用一级栏目下面的所有二级栏目，也可以调用单独的二级栏目。可增加多个低权限的录入员。增加新闻时会记录新闻的录入员。

（5）新闻自由设置固顶或推荐，自由更改新闻标题的颜色，可独立设置某条新闻的 URL 转向。新闻评论功能，可在后台自由查看评论、相关新闻、IP 信息和删除。数据库的压缩、备份和恢复。

（6）网友可以投稿，由最高管理员在后台审查，可控制是否使用 HTML 编辑器。拥有对投票、留言、网站公告功能的支持，为大家提供整站的融合一体化的管理。

(7) 可进行 IP 地址阻止设置，防止恶意人员破坏。支持 RSS 读取新闻。

9.4.3 网站后台功能的实现

网站后台功能的实现包括三个步骤：架设 IIS、新闻功能的实现、导航链接。

1. 架设 IIS

网站的全部内容均存放在互联网上的某个服务器上，也就是说，制作网站时应该有一个服务器，提供测试网站的环境。一般网站制作人员都将自己的计算机架设成本地服务器，供平时制作网站时使用。那么如何架设本地服务器呢？

(1) 安装 IIS 组件。

① 依次选择“开始→设置→控制面板→添加或删除程序”，打开“添加或删除程序”对话框。

② 在该对话框的左侧按钮面板中单击“添加/删除 Windows 组件”，打开“Windows 组件向导”对话框，如图 9—36 所示。在对话框的“组件”列表中选择“Internet 信息服务 (IIS)”复选框，如图 9—37 所示。

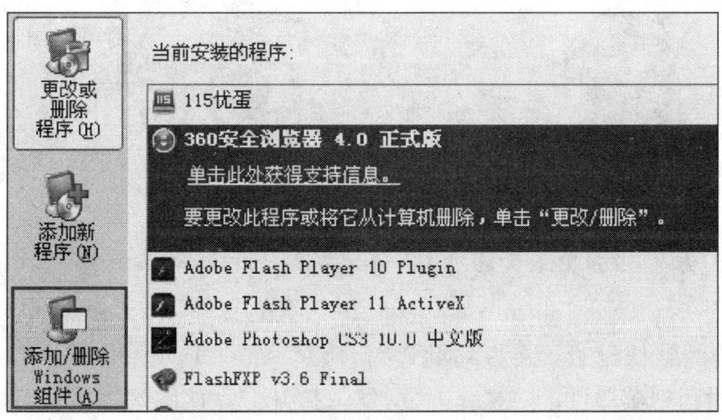

图 9—36 添加/删除 Windows 组件

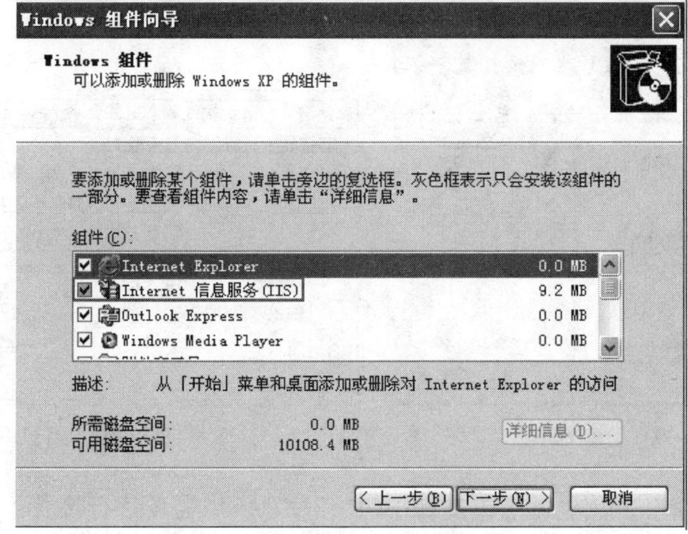

图 9—37 安装 IIS 组件

③ 按照向导的提示进行安装，在安装过程中系统会提示插入 Windows XP 的安装光盘，此时将路径指向 Windows XP 安装程序的“I386”目录下即可。

(2) 配置 IIS。安装好 IIS 组件后，就可以使用 IIS 服务了，但此时的 Web 服务器还没配置完成，还需要对 IIS 进行配置。

① 依次选择“开始→设置→控制面板→管理工具→Internet 信息服务”，打开“Internet 信息服务”对话框，如图 9—38 所示。

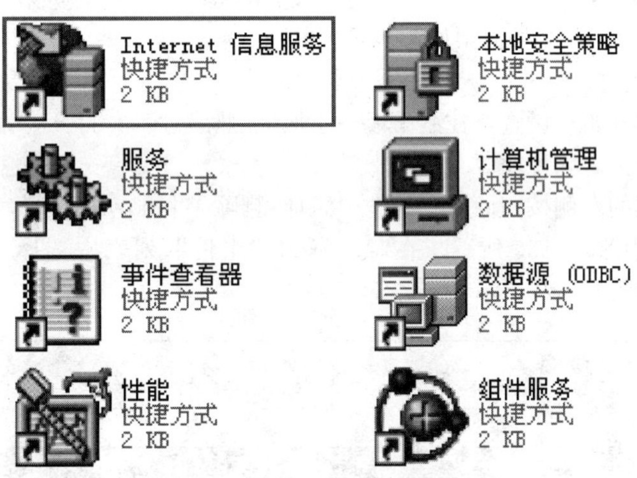

图 9—38　Internet 信息服务

② 在该对话框左侧的列表中依次展开“Internet 信息服务→本地计算机→网站→默认网站”，在该列表下显示“C：\ Inetpub \ wwwroot”下的文件和文件夹，也就是网站所存放的路径，这也是系统的默认设置，可以对此进行修改，如图 9—39 所示。

③ 依次选择对话框菜单中的“操作→属性”，打开“默认网站属性”对话框。选择“主目录”选项卡，在该选项卡的“本地路径”文本框中输入网站所在的路径，如图 9—40 所示。

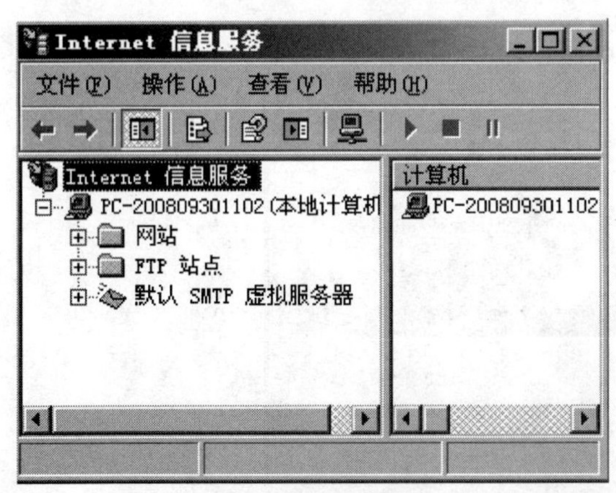

图 9—39　配置 IIS

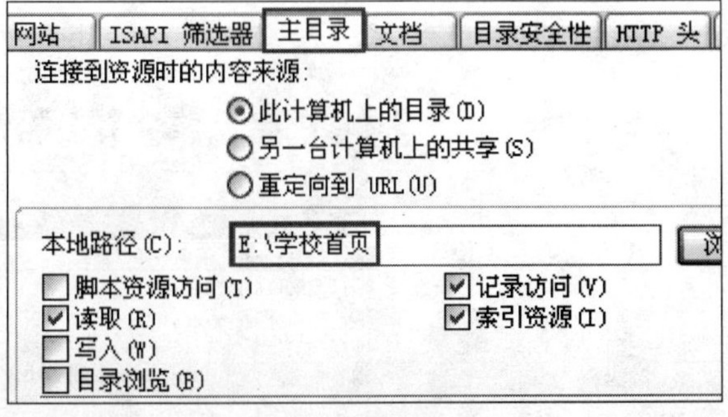

图 9—40　目录设置

④ 由于默认情况下浏览站点不支持 ASP 程序，所以需要进行设置。在“默认网站属性”对话框中选择“文档”选项卡，接着在“启用默认文档”选项区域中单击“添加”按

钮，在打开的“添加默认文档”对话框中输入“index. asp”（这里设置的是网站的首页文件名称，可根据实际情况修改），然后单击“确定”按钮，如图 9—41 所示。

⑤ IIS 的配置工作完成，打开 IE 浏览器并在地址栏中输入“http://127.0.0.1”或“http：//localhost”浏览首页。

接下来的工序就是把后台和前台用代码连接，以实现网站的功能。

2. 新闻功能的实现

① 在地址栏中输入“http://localhost/login. asp”，进入网站的后台，默认的用户名和密码都是 admin，单击“登录”按钮，如图 9—42 所示。

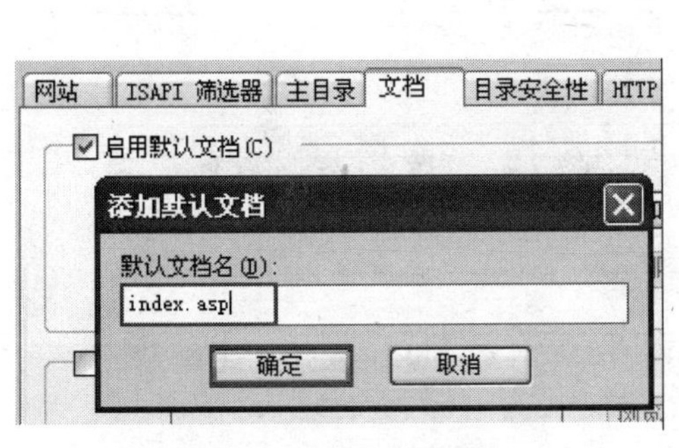

图 9—41 加 ASP 文档

图 9—42 登录后台

② 进入后台页面后，单击左侧菜单栏中的“栏目”，右侧将出现对应的栏目，如图 9—43 所示，在右侧增加一级栏目的文本框中输入导航栏中的栏目名称，如图 9—44 所示。模板更改为“新闻模板”，如图 9—45 所示。

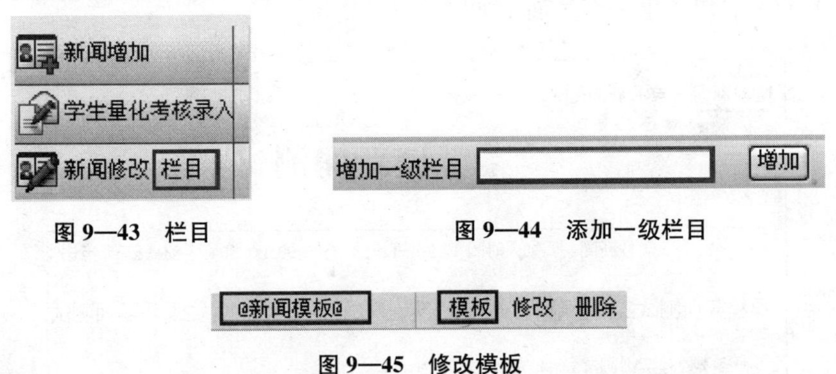

图 9—43 栏目

图 9—44 添加一级栏目

图 9—45 修改模板

③ 单击左侧菜单栏中的“新闻增加”栏目，根据提示可输入网站相应栏目的新闻内容，这是为了方便后期功能实现的测试。

④ 单击左侧菜单栏中的“代码调用”栏目，根据提示选择将要调用的栏目名称，这时页面会弹出调用代码及说明，复制“JS 调用”栏目中的代码，粘贴到 Dreamweaver 中新闻模块的代码里，如图 9—46 所示。此时，打开 http://localhost/网址，就能看到在后台添加的新闻已经在首页中显示。

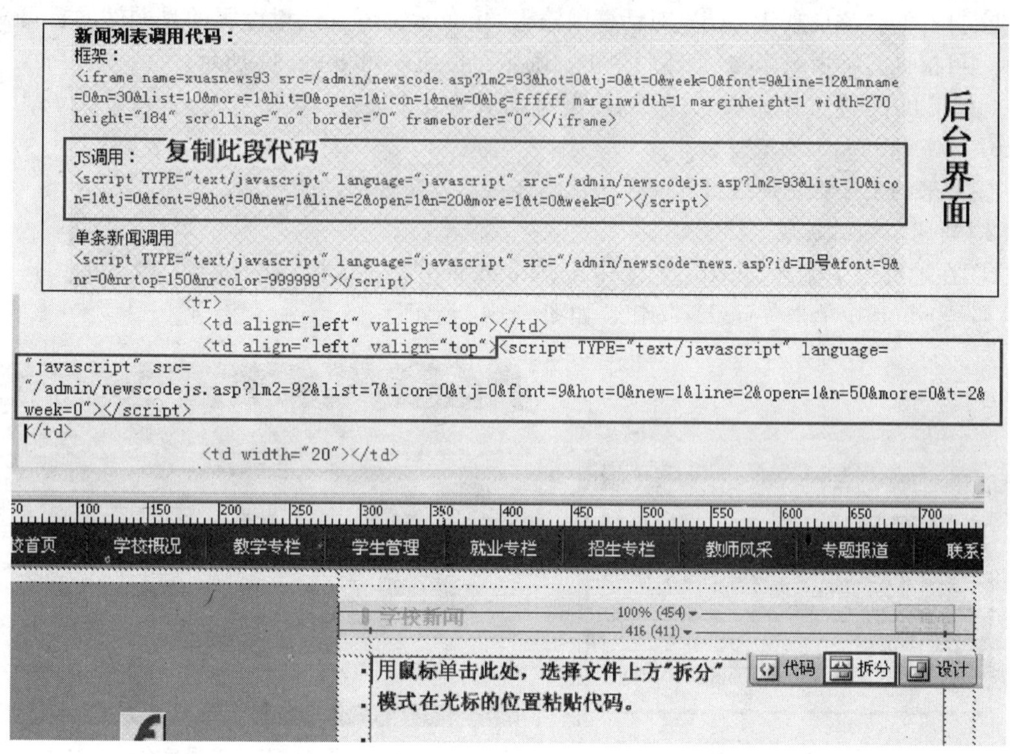

图 9—46　调用代码

3. 导航链接

下面将在网站导航上加入链接，实现其功能，操作步骤如下：

① 首先需要知道二级页面的地址，在首页中单击任意新闻，进入新闻页面，在内容部分上方有栏目路径，单击上一级页面，如图 9—47 所示。

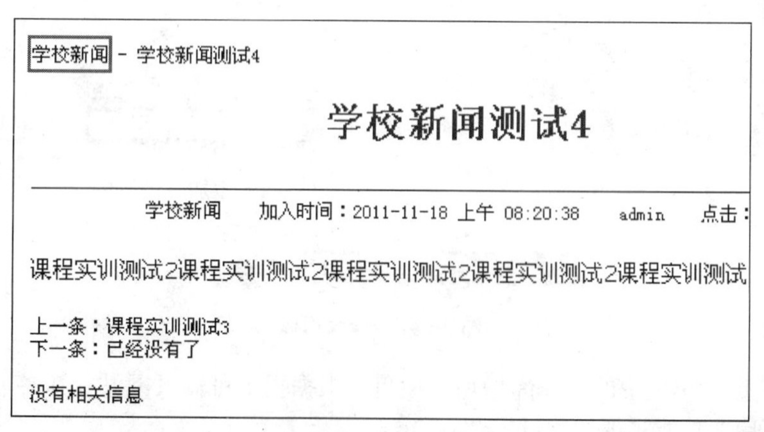

图 9—47　选择栏目路径

② 此页面是单击导航栏目后进入的页面，地址栏中显示的是栏目的地址，复制 localhost 后面部分，如图 9—48 所示。

③ 回到 Dreamweaver 中，拖动鼠标选中之前调用代码的导航栏目，如图 9—49 所示，

图 9—48　复制地址栏路径

将上步复制出来的地址粘贴在下方属性菜单“链接”选项中，按 Enter 键即可，如图 9—50 所示。其他栏目的链接操作相同。

图 9—49　链接导航　　　　图 9—50　粘贴链接导航

9.4.4　网站常用小功能模块的实现

1. 在线天气预报的实现

在百度中搜索“天气预报代码”，即可搜出很多相关代码，复制代码，并粘贴到 Dreamweaver 中相应位置的代码中，如图 9—51 所示。

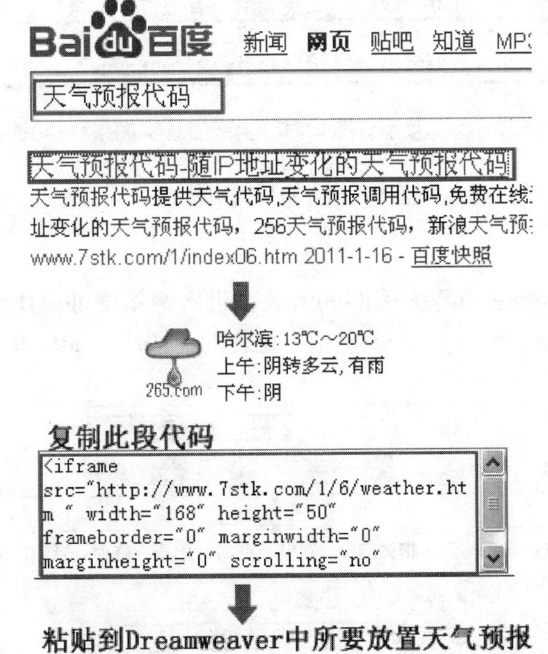

图 9—51　添加天气预报代码

2. 设为首页、加入收藏功能的实现

设为首页、加入收藏两个功能的实现，与在线天气预报的实现方法相同，操作步骤基本相似。代码如下：

```
〈a onclick = " this.style.behavior = 'url ( # default # homepage) '; this.setHomePage ('http://www.qqhre.com');" href = " # "〉设为首页〈/a〉
```

加入收藏的代码如下：

〈A href = "＃" onclick = "javascript:window.external.AddFavorite('http://www.qqhre.com.cn','『齐齐哈尔信息工程学校』')" title = "收藏本站到你的收藏夹"〉加入收藏〈/A〉

3．公告实现

公告功能是在后台页面中实现的。在后台单击左侧菜单栏中的“公告”栏目，在右侧即可输入公告标题和内容，复制相应的代码，并在 Dreamweaver 中粘贴公告位置的代码，如图 9—52～图 9—54 所示。

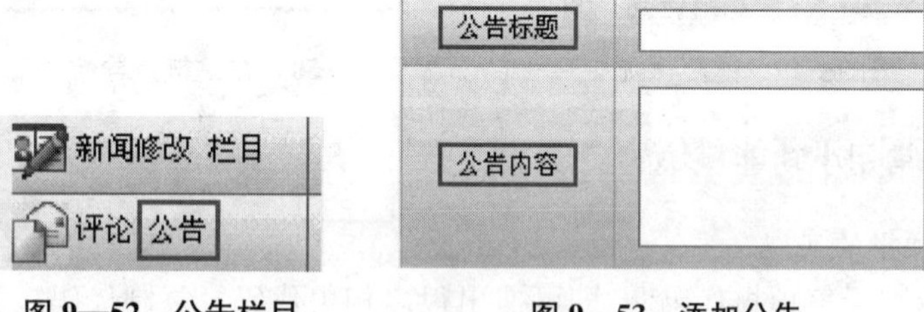

图 9—52　公告栏目　　　图 9—53　添加公告

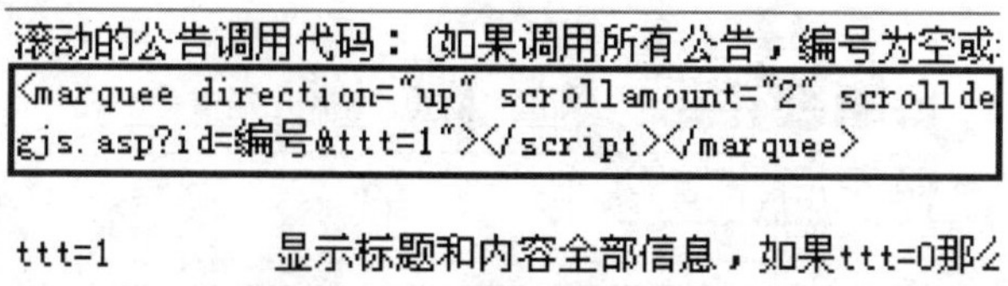

滚动的公告调用代码：(如果调用所有公告，编号为空或

<marquee direction="up" scrollamount="2" scrollde
gjs.asp?id=编号&ttt=1"></script></marquee>

ttt=1　　　显示标题和内容全部信息，如果ttt=0那么

图 9—54　复制调用代码

4．在线 QQ 实现

登录 http://www.zzsky.cn/tool/qqonline/，进入网站中可选择想要展示的 QQ 在线风格，复制代码，并粘贴到 Dreamweaver 中相应位置的代码中，如图 9—55 所示。

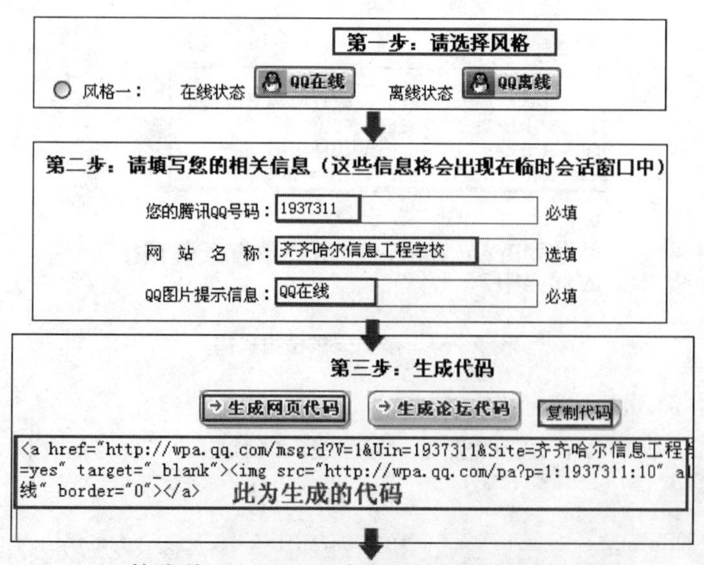

图 9—55　在线 QQ 功能实现

更多功能请查找光盘中“讯时后台”目录中的“相关说明”目录，如图9—56所示，在此不做详细介绍。

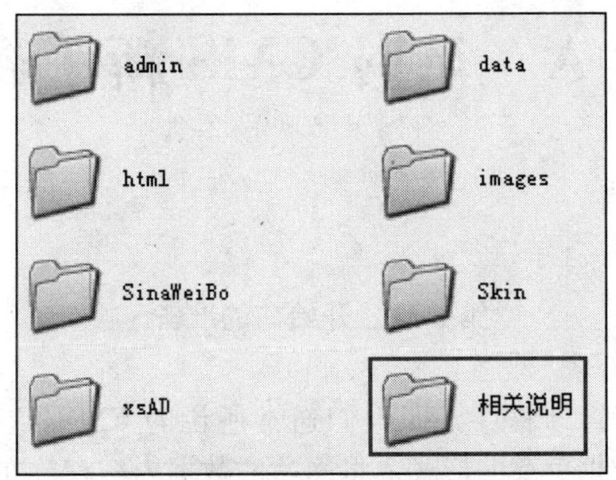

图9—56 讯时网站后台的相关说明

·本章小结·

本章主要讲授齐齐哈尔信息工程学校整站建设的实例，其中包括网站的头部、体部左侧的设计，新闻与公告部分的版面设计。引入了版面分割与导入的方法介绍，从基本知识入手了解整个网站建设过程中版面设计的全部。后台功能的实现介绍了使用讯时后台实现的方法，以及整个齐齐哈尔信息工程学校后台的整体建设。

每课一考

一、简述题

1. 简述网站的建设步骤。
2. 简述版面的分割与导入方法。
3. 简要说明讯时后台的特性。
4. 说明讯时后台功能实现的步骤。

二、技能实践题

1. 打开http://www.qqhru.edu.cn齐齐哈尔大学网站，利用本章建设步骤建设一个齐齐哈尔大学网站。
2. 打开http://www.sina.com.cn新浪网，仿照它制作出一个新浪仿站。

附录 A　讯时 CMS 新手教程

（本附录由讯地公司提供）

第 0 章　开始前的准备

一、认识讯时

讯时是一种网站后台管理程序，即人们通常所说的 CMS（Content Management System）。CMS 采用页面与数据分离的形式，将网站的数据内容存放在数据库中，通过后台程序对数据库进行添加、读取、删除操作，可以很方便地对网站进行动态、即时的更新维护，同时大大减小工作量。使用 CMS 是现在流行的建站方式。

讯时分收费版和免费版两种。收费版使用 MS SQL 数据库，免费版采用 MS Access 数据库，两种版本均采用 ASP 编程。免费版目前的最新版本可以从讯时官方网站下载，本教程所述讯时为 4.2 免费版。讯时免费版各版本的基本功能大同小异，看懂了本教程，对讯时其他版本同样有效。

与其他 CMS 相比，讯时免费版有几个显著的特点：一是入门快，使用者不需要具备太多的专业知识即可迅速上手，适合新手；二是功能强，可以满足中小型企事业单位和一般政府机关的网站建设；三是更新多，新版本不断推出，新功能不断增加，程序不断完善，漏洞不断减少；四是不花钱，估计这一点是广大讯时爱好者最欢迎的。

二、讯时的运行环境

由于讯时使用 ASP 编程，因此要想使用讯时，必须有一个支持 ASP 的使用环境。如果使用的是网上的虚拟空间，则必须搞清楚这个空间是否支持 ASP。如果只是想在自己的计算机上调试，则必须安装 IIS 服务器组件，配置好本地站点。

三、相关专业知识

首先是服务器相关知识，比如上面所说的 IIS 安装与配置。关于如何安装、配置 IIS，有兴趣的读者可以查阅本教程附录中的相关资料。

其次是一些网页制作的基础知识，用于制作网页模板。不用太多，懂点皮毛已经足够了。

提示：讯时的最大特点是容易上手，不需要太多的专业知识。只需要一点点网页制作的基本知识就可以快速制作出自己的网站。即使您对 ASP 一无所知也不存在问题。

第 1 章　安装与登录

一、安装

讯时的安装十分简单。从讯时官方网站下载程序压缩包，将解压后的全部文件放到站点的根目录下，即完成了安装。

当然，也可以将讯时放在子目录下，只要保证讯时程序的全部文件和文件夹的相对位置不变即可。但是安装在子目录下会牵涉到路径问题，在文件或图片调用时容易产生一些问题，对新手不推荐。很多新手碰到的问题大多数是路径不对，建议对此多检查。讯时官网的地址为 http://www. xuas. com。

二、登录

打开浏览器，输入网址，如果默认主页文档中设置了 index. asp，则会打开如下页面（见图 1）。

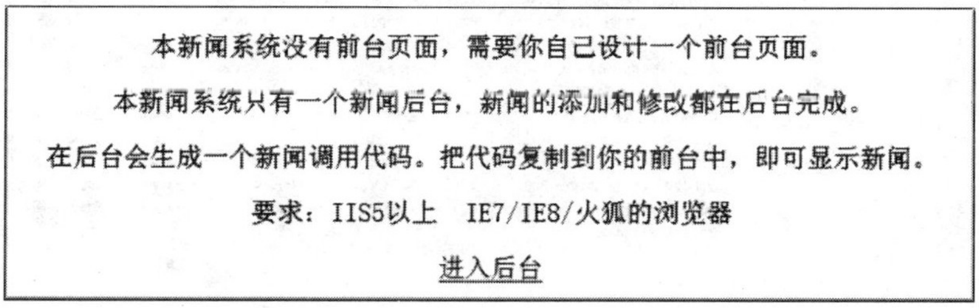

本新闻系统没有前台页面，需要你自己设计一个前台页面。
本新闻系统只有一个新闻后台，新闻的添加和修改都在后台完成。
在后台会生成一个新闻调用代码。把代码复制到你的前台中，即可显示新闻。
要求：IIS5以上 IE7/IE8/火狐的浏览器
进入后台

图 1

如果默认主页没有设置 index. asp 文档，请在网站管理中重新设置或直接手工输入 index. asp 的完整地址，即可打开页面。单击“进入后台”链接，打开登录界面，如图 2 所示。

后台管理登录
请先登录 login
用户名
密 码
验证码
65438
登 录
关 闭
2009-10-30 16:17:20
www.xuas.com
全力打造

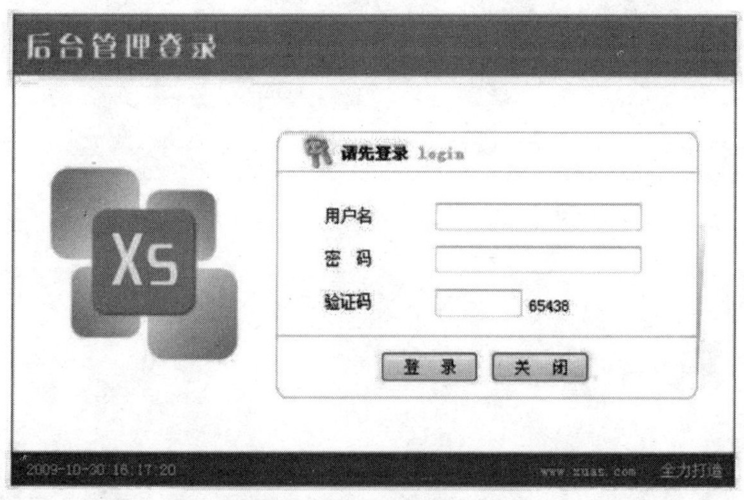

图 2

讯时的默认初始用户名与密码均为 admin，输入完成后单击“登录”按钮或直接回车，即可进入后台管理页面，见图 3。

输入 login. asp 的完整地址，如 http://你的网址/login. asp（本机调试可输入 http://localhost/login. asp，也可以用 127.0.0.1 来代替 localhost），可以直接打开图 2 的登录界面。

图 3

第 2 章　熟悉后台

讯时后台登录后的管理页面见图 4。

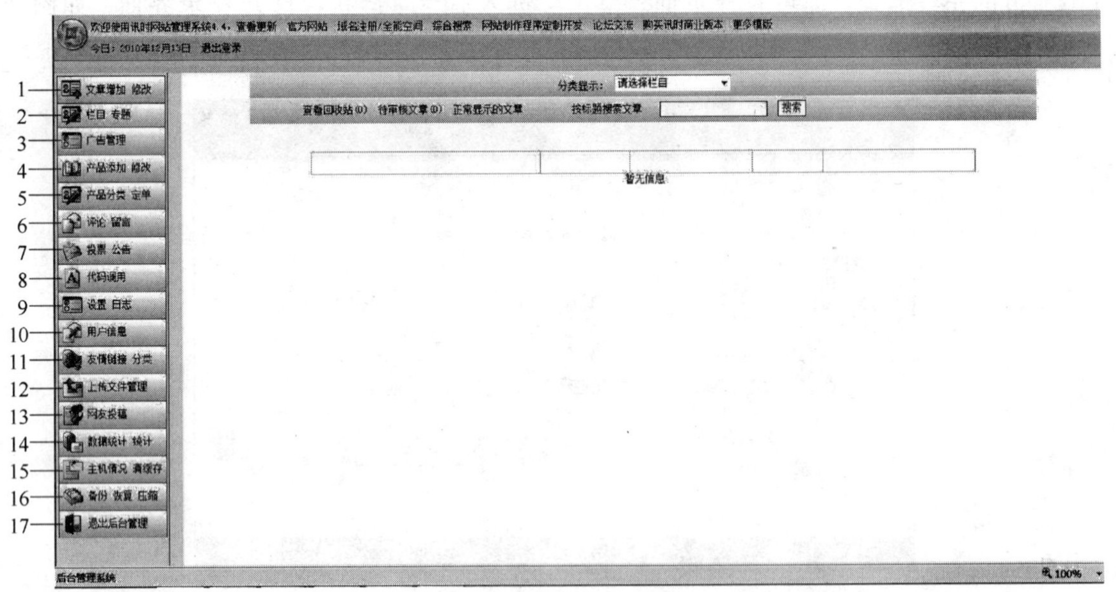

图 4

讯时的后台操作是通过左边栏的纵向菜单来实现的，从上到下共有 17 行，每行有 1～3 个选项，分别对应不同的功能，见图 5。按照功能相关或相近的原则，可以把它们分成六个类别：

一是系统数据类，这一类包括第 14、15 行，可以查看所使用的空间和 CMS 的基本情况及相关数据。

二是系统设置类，包括第 2、8、9、10、12、17 行，可以对 CMS 系统和网站进行基本的设置，如添加、修改、删除网站的栏目，增加、删除管理员，调用数据库内容等。

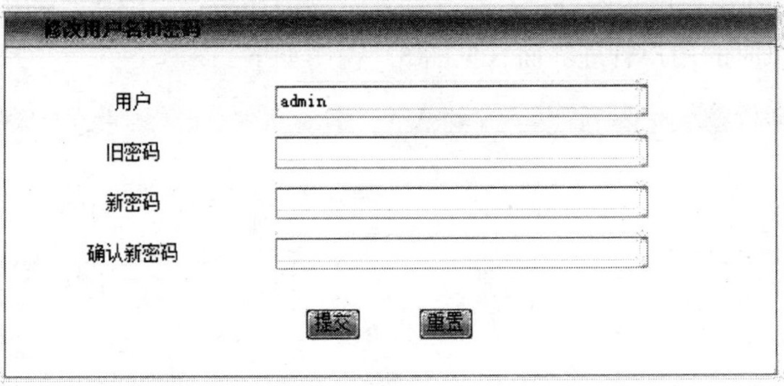

修改用户名和密码

用户 admin

旧密码

新密码

确认新密码

提交 重置

图 5

三是文章管理类，包括第 1 行，主要用于信息发布与管理，是讯时的最核心功能，不仅可以发布文字，还可以发布图片，以及用幻灯显示图片等。

四是产品管理类，包括第 4、5 行，用于网上商城，这是讯时新增加的功能，可以支持支付宝网上付款，适合做商业网站。

五是附加功能类，包括第 3、6、7、11、13 行，有投稿、投票、留言本、广告管理、文章评论、友情链接等。

六是数据安全类，第 16 行，是对数据库的各种操作，备份、恢复与压缩。

需要说明的是，以上是为了便于熟悉讯时的各项功能而大致归的类，并不严密。这里需要对程序开发者提出的建议是，按功能将各类菜单项的顺序加以调整和归并，以方便使用者查找，现在的菜单比较分散，布局有点乱，不太合理。

第 3 章　系 统 设 置

上面说过讯时的后台菜单有 17 行，各自对应不同的功能，这些功能大致可以分为六类，那么，我们该从哪里开始呢？还是先从系统的查看和设置开始吧，这样可以站在全局的高度来看问题。

一、查看主机情况

单击第 15 行第一个选项“主机情况”，就可以查看你所使用的网站空间信息。这里有好多项目，挑几样你感兴趣的看看就可以了。

二、查看网站信息数据

单击第 14 行第一个选项“数据统计”，可以看到网站的栏目、用户、用户发表的文章，以及对文章的评论等。单击本行的第二个选项，可以看到“所有用户文章添加排行榜”。

三、用户管理查看与设置

单击第 10 行，可以查看当前网站的所有管理员，可以增加、删除管理员，也可以更改当前登录的用户名、密码。

讯时的管理员分为三级，一是顶级管理员 admin，二是审核员，三是录入员。顶级管理员有最高权限，可以使用网站全部功能；审核员次之，对顶级管理员授权的栏目可以进行大多数功能的操作；最低级的是录入员，如果该栏目打开了审核功能，则只有通过上一级管理员的审核该文章才能发表。如果你的网站有多人同时维护，根据需要设置不同权限的管理员可以使网站管理有条不紊，层次分明。

用户管理的功能十分重要，用户名与密码一定要妥善保管，否则网站的安全就无法保证，见图 5。所有新用户以顶级管理员名义初次登录成功后，一定要立即修改顶级管理员的用户名和密码。讯时的用户管理界面（见图 6）说明如下：

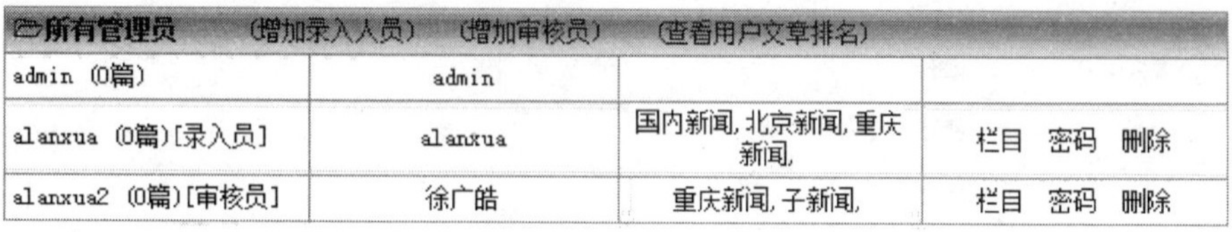
所有管理员 (增加录入人员) (增加审核员) (查看用户文章排名)
admin (0篇)
admin
alanxua (0篇)[录入员]
alanxua
国内新闻,北京新闻,重庆新闻,
栏目 密码 删除
alanxua2 (0篇)[审核员]
徐广皓
重庆新闻,子新闻,
栏目 密码 删除

图 6

可以修改顶级管理员的用户名与密码，增加录入人员，并对其分配相应的栏目；修改相关管理人员的密码、管理栏目，或删除管理人员；增加审核人员，并对其分配相应的栏目。

四、设置栏目

一个网站有许多内容，不同的内容需要不同的栏目。合理设置栏目关系到一个网站信息发布与更新维护，建议在设计网站时通盘考虑。当栏目确定好之后，就可以在后台将其添加到网站数据库中了。

单击第 2 行第一个选项“栏目专题”，打开栏目管理页面，见图 7。

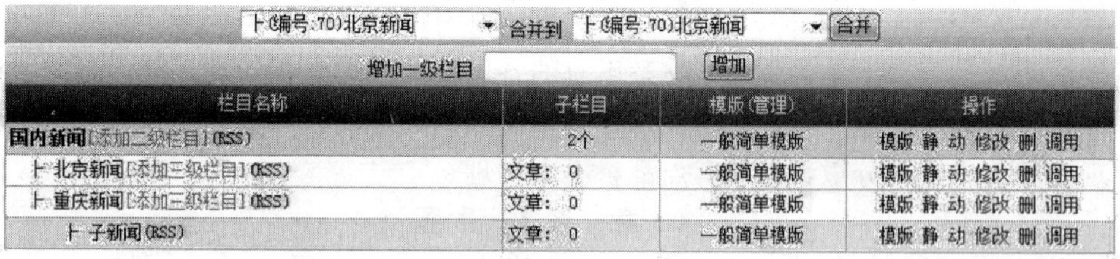
├(编号:70)北京新闻 合并到 ├(编号:70)北京新闻 合并
增加一级栏目 增加
栏目名称 子栏目 模版(管理) 操作
国内新闻[添加二级栏目](RSS) 2个 一般简单模版 模版 静 动 修改 删 调用
├ 北京新闻[添加三级栏目](RSS) 文章: 0 一般简单模版 模版 静 动 修改 删 调用
├ 重庆新闻[添加三级栏目](RSS) 文章: 0 一般简单模版 模版 静 动 修改 删 调用
├ 子新闻(RSS) 文章: 0 一般简单模版 模版 静 动 修改 删 调用

图 7

说明：对于已有的一级栏目，可以在其下面建立二级栏目；输入一级栏目的名称，单击“增加”按钮就可以建立一级栏目；也可以在二级栏目下增加三级栏目。

在这里可以任意增加一级、二级、三级栏目，最多只能建三级栏目。还可以将一个二级栏目合并到另一个二级栏目。不过此功能目前似乎还不太完善，至少在合并后的栏目显示上如此，这是讯时的 bug 之一。如果打算合并一个栏目，较好的办法是先将它删除，然后在适当的位置重建。栏目设定好之后尽量不要改动。

五、退出后台管理

当后台的工作告一段落后，希望离开网站的管理时，可以安全地退出网站的后台管理。单击后台管理页面左侧的“退出后台管理”，即可退出网站的后台管理功能，返回图 2 所示的登录页面。

第 4 章　管 理 文 章

一、增加、查看与修改文章

设定好栏目之后，就可以为每个栏目添加内容了。单击后台管理页面左侧的“文章增加修改”打开文章添加页面，见图 8。

输入文章标题，选择合适的栏目，输入文章内容，进行简单的编辑后，单击页面底部的

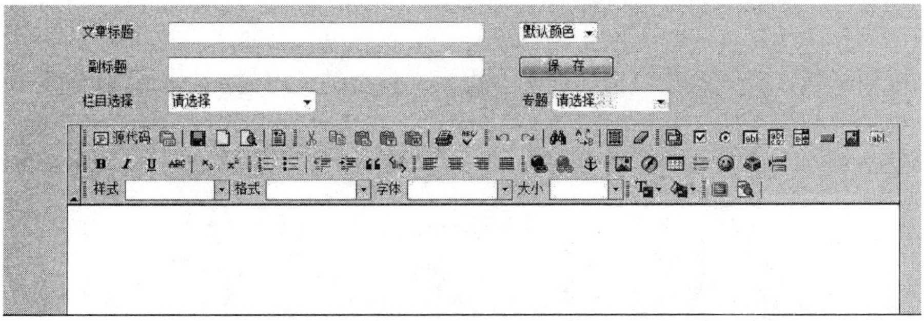
文章标题
默认颜色
副标题
保 存
栏目选择
请选择
专题
请选择
源代码
样式
格式
字体
大小

图 8

“保存”按钮，一篇文章就成功地添加到我们指定的栏目了。

如何查看刚刚添加的文章呢？单击后台管理页面左侧的“修改”，打开修改文章列表页面，见图 9。

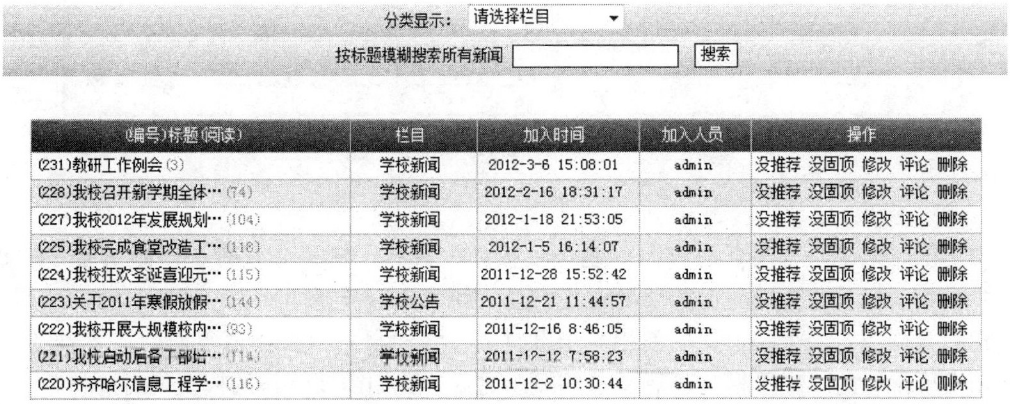
分类显示： 请选择栏目
按标题模糊搜索所有新闻
搜索

(编号)标题(阅读)	栏目	加入时间	加入人员	操作
(231)教研工作例会(3)	学校新闻	2012-3-6 15:08:01	admin	没推荐 没固顶 修改 评论 删除
(228)我校召开新学期全体…(74)	学校新闻	2012-2-16 18:31:17	admin	没推荐 没固顶 修改 评论 删除
(227)我校2012年发展规划…(104)	学校新闻	2012-1-18 21:53:05	admin	没推荐 没固顶 修改 评论 删除
(225)我校完成食堂改造工…(118)	学校新闻	2012-1-5 16:14:07	admin	没推荐 没固顶 修改 评论 删除
(224)我校狂欢圣诞喜迎元…(115)	学校新闻	2011-12-28 15:52:42	admin	没推荐 没固顶 修改 评论 删除
(223)关于2011年寒假放假…(144)	学校公告	2011-12-21 11:44:57	admin	没推荐 没固顶 修改 评论 删除
(222)我校开展大规模校内…(93)	学校新闻	2011-12-16 8:46:05	admin	没推荐 没固顶 修改 评论 删除
(221)我校启动后备干部培…(114)	学校新闻	2011-12-12 7:58:23	admin	没推荐 没固顶 修改 评论 删除
(220)齐齐哈尔信息工程学…(116)	学校新闻	2011-12-2 10:30:44	admin	没推荐 没固顶 修改 评论 删除

图 9

在这里可以看到我们为所有栏目添加的文章，默认顺序是按加入时间的先后倒序排列。单击文章标题，即可打开文章页面，可以看到文章的内容。如果我们对文章的内容不满意，可以在文章列表右侧单击“编辑”，就可以打开与添加文章内容一样的编辑页面。

到此，讯时最基本的功能——建立栏目、添加文章、查看与修改文章——就介绍到这里了。下面要讲的就是如何显示和调用这些内容。

二、使用网页模板

1. 认识模板

从打开第一个页面的时候，我们就知道，讯时仅是一个后台程序。要想使我们添加的内容可以显示出来以供来访者查看，还需要制作网页“模板”。

什么是模板？简单地说，它就是一个已经制作好的网页，在这个网页中所有页面的主要元素都已经排版定位，布局妥当，如 Logo 的位置、导航菜单的放置、主要内容的预留位置等。这个页面除了表现的方式和预留的位置外，没有任何想要显示的文章内容。打一个比喻来说，模板就是一个空的杯子，我们可以将内容的水倒进去，显示给来访者看。

模板的制作需要有些网页的基础。如果你会做网页的话，一点都不难。可以使用任意一种网页制作软件来做模板。这里推荐用 Dreamweaver 这款软件，翻译成中文的名字颇有诗意——“织梦者”，简称 DW。

模板的制作由于各人喜好不同，见仁见智，读者可以自行研究，这里略去不谈。新闻的显示页面需要模板，新闻的栏目页面也需要模板。首页是不需要的，直接制作即可。讯时自带了一个简单的模板叫做“一般简单模板”，可以单击后台管理页面左侧的“设置日志”，然后在右侧页面单击“进入栏目模板设置”，见图 10。

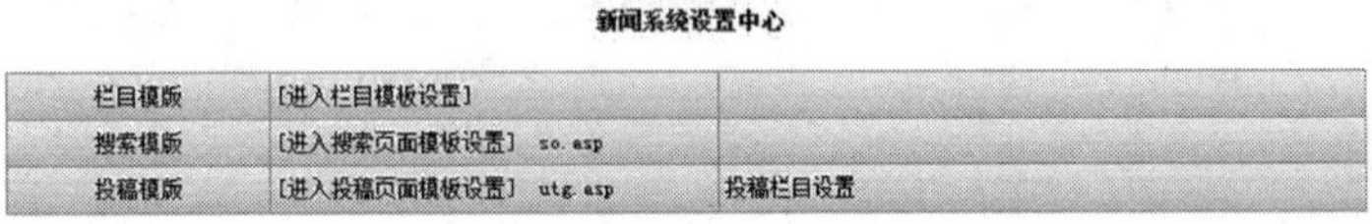

新闻系统设置中心

栏目模版	[进入栏目模板设置]	
搜索模版	[进入搜索页面模板设置]　so.asp	
投稿模版	[进入投稿页面模板设置]　utg.asp	投稿栏目设置

图 10

打开模板设置页面，见图 11。

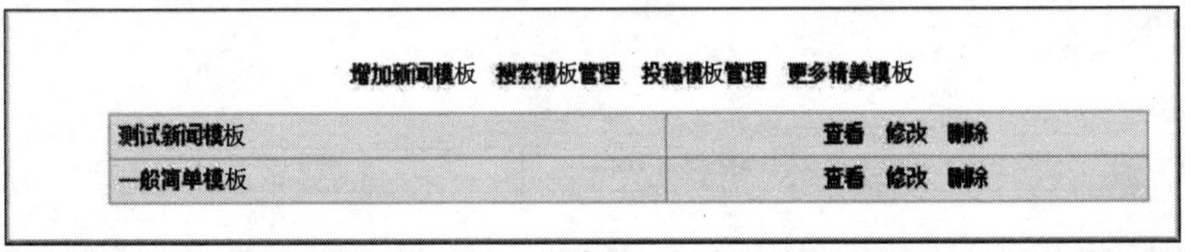

增加新闻模板　搜索模板管理　投稿模板管理　更多精美模板

测试新闻模板	查看　修改　删除
一般简单模板	查看　修改　删除

图 11

2. 制作模板

对于讯时来说，有两个地方需要制作模板：栏目和子栏目。只有正确地绑定了模板之后，栏目和子栏目才会以我们想要的方式来显示新闻内容或新闻列表。通常，对一个网站来说，我们会分成若干个频道，这就相当于讯时的一级栏目；每个频道下面会放置若干内容，这就相当于讯时的二级子栏目。有了这些概念之后，我们需要制作的模板就有两类，一类是频道栏目的模板，另一类是新闻显示的模板。

先说新闻显示的模板，这也是最低级的模板。比如，在一个频道中添加了文章之后，想要阅读这篇文章，就需要使用新闻显示的页面。而规定了新闻如何显示的页面，就是新闻模板。新闻显示模板的要素：新闻的路径，即某个栏目下的某篇文章；新闻的标题、加入时间、作者；新闻的内容等。

说了这么多，那么到底如何制作新闻显示模板呢？可以用 DW 制作一个页面，按照你的意愿怎么设计都可以。但是需要把一些需要网站后台填充的地方空出来，比如新闻的路径、标题、加入时间、作者、新闻的内容等。下面给出一个新闻显示模板的图片，见图 12。

这里在相应的网页位置上只是简单地摆放讯时 CMS 新手教程（第三版）第四章管理文章。诸如“＄＄路径＄＄”之类的标签是希望网站后台自动替换的地方。换句话说，讯时定义了一系列标签，凡在使用标签的地方，在网页正常显示的时候，将会用相应的内容来替换它。这个模板的显示效果见图 13。

可以看到，所有的标签都已经被替换成相应的内容了。需要注意的是，讯时的标签只局限于它所定义的，暂时还不支持用户自定义标签。同样的道理，可以制作出新闻栏目模板（见图 14），显示页面见图 15。

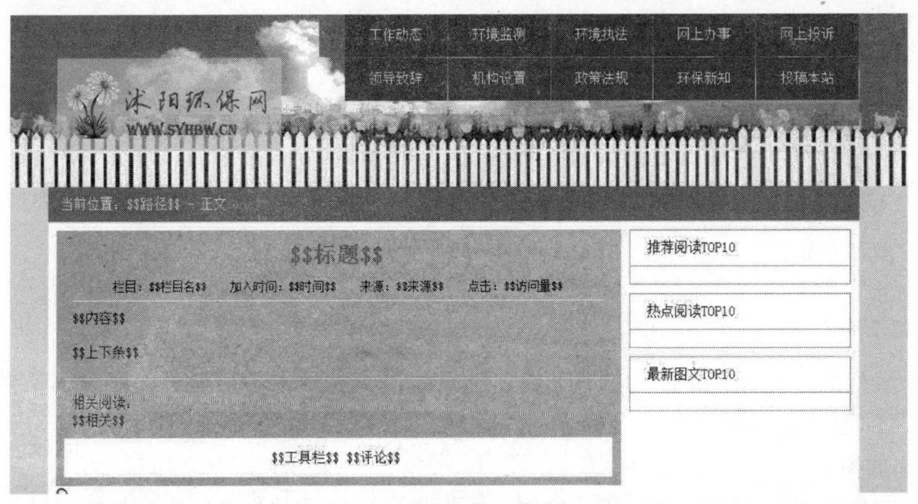

图 12

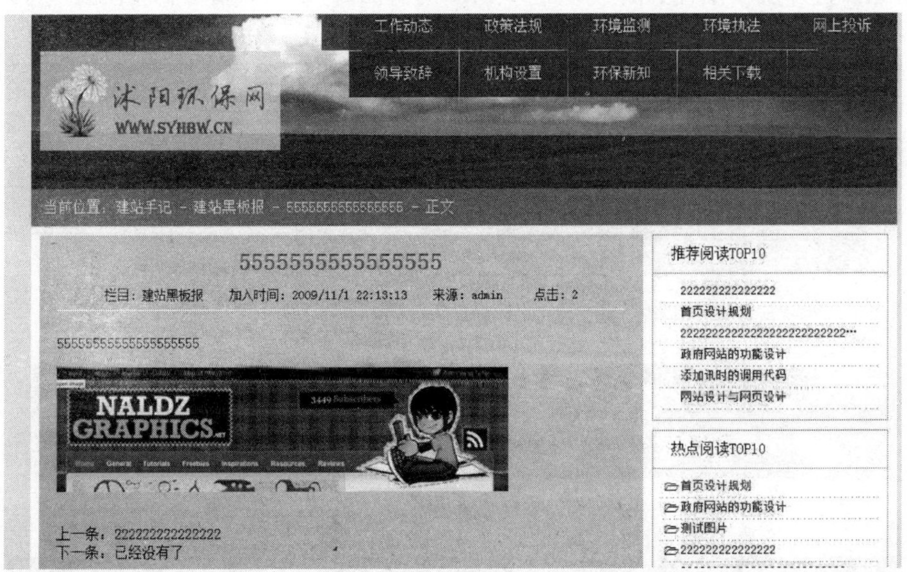

图 13

3. 认识标签

模板制作好了之后，如何在指定的位置上显示我们想要显示的内容呢？也就是说，如何向一个现成的杯子里注水呢？这就要用到标签。标签是程序编写者预设好的一种代码，通过放置不同的代码来显示不同的内容。比如在一个表格的单元格里想显示新闻的标题，只需在这个单元格的源码里加入字符串代码“＄＄标题＄＄（不包含引号）”即可。当网页显示时，就会自动用新闻的标题替换掉“＄＄标题＄＄”这串字符。

以下是讯时常用的一些标签。这些标签仅看字面的意思就可理解，一般不用解释。

＄＄副标题＄＄讯时 CMS

＄＄时间＄＄

＄＄栏目名＄＄

＄＄内容＄＄

$ $访问量$ $

$ $来源$ $

$ $作者$ $

$ $图片作者$ $

$ $相关$ $

$ $上下条$ $

$ $工具栏$ $

$ $评论$ $

$ $路径$ $

需要注意的是，标签中前后的$ $是不能省略的。这些标签只能由程序编写者制订，现在有些CMS是可以由使用者自定标签的。

4. 添加模板

模板制作好了，标签也放好了，这些都可以用网页制作软件来完成。如何将模板与程序联系起来呢？打开模板设置页面（即图15所示的页面），单击“增加新闻模板”打开以下页面（见图16）。

图 14

图 15

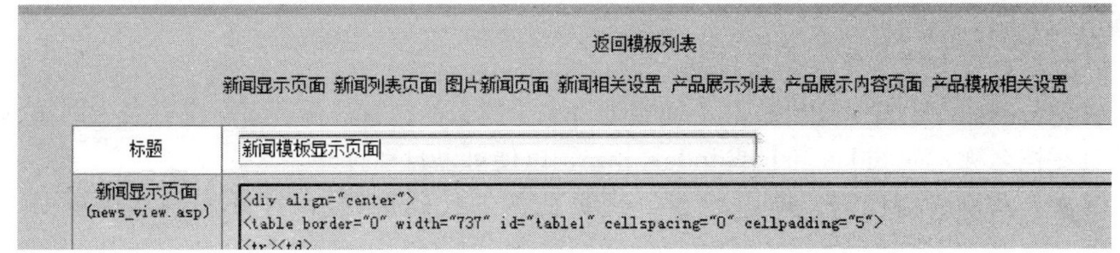

图 16

为模板起一个标题，以便日后管理修改，然后把制作的模板源代码（请注意，一定是源代码）复制到文本框中，然后单击页面底端的“保存”按钮，出现保存成功的提示就说明我们已经完成了新建模板的工作。

5. 绑定模板

栏目文章只有绑定了相应模板后才会显示出我们想要的效果。打开栏目管理页面，单击栏目后的模板，显示页面见图 17。

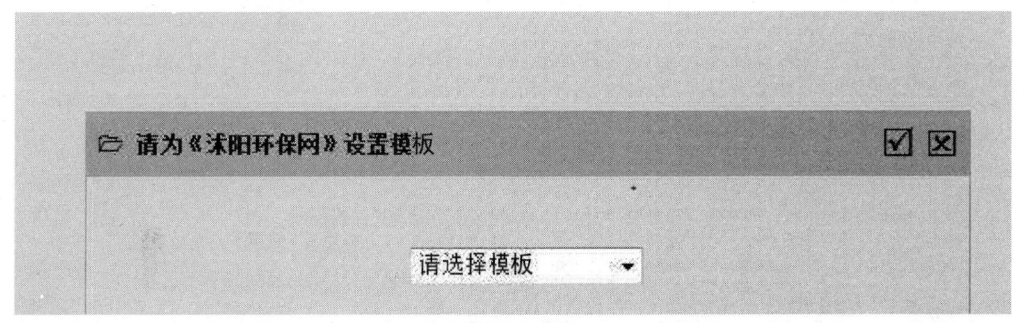

图 17

添加模板后，页面有时并不能正常显示，这时需要检查网页编码（在浏览器中查看一下网页的源文件），现在很多网页使用 utf-8 的编码，这也是国际上现在流行的趋势，但讯时只认 gb2312 编码，否则会显示乱码。讯时的 language.asp 文件会自动加上 gb2312 编码的代码，有时也会导致页面的不正常显示，添加模板源码时需要注意。

学会了模板制作与模板的绑定后，就可以制作更多的模板来绑定不同的栏目，从而使不同的栏目显示出不同的效果。也可以让所有的栏目都使用相同的模板，以达到整个网站风格的统一。

讯时最核心的功能实际上只有两个方面：

一是数据操作，即各种数据的添加、删除、修改等功能，这是通过后台管理实现的。

二是数据显示，即从数据库中将指定的数据按指定的格式显示出来。指定数据靠相关标签和数据的 JS 调用实现。指定格式主要靠模板制作与 JS 调用参数来控制。

模板要在相关位置放置内容调用标签并与相应的栏目绑定后才能显示指定的内容。

第 5 章　首 页 制 作

上面讲了模板的制作。我们可以为一个栏目绑定一个模板，让它来显示新闻的正文页，也可以将栏目的所有文章标题列表显示出来。但是假如我们想在首页上调用某个栏目的前 10 条文章的标题，又怎么办呢？还是用标签吗？讯时中没有这样的标签。我们可以采用代码调用的方法。

一、在首页上调用文章标题列表

首先，制作一个首页文件，在上面规划好每个栏目的位置。保存首页文件名为网站的默认首页文档名称，如 index. asp 或 index. htm，以便可以自动打开。

其次，获得调用代码。单击后台管理页面的“代码调用”，打开代码调用页面，见图 18。

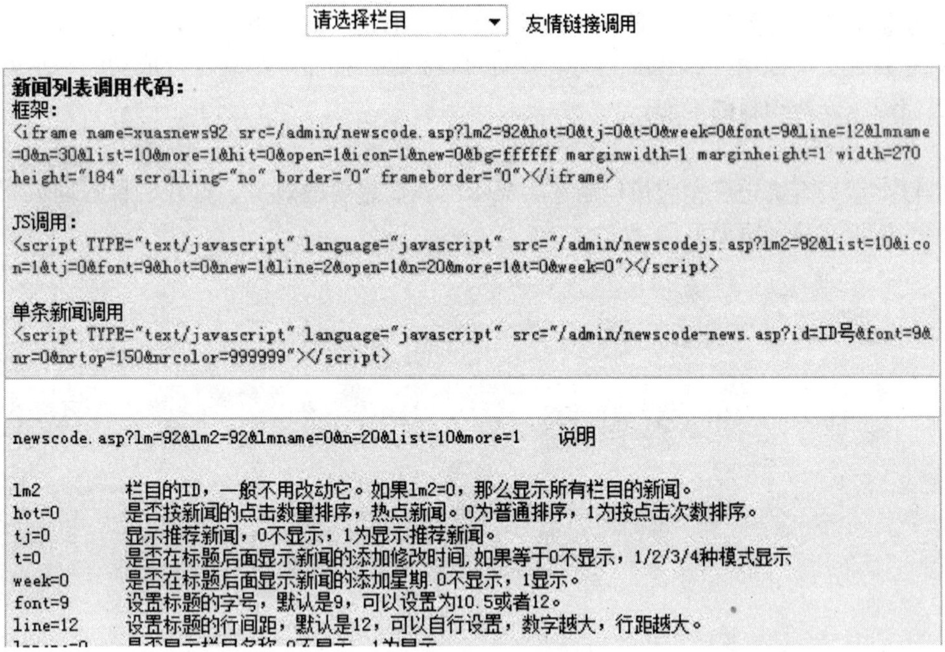

```
请选择栏目 ▼  友情链接调用

新闻列表调用代码：
框架：
<iframe name=xuasnews92 src=/admin/newscode.asp?lm2=92&hot=0&tj=0&t=0&week=0&font=9&line=12&lmname=0&n=30&list=10&more=1&hit=0&open=1&icon=1&new=0&bg=ffffff marginwidth=1 marginheight=1 width=270 height="184" scrolling="no" border="0" frameborder="0"></iframe>

JS调用：
<script TYPE="text/javascript" language="javascript" src="/admin/newscodejs.asp?lm2=92&list=10&icon=1&tj=0&font=9&hot=0&new=1&line=2&open=1&n=20&more=1&t=0&week=0"></script>

单条新闻调用
<script TYPE="text/javascript" language="javascript" src="/admin/newscode-news.asp?id=ID号&font=9&nr=0&nrtop=150&nrcolor=999999"></script>

newscode.asp?lm=92&lm2=92&lmname=0&n=20&list=10&more=1     说明

lm2        栏目的ID，一般不用改动它。如果lm2=0，那么显示所有栏目的新闻。
hot=0      是否按新闻的点击数量排序，热点新闻。0为普通排序，1为按点击次数排序。
tj=0       显示推荐新闻，0不显示，1为显示推荐新闻。
t=0        是否在标题后面显示新闻的添加修改时间,如果等于0不显示，1/2/3/4种模式显示
week=0     是否在标题后面显示新闻的添加星期.0不显示，1显示。
font=9     设置标题的字号，默认是9，可以设置为10.5或者12。
line=12    设置标题的行间距，默认是12，可以自行设置，数字越大，行距越大。
```

图 18

选择不同的栏目，就可以获得调用文章标题或图片等的代码。有好几种格式的调用代码（比如还有框架调用），建议采用 JS 格式的调用代码，比较简洁，好控制。

再次，在预留的位置上放上调用代码。复制调用代码，用网页制作软件打开首页文件，在相应的位置放上复制的代码并保存。

最后，用浏览器打开首页看看，调用的栏目文章标题都已经可以显示了。

二、调用代码的详细讲解

调用代码里有很多设置详细参数的地方，可以显示出不同的效果。这些都可以在代码调用页面仔细查看到，需要细细研究。部分参数的用法如下：

lm2 或 lm 栏目的 ID,一般不用改动它.如果 lm2 = 0,那么显示所有栏目的文章.

hot = 0 是否按文章的点击数量排序,热点文章.0 为普通排序,1 为按点击次数排序.

tj = 0 显示推荐文章,0 为不显示,1 为显示推荐文章.

t = 0 是否在标题后面显示文章的添加修改时间,如果等于 0 为不显示,有 1/2/3/4 种模式显示.

week = 0 是否在标题后面显示文章的添加星期,0 为不显示,1 为显示.

font = 9 设置标题的字号,默认是 9,可以设置为 10.5 或者 12.

line = 12 设置标题的行间距,默认是 12,可以自行设置,数字越大,行距越大.

lmname = 0 是否显示栏目名称,0 为不显示,1 为显示.

n = 30 每个标题显示的字数.默认是 30 个字符(1 个汉字是 2 个字符).

list = 10 显示多少条标题,默认是 10 条标题.

more = 1 是否显示"更多内容",0 为不显示,1 为显示,2 为在框内显示分页.

hit = 0 是否在标题后显示点击数,0 为不显示,有 hit = 1 和 hit = 2 两种模式.

open = 1 是否新开窗口浏览文章内容,0 为不新开,1 为新开.

icon = 1 自定义在标题前显示图标,0 为不显示,1 为显示默认.可自定义图片(如:icon = /../images/123.gif).

new = 0 当天的最新文章是否显示一个动画图片,如果 new = 1 就显示,new = 0 就不显示.

bg = ffffff 文章调用窗口的背景颜色,默认是白色(ffffff),切记不要加#.

zz = 0 文章标题后面不显示来源作者,zz = 1 显示.

hit = 0 在文章标题后面显示此条文章的阅读数,hit = 1 时显示.

pls = 0 在文章标题后面显示此条文章的评论数.pls = 1 时显示,dot = 0 是否在每个标题之间增加虚线功能.如果等于 1 显示虚线,等于 0 不显示.这是 4.1 版新增加的参数.

使用不同的参数时，要耐心地反复调试以便获得最佳效果。代码调用不局限于首页，你可以在任何页面上调用不同的内容。

三、图片的幻灯调用效果

图片的幻灯调用能够产生很有意思的动态效果，它用一个 Flash 来播放图片，可以显示每张图片所在文章的标题并且包含指向这篇文章的链接，好多网站的首页都有这种效果。要实现这种效果很容易，只要你在添加文章时把“图片文章”打勾，并且在文章内容中添加图片，就可以加入幻灯调用中。调用它时，只要将它的代码放置在页面指定位置即可。

现在，我们的网站已经有了一个首页，不同的栏目和一些文章，并且都能够按我们的要求显示出来供来访者查看，我们还可以任意地添加、修改文章和栏目。到目前为止，使用讯时建站的工作就初步完工了，网站的基本功能和雏形已具备。以后我们所要做的，就是不断修改、完善它，直到各方面都满意为止。

提示：首页制作好了之后，一定要放上相关的调用代码，否则首页将无法显示内容。首页与后台链接的关键就是调用代码。要想控制内容的显示格式，可以使用调用代码的参数。有一些效果可以直接用 CSS 控制。

第 6 章 产品管理

讯时的新版本中增加了网上产品发布的功能，可以很方便地制作网上商城。后台菜单中的第 4、5 行就提供了这方面的功能。

产品发布、管理的使用方法与文章的发布、管理大同小异，基本流程是：建立产品分类、在分类下添加产品信息（还可以修改、删除）、制作产品显示模板、在相关页面（比如首页）添加调用代码。

一、建立产品分类

单击后台菜单第 5 行“产品分类”，切换到“产品分类管理”页面，见图 19。

可以看到，系统中已经有了一个“手机”大类和一个“多普达”子类。例如，新建一个

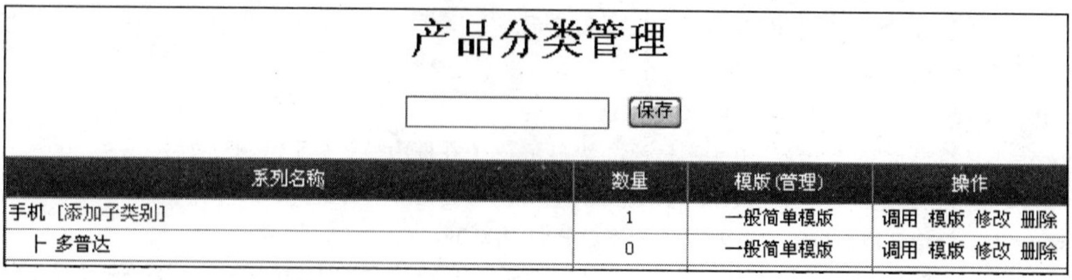

产品分类管理

[保存]

系列名称	数量	模版(管理)	操作
手机 [添加子类别]	1	一般简单模版	调用 模版 修改 删除
├ 多普达	0	一般简单模版	调用 模版 修改 删除

图 19

“电脑”大类，下面再建一个“联想”子类。在“产品分类管理”页面的输入框中，输入“电脑”，然后单击“保存”按钮，就可以看到下面的列表中出现了“电脑”的分类。单击“电脑”后面的添加子类别，在列表上面的第二个文本框中输入“联想”，然后单击“保存”按钮，就顺利地添加了子类别。

新添加了分类之后，还要为分类绑定模板，这样分类的页面才能正确显示。单击“未指定模板”（只在新建分类后有，如果要修改已指定了模板的分类，则要单击列表中该分类后面的操作栏中的“模板”），就跳到绑定模板的页面。选择模板，单击“保存”按钮即可。

二、添加产品

产品分类添加完毕之后，接下来就要添加产品信息了。单击后台管理菜单的第 4 行“产品添加”，就可以在右面的页面中添加产品的详细信息了。共有以下项目：产品标题、产品分类、产品缩略图片、产品介绍及大图片、产品价格、产品数量、阅读次数、联系人、QQ、MSN、电子邮箱、联系电话。填写完毕一定要保存。

产品添加完毕之后，需要预览产品的发布页面，这时单击后台管理菜单第 4 行的第二个选项“修改”，可以看到所有已添加产品的列表，单击列表中的产品名称就可以看到产品的发布页面了。如果对发布的产品不满意，可以单击列表中的操作选项“修改”或“删除”。

三、制作产品显示模板

如果要美化、修改页面的模板应在哪里进行呢？

单击后台管理菜单的第 9 行“设置”，在右面的页面中再单击“栏目模板［进入栏目模板设置］”，就可以打开模板管理页面，单击“一般简单模板”后面的“修改”，打开模板修改页面，在页面的下面几个框中，就可以修改产品模板的相关内容了。

四、调用产品

关于发布产品的准备工作，通过以上几个步骤已经全部完成，接下来就是要将我们的产品展示给浏览者了。比如，想要在首页上显示产品，该怎么办呢？这时就要用到产品栏目的调用代码了。

单击后台管理菜单的第 5 行“产品分类”，在“产品分类管理”页面中，在分类列表的操作栏中，有一个“调用”选项，单击它就可以查看到调用代码。不过，调用的方式很单一，只有一个图片调用的方式，可以把这段调用的代码放置到任意想要的页面中。

五、如何使用支付宝

如果你是支付宝的特约商家，你可以使用支付宝在线收款。在后台管理菜单的第 9 行

“设置”选项中，有支付宝的相关设置。如果你不是支付宝的特约商家，则无法使用这项功能。

提示：产品的管理与文章的管理大同小异，基本操作流程是添加产品分类、设置模板、调用产品。

参 考 文 献

[1] 郝兴伟．Web技术导论．北京：清华大学出版社，2009

[2] 唐红亮等．ASP动态网页设计．北京：电子工业出版社，2005

[3] 姚怡等．网站规划建设与管理维护．北京：中国铁道出版社，2008

[4] 张春晓，黄勇等．网页制作与网站建设宝典．北京：电子工业出版社，2012

[5] 陈学平等．中小型网站建设与管理．北京：电子工业出版社，2009

[6] 孙更新．ASP＋SQL Server 2005动态网站建设基础与实践教程．北京：电子工业出版社，2008

[7] 陈光军等．网站建设与管理．北京：北京邮电大学出版社，2005

[8] 吴鹏飞．网页制作与网站建设从入门到精通．北京：人民邮电出版社，2011

[9] 吴振峰．网站建设与管理．北京：高等教育出版社，2005

[10] 董义革．ASP. NET网站建设实战．北京：人民邮电出版社，2010

[11] 徐洪祥．网站建设与管理案例．北京：北京大学出版社，2010

[12] 王爱红．网站建设综合技术．北京：北京师范大学出版社，2011

[13] 王玉洁．网站建设与维护．北京：东南大学出版社，2005

[14] 张家贵．网站建设（ASP）实训教程．北京：电子工业出版社，2008

[15] 马涛．网站建设与管理．北京：机械工业出版社，2008

[16] 张春晓．网页制作与网站建设宝典．北京：电子工业出版社，2012

图书在版编目（CIP）数据

网站建设与运营/崔连和主编．—北京：中国人民大学出版社，2012
全国高等院校计算机职业技能应用规划教材
ISBN 978-7-300-15584-5

Ⅰ.①网… Ⅱ.①崔… Ⅲ.①网站-开发-高等学校-教材②网站-运营管理-高等学校-教材
Ⅳ.①TP393.092

中国版本图书馆 CIP 数据核字（2012）第 065457 号

全国高等院校计算机职业技能应用规划教材
网站建设与运营
主　编　崔连和
副主编　李　红　曹起武

出版发行	中国人民大学出版社		
社　　址	北京中关村大街 31 号	**邮政编码**	100080
电　　话	010－62511242（总编室）		010－62511398（质管部）
	010－82501766（邮购部）		010－62514148（门市部）
	010－62515195（发行公司）		010－62515275（盗版举报）
网　　址	http://www.crup.com.cn		
	http://www.ttrnet.com(人大教研网)		
经　　销	新华书店		
印　　刷	北京宏伟双华印刷有限公司		
规　　格	185 mm×260 mm　16 开本	**版　　次**	2012 年 5 月第 1 版
印　　张	15.5 插页 8	**印　　次**	2012 年 5 月第 1 次印刷
字　　数	363 000	**定　　价**	38.00 元

教师信息反馈表

为了更好地为您服务，提高教学质量，中国人民大学出版社愿意为您提供全面的教学支持，期望与您建立更广泛的合作关系。请您填好下表后以电子邮件或信件的形式反馈给我们。

<table>
<tr><td>您使用过或正在使用的我社教材名称</td><td></td><td>版次</td><td></td></tr>
<tr><td>您希望获得哪些相关教学资料</td><td colspan="3"></td></tr>
<tr><td>您对本书的建议（可附页）</td><td colspan="3"></td></tr>
<tr><td>您的姓名</td><td colspan="3"></td></tr>
<tr><td>您所在的学校、院系</td><td colspan="3"></td></tr>
<tr><td>您所讲授课程名称</td><td colspan="3"></td></tr>
<tr><td>学生人数</td><td colspan="3"></td></tr>
<tr><td>您的联系地址</td><td colspan="3"></td></tr>
<tr><td>邮政编码</td><td></td><td>联系电话</td><td></td></tr>
<tr><td>电子邮件（必填）</td><td colspan="3"></td></tr>
<tr><td>您是否为人大社教研网会员</td><td colspan="3">□ 是　会员卡号：＿＿＿＿＿＿
□ 不是，现在申请</td></tr>
<tr><td>您在相关专业是否有主编或参编教材意向</td><td colspan="3">□ 是　　　　□ 否
□ 不一定</td></tr>
<tr><td>您所希望参编或主编的教材的基本情况（包括内容、框架结构、特色等，可附页）</td><td colspan="3"></td></tr>
</table>

我们的联系方式：北京市海淀区中关村大街 31 号
中国人民大学出版社教育分社
邮政编码：100080
电话：010-62515923
网址：http：//www.crup.com.cn/jiaoyu
E-mail：jyfs _ 2007@126.com